作物旱情遥感监测

◎ 覃志豪 高懋芳 闫 峰 等 著

中国农业科学技术出版社

图书在版编目（CIP）数据

作物旱情遥感监测／覃志豪等著 . —北京：中国农业科学技术出版社，
2018. 12

ISBN 978-7-5116-3809-0

Ⅰ.①作…　Ⅱ.①覃…　Ⅲ.①遥感技术-应用-作物-旱情-监测-研究
Ⅳ.①S127

中国版本图书馆 CIP 数据核字（2018）第 168771 号

责任编辑	于建慧
责任校对	马广洋

出 版 者	中国农业科学技术出版社
	北京市中关村南大街 12 号　邮编：100081
电　　话	（010）82109708（编辑室）　（010）82109702（发行部）
	（010）82109709（读者服务部）
传　　真	（010）82106650
网　　址	http://www.castp.cn
经 销 者	各地新华书店
印 刷 者	北京建宏印刷有限公司
开　　本	787mm×1 092mm　1/16
印　　张	16. 25
字　　数	378 千字
版　　次	2018 年 12 月第 1 版　2018 年 12 月第 1 次印刷
定　　价	60. 00 元

《作物旱情遥感监测》
著者名单

覃志豪　　高懋芳　　　李文娟
闫　峰　李晶晶　　　高　磊
独文惠　包阿茹汗　　黎　业

前　言

快速方便地获得准确的作物旱情时空动态信息，不仅是政府农业主管部门进行农业抗旱减灾宏观决策的需要，同时也是现代农业生产者、农产品经营者及时掌握区域农业生产动态变化和采取有效措施防灾减灾的迫切需要。

近年来我国对地观测技术快速发展，不同时空分辨率遥感图像数据（尤其是 FY 系列数据和 HJ 数据）获取的便捷性大幅提升，同时国外也有多个可免费获得的遥感数据（如 MODIS 和 Landsat，目前每天可获得的遥感图像数据量已达到几十甚至上百个 GB），这些对地观测数据的可获得性，极大地提高了作物旱情遥感监测的可能性。虽然有这种可能性，但数据不等于信息。有效信息，通常是淹没在海量的大数据之中。如何针对作物旱情时空动态信息的需求，及时、快速、准确地处理海量卫星遥感数据，开发成为政府农业及相关部门、农业生产者、农产品购销者、农用资料经营者、食品加工业者和农产品消费者乃至普通公众能够"看得懂、易获取和直接用"的作物旱情时空动态信息数据产品，已经成为我国农业遥感信息领域迫切需要解决的重大科学任务。

虽然农业旱情遥感监测已经得到了较广泛的研究，提出了许多有效的监测方法，但作物旱情时空动态信息的快速有效供给还有许多重大科学问题有待深入研究，包括基于作物干旱缺水机理的遥感监测方法，云覆盖区域的农田地表信息遥感反演问题，以及农田水热过程→作物旱情→作物灾情→最终产量形成之间内在联系的及时准确监测与预警问题。

本专著根据我们多年来对农业干旱灾害遥感监测研究执笔而成，体现我们在这一领域的一些研究进展，同时，我们也尽量包括一些农业旱灾遥感监测相关方面的研究的技术方法，以便读者了解当前我国农业旱情遥感监测研究现状。全书共分 13 章。第 1 章绪论，介绍作物旱情遥感监测的基本概念和框架，由覃志豪执笔；第 2 章分析我国作物旱灾时空特征及其对我国粮食安全的影响，由覃志豪和李文娟执笔；第 3 章和第 4 章是作物旱情遥感监测中的关键地表参数遥感反演方法，其中农田植被指数遥感反演是第 3 章的主要内容，由覃志豪执笔；第 4 章则主要是论述农田地表温度遥感反演原理与方法，由覃志豪执笔；第 5 章作物旱情遥感监测方法，由独文惠执笔；第 6 章论述本研究构建的作物旱情监测综合模型：遥感旱情指数与降雨旱情指数的耦合模型，由覃志豪和高懋芳执笔；第7章讨论冬小麦旱情遥感监测问题，由闫峰和覃志豪执笔；第8章探讨农田蒸散发遥感估算问题，由高磊和覃志豪执笔；第9章分析区域作物旱情监测评价方法，由覃志豪和高懋芳执笔；第10章探讨作物干旱风险评价，由包阿茹汗和覃志豪执笔；第11章分析农业抗旱能力评价方法，由黎业和覃志豪执笔；第12章是作物旱情遥感监测系统集成，由覃志豪、李晶晶和高懋芳执笔；第13章是作物旱情遥感监测系统研发与应用，由李晶晶、覃志豪和高懋芳执笔。本书最后由覃志豪统稿。

　　本专著是在我们多年来对农业旱情遥感监测进行研究的初步成果基础上进行编写而成，本项研究得到国家自然科学基金面上项目（41471300，41771406 和 3057108）和中国农业科学院科技创新工程协同创新项目（CAAS-XTCX2016007）资助。在此，我们衷心感谢我们研究组多位博士研究生和硕士研究生的共同努力、支持和帮助，尤其是毛克彪、秦晓敏、丁莉东、姜立鹏、唐巍、叶柯、朱玉霞、刘小磊、黄泽林、卢丽萍、王瑞杰、林绿、斐欢、徐永明、李文梅、杨强、王斐、涂丽丽、梁亮、周义、邱敏、陈俣曦、宋彩英、刘梅、张军、王倩倩、万洪秀、杨乐婵、包刚、李滋睿、郑盛华、张伟、张文博、肖辉军、叶智威、刘含海、李仕峰、Bilawal Abbasi 等，他们在农业灾害遥感、作物旱情遥感监测、热红外遥感、地表温度遥感反演、草地遥感、农业遥感等方面开展了较深入的研究，他们的研究对本专著的出版有帮助很大，本专著的出版也不同程度地体现了他们的部分研究成果。

　　由于我们的研究有限，书中肯定还存在许多问题，有些方法还有待进一步发展完善。希望有兴趣的读者能够提供宝贵的意见，共同探讨并推动农业旱情遥感监测研究发展。

博士

2018 年 7 月于北京

目 录

第一章 绪 论

农作物的生长发育，需要足够的水分供给。虽然灌溉能有效解决作物生长对水分的需求，但对于区域农业尤其是作物种植业来说，干旱缺水经常是难以避免的。及时准确地掌握作物旱情时空动态信息，是农业抗旱减灾和保障丰产增收的迫切需要（黄荣辉等，2003；覃志豪等，2005）。遥感能够及时准确地获取区域范围内地表各要素时空信息，因而在区域作物旱情监测方面具有重要的应用价值，已经成为区域作物旱情时空动态信息获得的主要技术手段（殷飞，2015）。深入开展区域作物旱情遥感监测技术方法研究，是农业遥感应用的重要发展方向。

一、农业旱灾监测研究的意义

我国是人口大国，同时也是农业大国，农业的持续稳定发展是关系国计民生的头等大事，同时也是促进农业稳定发展和农民持续增收的基本保障（卢良恕等，1996；唐华俊等，2003）。农业旱灾一旦发生，不但会使作物减产，而且会造成人畜饮水困难，工厂停产，江河断流，给工农业生产造成非常严重的影响（徐详德等，2002）。农业旱灾发生区域范围大，影响深远，不仅影响农作物种植业，而且还影响到养殖业和其他相关产业。因而研究、评价、识别农业旱灾发生和发展的过程，进而对其进行及时准确的监测预报，可以使国家有关部门和农民采取相应的抗旱防灾减灾措施，减少农业灾害损失，缓解因灾害而加剧的我国资源环境人口问题和"三农"（农业、农村和农民）问题（阮均石，2000；李克让等，1997）。开展农业旱灾监测预警，掌握农业旱灾发生和发展过程时空信息，对于农业合理灌溉，提高农业用水效率和节约农业用水，都有着极为重要的现实意义。

传统的干旱监测是基于全国台站网络的观测，最常用的是气象数据，或者通过站点测定的土壤水分含量来评价和判断干旱的发生和发展（盛绍学等，2003）。同时也使用一些水文、社会和经济数据来进行辅助判断旱灾程度。传统监测的实质是以点观测来推断干旱发生的程度和范围。这种方法较难获得准确及时的农业旱灾发生与发展的时空信息，并且往往要花费大量人力财力。通过定点观测来推测较大区域范围内的农田土壤含水量时空动态变化，是极为困难的。对于相对较小区域范围，以点推面的农田土壤含水量监测方法，也难以准确地判断农业旱灾的程度和范围。因此，传统的干旱监测方法，很难使有关部门及时准确地掌握和了解较大范围内的农田土壤水分时空动态状况和农业旱灾发生与发展程度。

近20年来，随着卫星遥感技术的迅速发展，国内外已在借助遥感手段进行大范围的农业旱灾监测，开展了较多的农业旱灾监测研究和实际应用（贾德伟等，2016；王行汉等，2018）。遥感是通过传感器来获取地表反射或辐射的电磁波能量，并根据接收到的电磁波能量强弱来分析研究地表的综合特征，它可以充分利用地物表面的光谱、时间、空间和方向（多角度）信息。由于不同地表物质的电磁波特征有明显差异，利用遥感信息可以监测农田作物的长势和土壤水分状况，进而判断区域农业旱灾发生和发展的时空动态变化（许小华等，2010；牟伶俐等，2007）。农业旱灾遥感监测方法的优势在于它能快速对整个地区进行全面的同步观测，并且可以每天多次重复这种观测。通过这种频繁和持久的全面观测，可以获得连续的有关农田地表特征的面状信息。综合分析这些面状信息，建立相应的遥感反演模型，可以进一步了解大区域范围的农田土壤水分时空动态，结合农田作物长势，可以判断农业旱灾的发生与发展程度和范围。与传统的以地面有限观测点为基础的旱灾监测来说，遥感技术的应用，是农业旱灾监测的一场革命性改进。由于农业旱灾遥感监测具有宏观时效性和节省大量人力财力特点，并且可以快速对整个大区域范围内进行监测分析，有利于对旱灾程度和范围进行统计分析，所以，近年来已替代传统的地面点观测，在农业旱灾监测中发挥了巨大的应用。

由于卫星系统能够提供时空上连续的数据，并实时获取地面旱情变化的信息，可以弥补用气象等数据进行旱情监测的不足。当然，由于气象卫星运行特点和遥感传感器本身性能的限制，农业旱灾遥感监测方法还有许多问题有待进一步改进。例如，在有云的情况下遥感监测方法就很难实现。农业旱灾遥感监测的精度经常受到下垫面条件尤其是植被覆盖的影响，监测结果的准确性还不能满足国家农业主管部门的需要。所以，如何在实际工作中把传统地面观测和遥感监测方法结合起来，提高农业旱灾监测的准确性和时效性，是农业旱灾监测预警的前沿研究领域。事实上，通过两者的结合来提高农业旱灾监测的准确性，已经成为目前我国农业减灾宏观决定的迫切需要。

近些年来，国内外针对基于遥感技术的农业旱灾进行了监测和评估研究，也提出了许多监测方法（张瑶瑶等，2017；张树誉等，2006）。农业旱灾遥感监测方法的优势在于它能快速、周期性地对大范围地区进行多波段、多角度的观测，获得连续的有关农田地表特征的面状信息。综合分析这些空间信息，建立相应的遥感反演模型，可以进一步了解大区域范围的农田土壤水分时空动态，结合农田作物长势，判断农业旱灾的发生与发展程度和范围。

然而，虽然国内外对于农田土壤水分以及农业旱灾遥感监测方法的研究已经开展了几十年，但大都只是试验性的研究，难以实现大范围内的业务化运行，旱灾监测的精度也不是很高。存在的主要问题有3个：一是单一的指数法进行旱情监测，精度有限，无法保证全国范围内的适用性；二是一些指数虽然可以相对精确地做出监测，但是计算过程复杂，需要的地表参数比较多，而且不容易获得，只适合于小区域的研究，不适合长期的业务化运行以及每旬的汇报；三是只利用遥感数据，没有考虑不同地区气候、土壤、灌溉条件等因素的差异，监测的结果往往与实际情况差别比较大。因此，探索一套相对精准的，适合长期业务化运行的全国农业旱灾监测集成技术方法非常必要。

本项目主要是研究农业旱灾监测技术，提出主要农作物旱情诊断方法，建立我国农业旱情监测评价指标体系，研制我国农业旱灾监测评价模型系统，实现周期性农业旱情监测信息发布与共享，推动我国农业旱灾监测评价的研究与应用，以期为国家有关部门的决策提供科技支撑。本研究深入分析影响旱灾发生与发展的农田水热要素时空动态变化，以中分辨率的 MODIS 遥感数据为主，计算出全国范围内每天的植被指数、地表温度以及植被供水指数，针对目前计算植被供水指数存在的问题进行修正，考虑不同季节植被生长温度区间的变化，并进行旬合成，得到每旬内遥感旱情监测结果。同时收集整理全国 200 个站点多年平均降水量，计算每一旬的降水距平，并结合前面八旬的降水距平指数计算得到综合降水距平值，用以反映监测时段内降水对农业旱情的影响。最后，通过遥感旱情指数、综合降水距平值、土地利用等信息综合评价全国范围内每一旬的农业旱情发展状况，并统计每个省不同旱情等级的面积，为深入分析各省旱情做好数据准备。本研究还开发了结合遥感与气象数据的农业旱情监测评价集成系统，建立了数据共享与发布平台，大大提高了数据处理的效率，便于业务主管部门以及公众及时了解监测信息。

二、农业旱灾形成机理

农业是以作物生长和动物养殖为基础，水是农业生产的必需，在 20 世纪 60—70 年代曾有"水是农业命脉"的提法，可见农业对水依赖性有多高。农业旱灾的发生与发展，主要是由于长期缺乏有效降水，使农田土壤干燥，不能有效地满足作物正常生长对水分的需求（Wilhite et al.，2007）。同时，长期缺乏有效降水，也使区域水资源缺乏，对动物养殖和农村农民生活构成直接影响。农业旱灾发生区域范围大，影响深远，不仅影响农作物种植业，而且还影响到养殖业和其他相关产业。

虽然长期缺乏有效降水是农业旱灾发生与发展的根源，但同时我们也看到，农业是一个复杂的生产系统，就作物种植而言，包括小麦、水稻、玉米等粮食作物，也有棉花、甘蔗、花生等纤维、糖料和油料作物，还有蔬菜、瓜果等（刘子丹，2007）。不同的作物耐旱程度是不相同的，因此，在相同干旱胁迫作用下，不同的农作物表现出不同的受旱灾损程度。另一方面，相同的作物，在不同的生长发育阶段对水分的需求也不相同，因此，不同生长阶段的作物耐旱程度也不相同（潘瑞炽，2001）。相同的干旱胁迫条件在不同作物生长阶段造成的损害是不相同的。在某些不重要的生长阶段，虽然遇到干旱胁迫，但在关键生长阶段如果有相对的供水补充，仍然不会造成最终的严重灾损。例如，在西北干旱地区，小麦和玉米种植，通常掐"脖子水"的说法，就是在玉米生长开花授粉期，需水较大，如果没有有充足的降水，土壤水分不能满足玉米开花授粉需要，对最终产量将有较严重的影响，形成严重的旱灾损失。相反，如果这个时候有充足的降水或者灌溉，玉米就能顺利完成开花授粉，即使前期有一定的干旱胁迫，最终产量也不会受到严重的影响。实际上，对于大多数作物而言，干旱胁迫对作物生产影响最大的两个阶段是播种出苗期和开花授粉期。前者是影响作物的适时播种与出苗率，没有适时种植和所需要的出苗率，就极难获得正常的收成。而在开花授粉灌浆早期，因干旱而导致授粉成功率和灌浆不足，直接影响最后的收成。

作物品种对于干旱成灾也有显著的作用，从而对旱灾发生与发展形成重要的影响。

对于相同的作物，随着抗逆性品种的培育，不同品种之间的抗旱程度也不同。因此，耐旱品种在相同的干旱胁迫作用下，也能够有效减少因旱而造成的损害，确保最后收成。

从供水尤其是降水角度来看，我国地处亚洲东部，受太平洋和印度洋季风气候的影响，降水具有明显的季节性变化，对我国农业产生深远的影响。我国大部分尤其是东部主要农区，夏季降水占全年降水的3/4以上，而春秋两季则是降水相对较小，经常形成春旱和秋旱。因此，农业旱灾形成机理，实际上是在气候干旱的基础上发生了。气候干旱，是由于地球系统的运行偏离正常的规律所导致。我国国土面积较大，气候类型多样，北方地区主要属于温带季风气候，南方地区主要属于亚热带季风气候，西北地区主要属于温带大陆性气候，青藏地区是高山高原气候区（吴国雄，2003）。因此，我国干旱的形成，受到太平洋副热带高压、蒙古高原高压、青藏高原以及西北环流等气候系统控制作用下所形成的降水时空分布的直接影响。同时，从地球系统角度来看，厄尔尼诺（El Nino）、拉尼诺（La Nino）和南方涛动（ENSO）以及西太平洋暖池也会造成全球气候系统变化，导致降水异常，形成干湿分布不均（黄荣辉，2003；叶笃正等，1996；符淙斌，1988）。对我国而言，厄尔尼诺易导致暖冬，南方易出现暴雨洪涝，北方易出现高温干旱，东北易出现冷夏（Hu，2001；Huang，1989）。因此，大面积的干旱是地球系统尤其是大气环流作用异常的直接结果（Liu et al.，2004；Hong，2002；Charney，1975；Charney et al.，1975）。

农业旱灾形成的机理，实际上是由于地球系统异常导致持久干旱形成的水热胁迫作用于农业生产系统，而农业生产系统又对这种水热胁迫有适应与响应，当这种水热胁迫超过了农业生产系统的抗旱性，就会形成灾损即旱灾，如果这种作用没有超过一定的成灾阈值，那就是正常的农业生产随着气候波动而产生的年际变化（图1-1）。

虽然现代农业技术已经在很多方面取得了巨大的进步，尤其是设施农业，减少了农业对气候的依赖，但总体上看，农业仍然是一个分布广泛的产业活动，因而也仍然不可避免地受到干旱灾害的影响。可以说，就我国而言，广大农村和农民是农业旱灾的直接受害者。每年我国农业旱灾造成的直接经济损失超过800亿~1 000亿元，占农业总产值的6%。农业旱灾损失超过一个农业大省（如河北、安徽和湖南）的农业总产值，是陕西省农业总产值的两倍。农业旱灾损失使全国农村人均纯收入减少85元，占全国农村人均纯收入的3%左右。灾区农民遭受的人均损失远比全国平均水平高。2004年湖南、广东和广西遭受54年来的特大农业旱灾，灾区人均直接经济损失超过340~450元。2003年江西遭遇历史上最严重的农业旱灾，灾区人均直接经济损失超过380元。

严重的农业旱灾经常使灾区人民处于极端艰难的境地，造成的损失远远大于直接经济损失，并且农业旱灾在区域分布上有频发性特征。华北平原是我国农业旱灾最严重和经常发生的地区，山东、河南和河北3个省10年中有8年农业旱灾面积超过100万 hm²，占总播种面积的比重超过15%。旱灾严重的地区同时也是比较贫困落后的地区（如鲁西北平原），抗灾能力很弱，导致旱灾危害更加严重。严重的旱灾经常是加剧灾区农村贫困和"三农"问题进一步恶化的重要原因之一，危及农村持续稳定发展，急需对农业旱灾监测技术集成进行深入系统的研究。

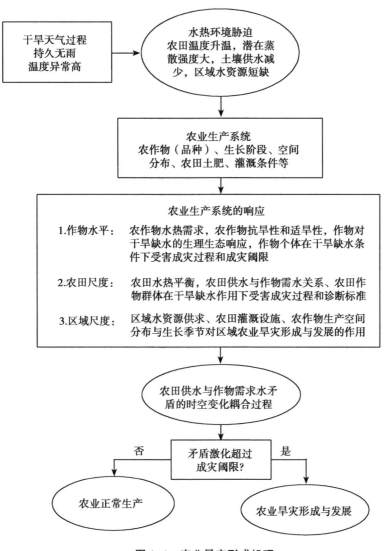

图 1-1　农业旱灾形成机理

三、作物旱情遥感监测

作物旱情遥感监测，顾名思义，是利用遥感技术对作物干旱缺水状态进行监测，获得区域作物旱情时空动态信息的过程。由于作物种植是最重要的农业生产方式，因此，作物旱情遥感监测，通常也称作农业旱情遥感监测。

农业旱灾的发生和发展虽有其不可抗拒的自然因素决定，但通过对其进行及时准确的监测评价，可以使国家有关部门和农民采取相应的抗旱防灾减灾措施，减少农业灾害损失，缓解因灾害而加剧的我国资源环境人口问题和"三农"问题（阮均石，2000；李克让等，1997）。

农业旱灾的监测评价涉及的技术方法复杂，不仅需要掌握农业旱灾形成的关键因素（如降水、温度、蒸发强度、作物需水、作物分布、农田灌溉等）时空动态变化趋势，而且需要把这些因素的动态变化趋势进行时空耦合，在很短时间内进行分析判断，确定农业旱情和灾情的发生范围、强度与发展趋势。这些工作需要投入大量的人力和资源，研究快速高效的业务化农业旱灾监测评价技术集成，没有什么直接经济回报，但受益面很广，广大农民和各有关部门需要及时了解旱情和灾情时空动态，以便做好抗旱减灾决策行动。因此，需要从国家层面进行公益性投入来解决农业旱灾监测评价技术集成研究。

农业旱灾不同于气象旱灾。气象旱灾是一种干旱天气过程，农业旱灾是农业生产在干旱天气过程作用下受害成灾的过程，因此，气象旱灾发生时并不一定形成农业旱灾。农业旱灾的发生、程度、影响大小与作物种类、所处发育阶段和生长状态、土壤水分、农田灌溉、生产管理措施等多因素密切相关。实际上，农业旱灾的形成与发展，是由于农田供水与作物需水矛盾造成。只有从农田供水与作物需水角度出发，才能准确地监测评价农业旱情和灾情时空动态。

随着对地观测技术的发展，遥感在农作物旱情监测中的应用越来越广泛（郭铌等，2015；张喆等，2015；刘立文等，2014；白开旭等，2012；闫峰等，2006）。遥感利用其全区域同步观测的优势，可以获得地表农作物种植分布及水热时空动态信息数据，从而为农业旱情监测提供了可能性（鲍艳松等，2014；郑有飞等，2013）。

遥感通常可分为光学遥感、热红外遥感和微波遥感。地表不同物质对太阳辐射有不同的反射光谱特征。光学遥感利用这些光谱特征可以探测地表的物质构成及其空间差异信息。农作物大多数是绿色植被，在红光波段对太阳辐射有强烈的吸收，而在近红外波段则形成强烈的反射。这种光谱特征非常独特，与水、土壤等形成鲜明区别。因此，光学遥感可以利用这种光谱差异进行作物空间分布信息提取，进而监测作物生长状态。

热红外遥感主要是根据地表发射的长波辐射，尤其是在 $8 \sim 14 \mu m$ 光谱范围内，探测地表水热状态（Tang，2013；Jiang et al.，2006；李小文等，2001；徐永明等，2006）。在没有干旱胁迫（土壤供水充足）时，作物叶面的蒸腾作用使得叶冠温度相对较低；而在干旱胁迫（土壤供水不能满足作物需求）时，作物蒸腾作用减弱，叶冠温度明显增高。因此，利用光学遥感和热红外遥感，可以有效分析农田作物的旱情程度。

因此，农作物旱情遥感监测，可以分为两种技术路线：基于各种遥感指数进行监测（黄健熙等，2015），如 TVDI（Temperature Vegetation Difference Index）（赵广敏等，2010；扎西央宗等，2010）。这也是目前应用最广泛的旱情遥感监测方法。另一种是基于农田地表水热平衡模型的作物旱情机理监测方法，以农田有效供水与作物生长需水之间的关系为核心，通过遥感反演模型关键因子即孕灾环境因子，利用 GIS 空间模拟技术，模拟分析区域作物旱情时空动态过程及其发展变化趋势，实现作物旱情遥感与预报。目前这种模型还处于研究阶段，实际应用还未见有报道。

四、作物旱情遥感监测研究进展

20 世纪 90 年代中期美国西南部大旱，由西部州长协会提出并建立了西部干旱协调组（WDCC）。随后该协调组扩展成美国国家干旱政策委员会（NDPC）（Redmond，2002）。频繁的干旱使美国于 1999 设立了全国干旱监测计划（The Drought Monitor），由美国大气海洋局（NOAA）的气候预报中心（CPC）、国家气候数据中心（NCDC）、国家干旱减灾中心（NDMC）和美国农业部（USDA）承担，负责全美的干旱监测预报，每周发布一次全美干旱预警图（Svoboda et al.，2002），取得了非常成功的全美国干旱监测与预报成果。2002 年该计划进一步与加拿大和墨西哥合作建立北美大陆干旱监测计划（Lawrimore et al.，2002）。

美国的全国干旱监测计划是通过一系列指标来计算美国各地的干旱程度及其影响，建立在遥感分析和地面观测数据的基础上，监测结果分成 5 个等级（D0-D4 由轻旱到重旱），并根据干旱的 3 种影响（其中 A 为农业）把全国划分出不同的预警区域。美国的干旱监测是建立在对干旱指数的定量评价基础上，评价的指标主要由气象指标、水文指标和农业指标所组成，通过一组加权评价标准来确定干旱指数（Keyantash，2002）。在气象指标中，主要考虑了累积降水异常值、Gibbs 和 Maher（1967）提出的降水分位数、Palmer（1965）提出的 Palmer 干旱严重性指数（PDSI）、Bhalme 和 Mooley（1980）提出的干旱面积指数（DAI）、Van Rooy（1965）提出的降水异常指数，以及 McKee 等（1993）建立的标准化降水指数。在水文水资源干旱指标方面，主要考虑了总缺水量、累加径流异常值、Palmer 水文干旱严重性指数（PHDI），以及 Shafer 和 Desman（1982）建立的地表供水指数（SWSI）。在农业指标方面，主要考虑了 Palmer 土壤水分异常指数、模拟计算产生的土壤水分值和土壤水分异常值。这一监测方法仍有很多值得深入研究的问题，尤其是在如何确定干旱对农业的影响方面上和农业旱灾划分标准方面（Wilhite，2000）。

农业旱灾发生范围大，影响深远。我国各有关部门均比较重视旱情和灾情的监测。目前气象、农业等部门分别从不同角度开展了我国气象旱灾和农业旱情的监测预报工作。农业农村部的农业旱情监测由中国农业科学院农业资源区划所承担。遥感已经成为我国旱灾监测预报的主要手段。全国及省级范围的农业旱情遥感监测，使用最多的是中分辨率 MODIS 对地观测卫星数据，主要方法包括植被供水指数法、土壤热惯量法、通道 4 亮温法、距平植被指数法、植被覆盖度法、植被温度指数法和缺水指数法等（覃志豪等，2005；李星敏等，2003；申广荣，1998；闫峰等，2006）。这些方法都是以植被和温度作为关键参数，还没有与降水、蒸发、作物需水等影响农业旱灾发生与发展的关键因子结合起来，形成系统集成。因此，与美国等发达国家的旱灾监测预报还有较大差距。

安徽省是我国农业气象灾害较多的省份，省气象研究所"九五"期间开展了全省大气水分状态与变异的研究，建立了基于地理信息系统（GIS）的安徽省重大农业气象灾害测评系统，干旱监测分析模型是该系统的 3 个核心模型之一，主要是根据气象预报的数据来进行监测预报（盛绍学等，2003）。河南、山东、陕西、黑龙江等省也分别开展了旱情遥感监测工作和系统建设（陈怀亮等，2000；赵玉金等，2004；张树誉等，1998）。我国气象旱灾预报方法基本上以数理统计模型为主，近年来在多种统计方法的应用、气候模型与农业生产模型结合、遥感信息技术的应用等方面取得了一些成果，但总体上来说，气象旱灾预报研究还很不成熟（王石立，2003）。

除水分外，温度是气象旱灾和农业旱灾形成的最重要因素。用于反演地表温度的热红外遥感数据在农业旱灾监测中有广泛应用（覃志豪等，2005；叶智威等，2009）。早期农业旱灾监测中大多仅使用简单算法或者直接利用地表温度产品来进行计算作物供水指数。虽然简单算法能够快速进行地表温度估算，但由于把大气影响和地表影响确定为常量而使地表温度误差较大，通常达到3℃以上，从而使旱情遥感监测结果可能产生较大偏差。直接利用地表温度产品来进行作物旱情遥感监测，虽然能够省去地表温度的估算过程，但地表温度产品通常是针对全球进行反演，对于特定区域，其精度将难以保证，直接影响到农业旱灾监测精度的提高，同时其时效性也难以满足需要，并且目前大多数地表温度都存在云覆盖像元数据缺失问题。

在热红外遥感中，反演地表温度的方法主要包括分裂窗算法（split window algorithm）、单窗算法（mono-window algorithm）和多通道算法，其中分裂窗算法和单窗算法是目前比较成熟的地表温度遥感反演方法。分裂窗算法适合于两个热红外波段（如MODIS和AVHRR）数据，单窗算法适合于一个波段数据（如Landsat，TM/ETM+）。目前至少有17个分裂窗算法公开发表（覃志豪等，2003；2001），新分裂窗算法（Qin et al.，2001a），可以归纳为四大类：比辐射率模型、两基本参数模型、复杂模型、热辐射量模型和简单模型。简单模型和比辐射率模型对大气影响假设过多，导致反演误差过大。复杂模型和热辐射模型所需参数过多，计算复杂，一些参数难以确定，不便于实际应用。Qin等（2001a）提出的分裂窗算法是典型的两基本参数模型，在精度上达到复杂模型的水平，但计算相对简便，是目前进行地表温度遥感反演的较好选择。单窗算法最早由本项目的申请者提出（Qin et al.，2001b；覃志豪等，2001），目前已经得到了较广泛的应用。多通道算法目前还没有成熟，因此实际应用极少。如何把热红外遥感反演的地表温度集成到农业旱灾监测预报模型中，提高监测预报精度，是本项目将要解决的技术难题之一。

五、研究目标与内容

本项目将深入研究作物旱情遥感监测的技术方法，定量分析我国农业旱情时空变化规律及其对我国粮食安全的影响，研究完善作物旱情遥感监测的关键参数遥感反演方法，分析现有的农业旱情遥感监测方法，并改进现有的农业旱情遥感监测模型，考虑降水时空分布对作物旱情遥感监测的作用，研发作物旱情遥感监测系统和业务化运行平台，研究作物旱情遥感监测结果统计分析与发布，指明作物旱情遥感监测研究发展重点方向。

1. 我国农业旱情时空变化规律及其对国家粮食安全的影响

旱灾每年都给我国农业造成巨大的损失，威胁着国家粮食安全。本项目将利用我国农业灾害统计数据，分析我国农业旱灾时空变化规律，提出定量衡量农业旱灾强度的定量模型，建立旱灾粮食损失估算方法，并对全国及各省（区）近20多年来的旱灾粮食损失进行评估，定量分析农业旱灾对我国粮食安全的影响程度，建立旱灾强度与灾害粮食损失之间的时空数量关系，为抗旱减灾提供科学依据。

2. 农田水热关键要素遥感反演研究

干旱天气过程造成的农田水热环境胁迫是农业旱灾形成的基本条件。农业旱灾的监测预报需对这种农田水热环境胁迫的形成进行跟踪监测，并推测其发展变化。这是准确地监测预报作物旱情发生与发展的关键。在研究中将重点对植被指数、地表温度和农田蒸散发这3个关键参数进行遥感反演估算，研究这3个关键要素的遥感反演方法，尤其是基于中分辨率对地观测卫星MODIS遥感数据来估计这些重要参数的方法，包括利用遥感数据进行降水云团分布的识别，结合地面气象数据，确定降水区域分布和强度；利用热红外遥感波段数据反演地表温度；利用遥感数据，结合地面气象数据，推算农田土壤水分状况及其空间差异；利用可见光遥感波段数据，结合区域水资源利用状况，确定区域水资源时空分布状况。

3. 作物旱情遥感指数监测方法研究

农业旱灾的发生与发展，一方面是取决于干旱天气过程所造成的水热环境胁迫，另一方面是农作物生产系统对水热的需要变化。因此，农业旱情遥感监测需要根据主要作物分布和生长期，研究作物旱情时空动态变化的有效监测方法，重点介绍热惯量估测法、作物缺水指数法、距植被指数法、温度植被干旱指数法等，分析评价这些遥感指数在作物旱情监测中的问题。

4. 农作物旱情遥感监测改进研究

在现有作物监测模型的基础上，根据作物旱情特点，从关键因子角度出发，研究改进现有的作物供水指数法，一方面是改进模型关键参数的遥感反演方法，另一方面是把降水因素对减缓旱情的作用考虑进去，以便提高作物旱情遥感监测精度。

5. 冬小麦旱情遥感监测与诊断技术

分析冬小麦的温度植被干旱指数的特征空间，分析麦地中植物与土壤水分之间的关系。分析河北省小麦旱情时空动态变化规律。

6. 作物旱情遥感监测技术集成与系统平台研发

在农业旱情和灾情发生与发展监测预报的基础上，进一步确定旱灾程度、发生区域、发生时间和造成的损失情况，是农业旱灾监测预报的重要内容。因此，将进一步研究如何合理地界定农业旱情标准和评估方法，研发农业旱灾监测预报系统的核心模块，尤其是建立如何快速地处理海量遥感图像数据和 GIS 空间基础数据的软件模块，进一步完善农业旱灾遥感动态监测系统，提高该系统监测预报精度。

项目将在作物旱情监测内容上有较大突破。现在的农业旱灾监测主要是农业墒情和旱情监测，很少对农业旱灾形成的水热环境胁迫因素和农业生产因素进行跟踪监测。本项目将对作物旱情孕灾环境关键因素（降水、蒸发、土壤水分、农田温度）时空动态进行全面监测，并根据作物分布和作物生长期确定作物需水时空分布，通过两者之间的时空耦合关系来确定农业旱灾的形成与发展，进行农业旱灾时空动态监测。同时，把遥感反演方法和区域数值模拟集成到作物旱情监测预报系统里。现有的农业旱情监测系统基本上是用简单的方法来进行旱灾监测中的关键因素估计，如用星上亮温而不是真正的地表温度来计算作物供水指数，很少使用更符合实际情况的遥感反演方法，如地表温度算法。这是影响监测预报精度提高的重要原因之一。本项目将把国际上先进的遥感反演方法尤其是地表温度算法和区域数值模拟方法集成到我国农业旱灾监测系统里，提高系统的运作能力和监测精度。

综上所述，现有的农业旱灾监测预报在精度上还远不能满足国家农业主管部门的需要，在技术方法上与发达国家的旱灾监测还有较大距离，在重要参数如温度反演方面还有待进一步改进。本项目将瞄准旱灾监测预报的国际技术前沿，从农田供水与作物需水矛盾角度出发，通过遥感反演技术与区域数值模拟，开展我国农业旱灾监测预报系统集成研究，完善我国农业旱灾监测预报系统，提高我国农业旱灾监测预报精度，以满足我国农业抗旱防灾减灾的迫切需要。

第二章　干旱对我国粮食安全的影响

干旱是影响我国农业尤其是种植业最严重的自然灾害。我国每年都有2 500万~3 000万亩（15亩＝1hm²，全书同）农作物播种面积遭受不同程度的干旱影响，造成了巨大的损失，威胁着国家粮食安全（李克让等，1997；李茂松等，2003；覃志豪等，2013；黄德林等，2014）。本章将提出一个衡量旱灾强度的定量模型，建立旱灾粮食损失估算方法，并对全国及各省区近年来的旱灾粮食损失进行评估，定量分析农业旱灾对我国粮食安全的影响程度，建立旱灾强度与因灾粮食损失之间的时空数量关系。

一、农业旱灾强度指数

我国自然灾害频发，水灾、旱灾、冰雹等都影响到农业生产，对粮食收成冲击极大。灾害统计已经成为我国农业统计的重要组成部分（陈峪，2002）。但是，目前我国农业旱灾统计资料只有受灾面积、成灾面积和绝收面积3个方面的统计数据，缺乏因灾粮食损失等统计数据。实际上，由于农业旱灾的复杂性，准确地统计因灾粮食损失非常困难。就是灾害面积的统计，基本上也是根据经验进行粗略估算。虽然这些估算很粗略并不精确，但仍能反映我国遭受旱灾袭击的大概情况。本章将基于我国农业旱灾面积统计数据进行旱灾影响分析，确定干旱对我国及各省区粮食生产的影响程度。

我国农业统计中把旱灾程度分成了3级：受灾、成灾和绝收。受灾面积是指作物产量损失在10%以上的农田；成灾是指损失超过30%，绝收是指损失超过70%。因此，产量损失低于10%时可以看成是每年气候变化导致的正常波动，而不是旱灾的作用。根据这个标准，我们可以把旱灾分成轻旱、中旱和重旱3个等级。轻旱指造成粮食损失在10%~30%的旱灾，中旱为30%~70%，重旱则为造成粮食损失大于70%的旱灾。

农业旱灾统计中使用的受灾、成灾和绝收概念虽然能够在很大程度上反映农业旱灾的强度，但相对而言，这是一种相对较含糊的说法，不能给人们一个清楚的灾害强度概念。为了提高社会公众对农业旱灾及其危害性的认识，我们提出了农业旱灾强度指数的概念，用来反映区域农业旱灾的总体强度。农业旱灾强度指数（Drought Index，DI）可定义为一个区域内遭受旱灾的面积占农作物总播种面积的比例，根据目前的农业旱灾统计数据，可以计算如式2-1：

$$DI_i = \frac{w_1 A_{i1} + w_2 A_{i2} + w_3 A_{i3}}{AT_i} \tag{2-1}$$

式中，DI_i 是省份 i 的农业旱灾强度指数；A_{i1}，A_{i2} 和 A_{i3} 分别是农业旱灾受灾面积、成灾面积和绝收面积；AT_i 是省份 i 的农作物总播种面积；w_1，w_2，w_3 分别表示 A_{i1}，A_{i2}

和 A_{i3} 的权重，该权重根据不同受灾程度下作物产量下降的比例进行设置。通过分析推测，农业旱灾强度应该以成灾损失为基准，也就是说，可以把农业旱灾强度看作是一个地区农业旱灾损失达到30%左右的农田所占比例。因此，以 A_{i2} 的权重为单位1，可以得到 $w_1 = P_1/P_2 = 0.45$，$w_2 = 1$，$w_3 = P_3/P_2 = 1.78$，其中 P_1、P_2 和 P_3 分别是受灾、成灾和绝收的产量损失比例。根据我国灾害统计定义，以中值法来确定 P_1、P_2 和 P_3 的值，分别为 $P_1 = 20\%$，$P_2 = 45\%$ 和 $P_3 = 80\%$。从 DI 的定义可知，DI 值越大，表示该省份农业旱灾越严重，旱灾损失也越大。

二、干旱对粮食安全的影响模型

在相同的作物播种面积与耕作投入的条件下，如果没有旱灾，每年的粮食产量将比实际产量大。也就是说，统计资料中的粮食产量实际上包括了两个部分：一是正常的耕作条件下，没有干旱发生时的粮食产量，二是旱灾导致的粮食产量损失，即粮食灾损量。因此，有：

$$F_a = F_p - F_d \tag{2-2}$$

式中，F_a 是统计资料中的实际粮食产量，F_p 是正常的耕作条件下，没有旱灾发生时的潜在粮食产量，F_d 则是旱灾导致的粮食灾损量，而农业旱灾对我国粮食安全的影响可以表示为粮食灾损量占保证我国粮食市场稳定供给的粮食总量的百分比，表示如下：

$$R_d = F_d/F_t \tag{2-3}$$

式中，R_d 表示农业旱灾对粮食安全的影响率；F_t 表示保证我国粮食市场稳定供给的粮食总量。F_t 可简单地通过人口乘以人均需粮来求算，但这种计算没有考虑粮食生产对粮食安全的影响，因而只是一种理论上的分析。实际上，对于我国这样一个人口大国来讲，外部粮食供给只能是一种调节和补充，国家粮食安全从根本上讲还得依靠本国自己的生产。基于这种考虑，在计算中把 F_t 粗略地确定为潜在粮食产量，即 $F_t = F_p$。这种确定充分考虑了我国粮食生产对国家粮食安全的重要作用。假定我国每年的粮食生产从规模上讲基本上能够保障国内粮食基本稳定供给，而灾害则是削弱这种稳定供给的主要力量。因此，用假定没有灾害影响情况下的潜在粮食产量来分析，能进一步揭示农业旱灾对我国粮食安全稳定供给的影响程度。

定量模拟分析计算农业旱灾对粮食安全的影响，关键在于粮食灾损量 F_d 的确定。一般统计资料中关于农业旱灾的数据是针对所有作物的，而粮食作物仅是整个农业生产中的一部分。但是，由于粮食生产是最重要的部分，可以通过比重法来确定粮食灾损量，计算公式如下：

$$F_d = \sum_{i=1}^{n} F_{di} = \sum_{i=1}^{n} (R_i A_{i1} Y_i P_1 + R_i A_{i2} Y_i P_2 + R_i A_{i3} Y_i P_3) \tag{2-4}$$

式中，i 表示省份；n 是省份数（$n=31$）；F_{di} 是省份 i 的粮食灾损量；R_i 是省份 i 中粮食播种面积占农作物总播种面积的比重；A_{i1}、A_{i2} 和 A_{i3} 分别是省份 i 遭受轻旱、中旱、重旱的作物面积；Y_i 是该省的粮食单产水平；P_1、P_2 和 P_3 分别表示受灾、成灾和绝收的粮食产量下降程度，根据受灾、成灾和绝收的统计定义，按中值法确定其值为 $P_1=20\%$，$P_2=45\%$，$P_3=80\%$。

计算农业旱灾对粮食安全影响的流程如图 2-1 所示，其中所需的统计资料包括 3 个部分：粮食产量、旱灾和各主要农作物种植面积。基于这些统计资料，运用上面提出的定量分析模型，进一步量化确定了 1990—2015 年全国及各省区的农业旱灾强度发展变化及其对粮食安全的影响程度。

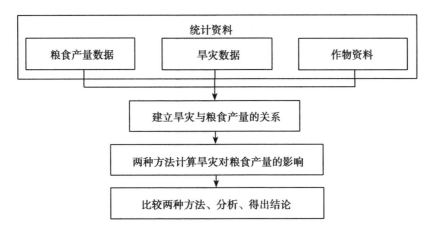

图 2-1 模拟计算农业旱灾对粮食安全影响的流程

三、农业旱灾强度时空变化

我国农业每年都面临着旱灾的威胁，不同程度的旱灾都造成粮食产量的损失。图 2-2a 是 1990—2015 年间每年我国遭受不同程度旱灾的作物面积的变化曲线。这期间我国平均每年遭受旱灾的农田达 25.76Mhm²（Mhm² 指百万公顷）之多。每年遭受轻旱的农田面积普遍都比中旱的面积大，比重旱面积大很多。1990—2000 年间遭受轻旱的面积在 12.5～16.5Mhm²，而 2001—2005 年间为 7.5～15Mhm²。中旱面积也有相同的变化特征，不过年际波动比较明显，1990—2000 年间在 7.5～15Mhm² 间波动，2001—2005 年间则明显下降，由 2001 年的大于 17.5Mhm² 降到 2005 年的低于 7.5Mhm²。相比之下，重旱面积 16 年来波动非常小，基本上是围绕 2.5Mhm² 上下浮动。

由以上给出的干旱强度指数（DI）的定义可知，DI 值可以反映旱灾对农业造成的影响。图 2-2b 给出了 16 年来我国每年的干旱强度指数的变化，从图中可以看出，1990—2000 年 DI 波动大，在 10%～18%，而 2001—2005 年间则呈明显下降趋势，最大的 DI 值出现在 2000 年，高达 25%，这一年有 40.4Mhm² 农田受灾，26.8Mhm² 农田成灾，8.0Mhm² 农田绝收，分别占总播种面积的 26.04%，17.13%，5.09%，对我国粮食生产的冲击极大。

我国幅员辽阔，气候类型多样，因而旱灾的空间差异非常明显。图 2-3 给出了 16 年来 3 个时段各省区干旱强度的变化。1990—1995 年间，山西、陕西、甘肃、宁夏回

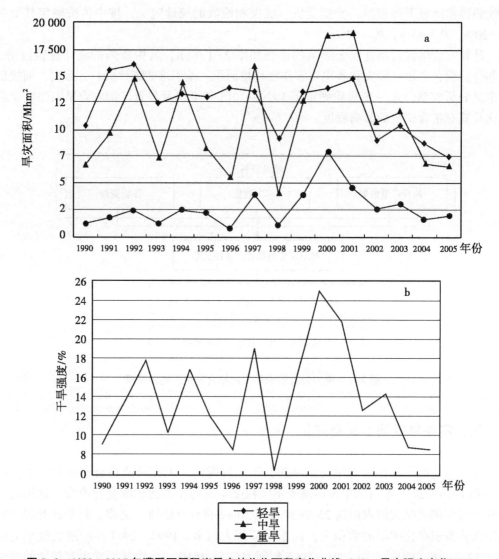

图 2-2　1990—2005 年遭受不同程度旱灾的作物面积变化曲线（a），旱灾强度变化（b）

族自治区（以下简称宁夏）和内蒙古自治区（以下简称内蒙古）等 5 个省（区）遭受了严重的旱灾，其强度分别是 30.99%，29.67%，26.23%，22.20% 和 20.93%，这些省区主要位于我国西北部干旱半干旱地区，耕作的自然条件较为恶劣；上海、福建、广东、江西，新疆维吾尔自治区（以下简称新疆）和云南等省（区）的旱灾影响较弱，低于 10%，这些省区大都位于东部沿海，雨量充沛。1996—2000 年，我国经历了一段较为严重的干旱期，全国平均干旱强度达 15.05% 以上，比之前的 1990—1995 年间的高出了 2%，不过这两段时期干旱的空间分布大致相同，山西、陕西和内蒙古三省区的旱灾强度最大（图 2-3b），尤其最高的山西省达到了 41.47%；该时期内我国东北地区同样爆发了严重的灾情，辽宁旱灾强度达 37.18%，吉林达 34.62%；东部沿海地区由于降水充沛，受灾仍然很轻，福建、浙江、江西和广东的旱灾最轻。2001—2005 年旱灾强度空间分布特征不变，不过旱情相对较轻；我国西北和东北地区仍然是主要的干旱发生区域，内蒙古、山西、吉林、辽宁、青海、甘肃、陕西和黑龙江等省区位居全国受灾省份前列（图 2-3c）。2005 年全国平均干旱强度是 8.6%，说明旱灾并不严重，但是，各省区之间的差异十分明显，山西以 40.31%的强度仍然位居第一，海南、云南、宁夏和甘肃在 2005 年的旱灾也相当严重。相比之下，华中和东北的干旱强度较低。旱情的空间差异导致对粮食产量的影响不同。

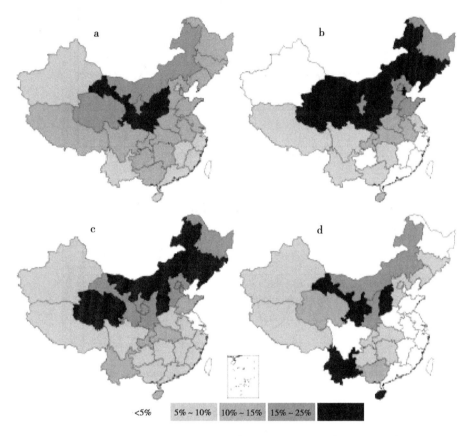

a. 1990—1995 年；b. 1996—2000 年；c. 2001—2005 年；d. 2005 年

图 2-3　各个时段我国农业旱灾强度的空间差异

四、旱灾粮食损失分析

长期以来，干旱一直是导致粮食产量波动的主要自然力量，而我国气候类型多样，遭受旱灾的范围极大，因而旱灾对我国粮食安全的威胁十分突出。图 2-4a 表示我国 1990—2005 年粮食作物的实际产量与潜在产量变化。潜在产量意味着没有旱灾发生情况下的粮食产量，因此如果没有旱灾，我国每年的粮食产量应该比实际产量高，最大值出现在 1997、1998 和 1999 年，高于 525Mt*。而实际产量不仅仅与作物播种面积和单产有关，也受到旱灾的影响。这 16 年来，我国的实际粮食产量上下浮动十分明显，最大值出现在 1998、1999 两年，实际产量分别为 512Mt 和 508Mt，最小值出现在 2003 年，产量仅为 431Mt。

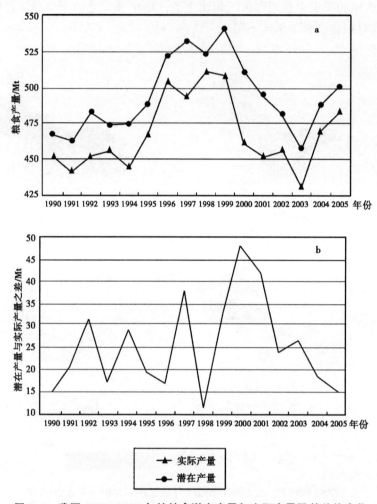

图 2-4 我国 1990—2005 年的粮食潜在产量与实际产量及其差值变化

潜在产量和实际产量相差就表示干旱导致的粮食灾损量。相差越大，表明干旱对粮食产量的影响越大。图 2-4b 表示 1990—2005 年的 16 年间这一差值的变化，表明每年干旱都导致了我国粮食产量的较大损失。总体来说，1990—2005 年，粮食灾损量在 15~50Mt，平均值为 28Mt；最大损失出现在 2000 年，当时我国农业遭受了一次严重的旱灾，强度高达 25.11%，受灾面积达 40.7Mhm²；损失最小的是 1998 年，当年旱灾强度仅 6.39%。旱灾导致的粮食减产是不可忽视的，它足以满足 5 000 万人以上的粮食需

* 注：1Mt=1 000 000t

求，并且比一个主要的农业大省的粮食总产量都大，例如，河北、江苏和吉林 2005 年这 3 个省的粮食产量分别是 26Mt、28Mt、26Mt，等于或低于 1990、2005 年 16 年间旱灾导致的平均粮食灾损量。

图 2-5 表示粮食灾损量在我国各省区的分布情况，从中可以清楚地看出，粮食灾损量空间差异非常大。1990—1995 年，河南、山东和江苏三省的粮食灾损量最大，年平均损失分别为 2.14Mt、1.97Mt、1.51Mt，这三省的粮食灾损量共占这段时期内我国粮食总损失的 22.13%。这段时期内有 13 个省（区）的年平均粮食灾损量高于 1Mt，这些省区的损失量占我国粮食总损失的 47.01%。1995—2000 年，由于遭受到比较严重的旱灾，全国有 7 个省区的粮食灾损量超过了 2Mt，主要集中在东北、华北地区，山东省以 3.18Mt 的灾损量位列第一，这 7 个省的损失占全国损失高达 55.57%，另外还有 6 个省超过了 1Mt，充分说明了这段时期旱灾给我国农业造成的巨大冲击，与前文的分析一致。2001—2005 年，粮食灾损量的空间分布与前一时段基本一致，但较为缓和，仅黑龙江、吉林、内蒙古等 3 个省区超过 2Mt，另外包括湖南和湖北在内的华中地区年平均粮食灾损量超过了 1Mt。由图 2-5 中可以看出，我国东部沿海始终是粮食灾损量较小的地区，这与当地气候适宜，雨量充分，旱灾较少或较轻有关，而西部省（区）则是由于本身耕地面积有限，粮食种植较少，因而粮食灾损量也相对较小。

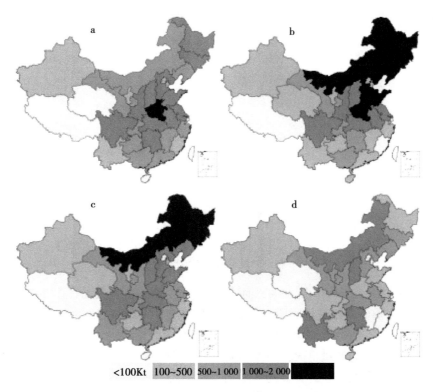

<100Kt   100~500   500~1 000   1 000~2 000

a. 1990—1995 年；b. 1996—2000 年；c. 2001—2005 年；d. 2005 年

图 2-5 各个时段粮食灾损量在各个省区的分布

五、旱灾对我国粮食安全的影响

对比图 2-3 和图 2-5 可知，旱灾强度大的省份其对应的粮食灾损量并不一定大，也就是说旱灾强度与粮食灾损量的空间分布并不是完全一致的，这主要是由于各省的粮食灾损量不仅受到该省旱灾强度的影响，还与该省的粮食作物播种面积有关。

所以，根据式 2-3 可以计算旱灾粮食影响，即通过粮食灾损量与粮食潜在总产量的比例来量化旱灾影响，图 2-6 即表示了各省份的旱灾影响情况。图 2-6a 表示出 1990—1995 年，旱灾影响最大的是山西、陕西和甘肃 3 个省，平均值都超过了 10%，

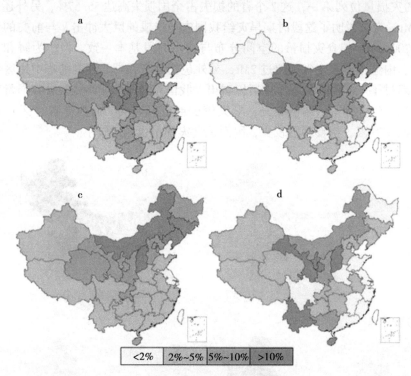

a. 1990—1995 年；b. 1996—2000 年；c. 2001—2005 年；d. 2005 年

图 2-6　各个时段旱灾影响强度的空间差异

分别是 11.98%，11.57% 和 10.26%，而这 3 个省的旱灾强度也最高（图 2-3a）。1996—2000 年的旱灾影响明显比其他时段大得多，尤以华北、东北地区最为突出；其中，黑龙江、山东和河南 3 个省的年平均粮食灾损量虽然位居该时期前列，但由于它们是我国主要粮食作物大省，粮食总产量也大，因而旱灾影响相对较小。以 1998 年为例，我国粮食总产量达到多年来顶峰，这 3 个省的粮食作物播种面积分别为 8.1Mhm²、8.1Mhm² 和 9.1Mhm²，其总和占全国粮食作物播种总面积的 22.38%，产量分别为 30.1Mt、42.6Mt 和 40.1Mt，但其总和占全国粮食总产量的 22.03%，因此，尽管粮食损失分别有 2.1Mt、3.2Mt 和 2.6Mt，其旱灾影响分别为 6.77%、7.22% 和 5.92%，仅仅是当年山西、内蒙古、

陕西、辽宁和吉林等受灾大省的一半。2001—2005 年，我国平均每年粮食灾损量为 26.62Mt，旱灾影响为 5.5%，我国东北和华北等地区仍然是遭受旱灾最严重、损失最大的地区，内蒙古、山西、辽宁和吉林 4 个省区受旱灾影响最大，都高于 10%，分别为 13.24%、10.50%、10.46%和 10.40%。

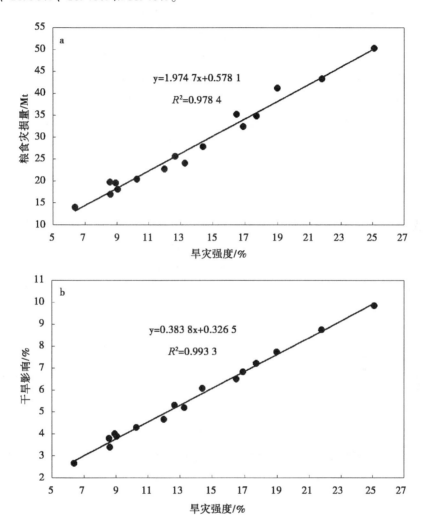

图 2-7　1990—2005 年我国旱灾强度与粮食灾损量之间的线性关系（a），
旱灾强度与旱灾影响力间的线性关系（b）

旱灾强度与粮食灾损量的关系十分明显，旱灾强度越大，粮食损失越大，旱灾的影响越大。图 2-7a 是 1990—2005 年旱灾强度与粮食灾损量的关系，横轴表示旱灾强度，以百分比为单位，纵轴表示粮食灾损量，以 Mt 为单位，对这两组数据进行回归分析，得出了以下结果：

$$Y=0.5781+1.9747X \quad R^2=0.9784 \quad SEE=1.6146 \quad F=634.3 \quad t=25.2$$

$$(2-5)$$

其中 Y 表示粮食灾损量，X 表示旱灾强度，按式 2-5 计算，SEE 是回归方程的标准差，R^2 为相关系数，其值越大表示两个回归变量间的关系越密切。对此回归分析结果进行 F 检验与 t 检验均证明回归方程的回归效果显著，也就是说，此回归方程表示出旱灾强度与粮食灾损量之间存在明显的线性关系。根据此式，当旱灾强度增加1%时，我国的粮食灾损量相应地增加约 2Mt。

同样地，由图2-7b我们得出旱灾强度与旱灾对粮食产量影响的回归分析方程：

$$Y = 0.326\ 5 + 0.383\ 8X \qquad R^2 = 0.993\ 3$$
$$SEE = 0.173\ 5 \qquad F = 2\ 074.7 \qquad t = 45.5 \tag{2-6}$$

其中，横轴表示旱灾强度，纵轴表示旱灾对粮食灾损量的影响，即粮食灾损量与粮食总产量的比例。F 检验与 t 检验均证明该回归方程的回归效果显著。此式表明旱灾强度每增加1%，旱灾对我国粮食产量的影响力就相应地增加0.38%，而我国平均粮食年产量是500Mt，所以旱灾就直接导致了每年粮食损失约为2Mt。

六、本章小结

本章定量分析了近年来我国农业旱灾对国家粮食安全的影响，提出了量化该影响的方法，即模拟遭受旱灾和没有遭受旱灾这两种条件下的粮食产量，并计算旱灾影响程度。研究中使用了各省区关于农业旱灾和粮食产量的统计数据，利用各省区的数据累加之和来模拟农业旱灾与我国粮食产量的关系。结果表明，我国农业旱灾对粮食安全的影响十分明显。每年有 $25\sim30\text{Mhm}^2$ 的农田遭受不同程度的旱灾，在1990—2005年，我国平均旱灾强度达13.8%，因而导致平均每年有28Mt的粮食损失，旱灾影响达6%。我们把1990—2005年分成3个时段：1990—1995年、1996—2000年和2001—2005年，其中1996—2000年的旱灾最严重，平均强度达15.11%，年粮食灾损量达32Mt，旱灾影响程度达6.1%，粮食灾损量基本上相当于一个农业大省的粮食产出总量，如江苏和河北，可以养活6 000万人。最近几年，包括陕西、山西、吉林、黑龙江和内蒙古等省（区）在内的东北地区和西北地区的农业旱灾对粮食产量的影响越来越大。另外，统计分析表明，如果旱灾强度增加1%，粮食产量将损失2Mt，旱灾影响程度提高0.38%。

第三章　农田植被指数遥感反演

农作物在整个生长期都需要一定量的水分供应，若水分供应不足，则会影响作物正常生长，严重时甚至会使作物停止生长，形成灾害（旱灾），最终对农业生产造成巨大影响。我国大部分地区位于东亚季风区，降水时空分布不均，农业干旱几乎每年都有（谭徐明，2003；郑景云，1998）。作物旱情的发生是由多种因素共同作用的结果，作物旱情监测需要对影响农作物旱情发生与发展的各因素进行跟踪监测，并推测其发展变化，进而对旱情发展状况做出评价，预测作物受旱成灾的变化趋势，监测评估旱灾损失。

因此，作物旱情监测，需要及时掌握农田作物生长及其水热供给状况。农田作物生长状况的遥感监测，通常可以用农田作物的植被指数来表示，而农田水热条件，则可以通过与农田水热变化有密切关系的地表温度来表示。因此，如何快速地进行农田作物的植被指数和农田地表温度的遥感反演，就成为作物旱情遥感监测的关键。本章将深入介绍农田作物植被指数这个关键参数的遥感反演原理与算法，地表温度遥感反演将在下一章介绍。

一、农田植被指数与旱情监测

水热是农田作物正常生长发育必需的环境要素。作物受旱成灾主要是由于农田作物正常生长得不到足够水分保证的结果。地表植被生长状况是水热平衡的重要评价因子，遥感技术通过叶绿素在近红外波段和红光波段的反射差异来获取植被盖度信息，通过植被指数来定量评价作物长势，跟踪分析植被生长状态，及时反馈农田水分胁迫的发生与发展（宋扬等，2017；杜灵通等，2015；程涛等，2017）。温度是地表水热平衡的关键因子，它与植被指数之间的关系非常密切。若地表有充足的水分供应，蒸发就会不断吸收热量，达到降低温度的效果；反之，若地表水分不足，太阳辐射会加速地表升温，作物由于受到水分胁迫，会部分关闭气孔，同样造成了温度的升高。监测与评价地表温度与植被指数的变化，是农业旱情监测与评估的关键（李琪等，2016；刘少华等，2015；陈云浩等，2005）。降水是影响农业旱情的最直接因素。一般情况下，若一个地区有充足的降水，则不会发生干旱；若没有降水或降水不能满足作物正常生长需要，同时又没有充足的灌溉水源，就会发生不同程度的干旱。农业旱灾监测需要相对精确地得到每个要素的时空动态变化信息，以此推算农田土壤水分状况的空间差异，确定旱情等级。

二、农田作物光谱反射特征

对地遥感观测，实际上是利用空中遥感器（主要是卫星遥感器）获取的地表物质电磁辐射能量来进行地物的识别、分类并进而分析研究地表物质能量时空动态变化（Lillesand et al.，2015；Campbell，2011）。电磁辐射能量按照光谱区间可分为可见光波段及近红外波段（VNIR）、热红外波段（TIR）和微波波段（MW）。

表3-1列出了可见光、近红外波段及中红外光谱区间及其相应名称和人眼可见性。绿色健康植被在可见光波段（0.38~0.68μm*）有一个反射峰值，位于绿色光光谱区间（0.49~0.56μm），而在红色光光谱区间（0.62~0.68μm）则是有一个低谷值，因此植被在人眼中通常是绿色的，主要是因为绿色光反射相对比蓝色光（0.38~0.49μm）和红色光强烈（Campbell，2011）。但是，在红色光之后的近红外（0.78~1.1μm）则表现出极高的反射值，红色光与近红外之间存在一个强烈的反射率递增，通常称为红边光谱区间（0.68~0.78μm）。

表3-1 可见光—近红外—中红外光谱区间划分

序 号	光谱区间（nm）	名 称	人眼可见性
1	200~380	紫外光	不可见
2	380~420	紫光	可见
3	420~450	蓝光	可见
4	450~490	青光	可见
5	490~560	绿光	可见
6	560~-590	黄光	可见
7	590~620	橙光	可见
8	620~680	红光	可见
9	680~780	红边	不可见
10	780~1 500	近红外	不可见
11	1 500~2 500	中红外	不可见

虽然地表物质构成千差万别，但大体上可以归为三大典型类型：植被、土壤和水。这3种典型物质的光谱曲线在VNIR波段区间有明显的差异（图3-1）。与植被明显区别的是，土壤的光谱曲线在可见光和近红外区间呈现出缓慢增长趋势。在可见光波段，土壤的光谱反射率高于植被，因此，在遥感图像上呈现出比植被相对较明显的特征。但在近红外区间，土壤的反射光谱则明显低于植被，因此在近红外波段的图像上，植被相

---

* 注：1μm=1 000nm

对明亮而土壤相对较暗。在可见光和近红外区间，水体对太阳光有强烈的吸收作用，并且随着波长的增加而呈现出吸收率增加的特征。因此，在遥感图像中，无论是在可见光波段还是近红外波段，水体都属于较暗的像元。也正在利用这一特征，许多遥感图像在进行大气校正时，通常用水体暗像元处理，进而估计大气校正值。

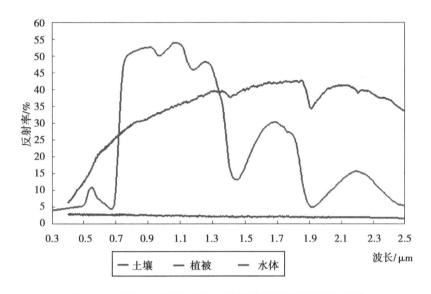

图 3-1　植被、土壤和水体 3 种地表典型物质的光谱曲线

由于植被是地球表面最重要的物质，并且有明显的季节性变化，与大多数地表过程有着密切的联系，不仅是地表过程的重要因素，同时也是地表过程的直接结果之一，因此，植被遥感已经成为遥感应用的重要研究方向。图 3-2 比较了几种典型植被（作物）在可见光和近红外光谱区间的反射率差异。从图 3-2 可以看出，不同作物（植被）的光谱反射率存在明显的差异，这种差异在近红外区间尤其明显。在近红外区间，大豆的光谱反射率最高，甚至高于阔叶林、针叶林和草类，玉米的光谱反射率相对比草类和树林低，冬小麦的光谱反射率最低。这种光谱反射率差异，将有利于对他们进行遥感识别。

因此，利用植被的光谱反射特征来进行地表植被的遥感反演，成为植被遥感研究的重要手段。植被在红光波段与近红外波段之间的强烈吸收与反射差异，是植被遥感反演的基础。遥感上的植被指数大都建立在这一基础之上，利用植被在红光波段的强烈吸收（低反射率）和在近红外的高反射（低吸收）特征，可以构建地表植被的遥感反演指数。在农田情况下，植被指数表征农田作物的生长状况。在遥感上，植被指数主要是利用绿色植被对不同光谱的吸收与反射特征来进行确定。绿色植被在红光波段有强烈的吸收，而在近红外波段区间则具有强烈的反射（图 3-2）。因此，通过红光波段的光谱与近红外波段的光波反射之间的线性或非线性组合，计算植被指数，可用于分析确定地表植被的生长状态。

图 3-2 中阔叶树、针叶树和草类的光谱是 ENVI 软件的光谱库数据，作物光谱是我

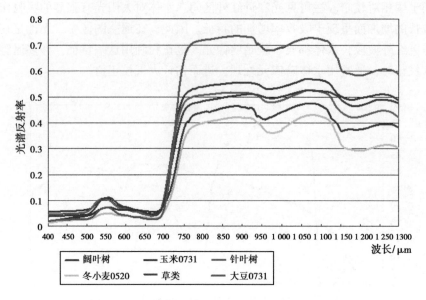

图 3-2　几种典型植被（作物）的光谱反射率比较

们自己测定的数据，作物后的数字表示测量的日期。

地表植被的生长状况与土壤水分有密切的关系，只有在水分供应充足的情况下，作物才能正常生长，反之则作物受干旱胁迫，甚至无法生长，因此植被指数成为干旱监测的一个基本参数。目前国内外已经提出的植被指数有 20 余种，其中归一化植被指数（NDVI）是应用最广泛的一种，因此，也是本项研究选用来表征农田作物生长状态的作物旱情关键参数。其他常用的植被指数还有比值植被指数 RVI、土壤调节植被指数 SAVI、增强植被指数 EVI、差值植被指数 DEVI 等（郭铌，2007；潘蕾等，2012；戴声佩等，2010；陈阳等，2011；罗亚等，2005）。

三、几种常用的植被指数

1. 归一化植被指数 NDVI

NDVI 是应用最广泛的遥感植被指数，它是利用植被在红光波段和近红外波段的反射差进行归一化后得到，计算公式如下：

$$NDVI = \frac{\rho_2 - \rho_1}{\rho_2 + \rho_1} \qquad (3-1)$$

式中，ρ_1 和 ρ_2 分别为红光波段和近红外波段的光谱反射率。就全国作物旱情遥感监测常用的 MODIS 遥感图像数据而言，ρ_1 和 ρ_2 分别是指第 1 和第 2 波段，其波段区间分别为 $0.62 \sim 0.67 \mu m$ 和 $0.841 \sim 0.876 \mu m$。对于常用的陆地卫星 Landsat TM 而言，ρ_1 和 ρ_2 分别是指第 3 和 4 波段，其波段区间分别为 $0.63 \sim 0.69 \mu m$ 和 $0.77 \sim 0.90 \mu m$。很显然，NDVI 是根据植被在红光波段的低反射率与近红外波段的高反射率之间的差值并进行归一化处理而得到。通过归一化处理，可以增加植被的特征，减少其他信息干扰，提高对地表植被的遥感识别能力。通常情况下，绿色植被的 NDVI 值在 0.2~0.8 之间。当 NDVI<0 时，地表覆盖通常是水体或者冰雪或者是空中的云层，因为这些物质在红光波段的反射率通常较高，从而导致 NDVI 为负。当 NDVI 接近 0 时，表示地表没有多少植被，基本上是岩石或裸露的地表土壤等，因为这些物质的地表反射率在红光波段和近红外波段相近。一般认为，NDVI 低于 0.2，地表植被已经非常少，如果 NDVI 在 0.2 以上，则表明地表植被相对较多，NDVI 值越高，表示地表植被覆盖度越大，而植被覆盖度越大，表示植被生长得越好。因此，NDVI 能很好在反映地表的植被生长状态。

但同时也可看到，NDVI 也有一定的局限性，其中，最重要的是当植被茂密性超过一定程度时，NDVI 将不会再增加，通常在 0.8 左右时达到顶值。而农作物在生长中后期，通常叶冠盖度大，NDVI 值接近极值。

2. 比值植被指数 RVI

比值植被指数 RVI 是最简单明了的遥感植被指数。由于植被在红光波段和近红外波段的巨大反射差，因此，直接利用这两个波段的比值，可以更加有效地放大植被的有效信息，使植被信息更加明显，实现植被的有效识别。比值植被指数 RVI 的计算公式如下：

$$RVI = \frac{\rho_2}{\rho_1} \tag{3-2}$$

实际上，RVI 就是植被在近红外波段和红光波段的反射率比值。由于植被在红光波段具有强吸收性（低反射率），而在近红外波段有高的反射特征，因此，绿色健康植被覆盖地区的比值植被指数 RVI 远大于 1，而植被较少的地表，如水体、裸土地表、人工建筑等，其光谱反射率在红光波段和近红外波段较接近，因此，比值植被指数 RVI 在 1 左右。但植被地区由于近红外波段的反射率通常较高，因此，其比值 RVI 通常大于 2。但是，当植被相对较少时，RVI 通常不是很敏感，尤其是在作物生长苗期，作物叶冠覆盖度较低，RVI 值通常难以进行有效区分。另外，RVI 还受到大气影响较大，因此，在计算前通常需要进行较精确的大气校正，以便得到的 RVI 能够较好地反映地表植被真实状况。

3. 土壤调节植被指数 SAVI

在低植被区，背景的土壤信息对植被反射光谱信息有较大的干扰。为了更好地反映地表植被在稀疏状态时的真实情况，Huete（1988）基于 NDVI 和大量观测数据提出土壤调节植被指数 SAVI，用以减小土壤背景影响。SAVI 的计算公式如下：

$$SAVI = \frac{(\rho_2 - \rho_1)(1 + L)}{(\rho_2 + \rho_1 + L)} \tag{3-3}$$

式中，L 是一个土壤调节参数，随着植被密度变化变化，取值范围为 0~1。当植被覆盖度很高时，L=0；当植被覆盖度很低时，L=1。显然，根据式（3-3），可以看到，当 L=0 时，有 SAVI=NDVI。也就是说，在植被相对较茂密时，SAVI 和 NDVI 是相同的。在农田作物情况下，尤其是在作物生长早期，L 取值为 0.5 时，SAVI 将能较好地消除土壤反射率对植被指数遥感反演的影响。因此，对于干旱半干旱地区植被相对较少时或者在作物生长早期，可以取 L=0.5，然后利用 SAVI 来进行植被指数遥感反演。

4. 增强型植被指数 EVI

地表植被的光谱反射信息，不仅受到背景土壤反射光谱的干扰，同时还受到大气颗粒尤其是气溶胶的光谱信息影响。增强型植被指数 EVI 是在土壤调节植被 SAVI 的基础上，进一步考虑大气气溶胶阻抗作用，以便更加有效地消除土壤背景和大气影响，其计算因此也相对较复杂，通常可表述成如下公式：

$$EVI = \frac{G(\rho_2 - \rho_1)}{\rho_2 + C_1 \rho_1 - C_2 \rho_3 + L} \tag{3-4}$$

式中，ρ_3 是蓝光波段的光谱反射率，$G=2.5$ 是个调节因子，C_1 和 C_2 是大气阻抗系数，可分别取 $C_1=6$ 和 $C_2=7.5$，L 是土壤调节参数，取 L=1。大气阻抗主要是以气溶胶效应为基础，而气溶胶在蓝光波段较敏感，因此，用对气溶胶敏感的蓝波段去校正气溶胶对红波段的影响，将能更加有效地消除大气气溶胶的影响。这是建立增强型植被指数 EVI 的物理基础，而这个概念是来源于 Kaufman 和 Tanre（1992）提出的大气阻抗植被指数（ARVI）。由于考虑了气溶胶影响的消除，在气溶胶厚度较大情况下，EVI 也能够较好地反映地表植被的真实状况，从而为作物旱情遥感监测提供更加可靠的作物信息。但是，正如式（3-4）指出，其计算需要蓝光波段的反射率。如果没有这一蓝光波段，则较难以计算 EVI。这是 EVI 应用的最大限制因素。

农田作物的生长，是光照、水分、热量、土壤肥力等因素综合作用的结果。当气象要素、土壤肥力等因素变化不大时，土壤水分则为作物生长的主要限制因子。土壤水分不足将影响作物根部水分的吸收和作物正常生长，进而表现出植被指数的变化。因此，通过植被指数可以间接反映农田土壤对作物生长的水分供给情况，进而可以结合其他关键参数如地表温度对作物受旱程度进行有效的识别判断。

四、作物叶冠闭度遥感反演

农学上的作物叶冠郁闭度（crop canopy density），在遥感上以植被覆盖度（fraction of vegetation cover，FVC）表示，反映农田作物叶面体对阳光的拦截程度和光合作用能力，因而是一个极其重要的农学形态参数，与作物长势和产量形成有密切的联系（唐华俊，2009）；同时也是一个非常重要的地表过程参数，在农田水热平衡、水土保护、农田碳氮物质循环、农药环境风险评估、气候变化等研究中有重要应用（秦伟等，2006；贾坤等，2013；杨宏兵等，2012），成为作物长势监测、作物旱情监测、作物估产等农业遥感监测的核心指标。准确地反演农作物叶冠郁闭度（下文中亦称植被覆盖度），是切实提高农业遥感监测水平的关键环节。

1. 植被覆盖度算法模型

　　植被覆盖度的遥感反演原理，主要是基于植被的光谱反射率特征。如果地表是裸地没有任何植被，那么地表的光谱反射率将表现为裸地光谱。这时，地表的植被指数将较低，通常低于 0.2。如果地表完全被植被覆盖，那么，地表的光谱特征就将表现为植被的光谱反射率。这里地表的植被指数将较高，通常高达 0.7 以上。如果地表的植被不是能够完全覆盖地表，那么其光谱反射率将介于裸地和植被之间。基于这个原理，可以通过植被指数来进行地表植被覆盖度的遥感反演（江洪等，2006；李钰溦等，2015；廖清飞等，2014；牛宝茹等，2005）。因此，植被覆盖度的遥感反演，是假定植被覆盖度与植被指数之间存在对应关系。经过长期的发展，地表植被覆盖度遥感监测研究已经取得很大进展，形成了多种遥感反演方法（马超飞等，2001；邢著荣等，2009；刘亚岚，2007；程红芳等，2008；庞吉林等，2012；苏宇鹏等，2017）和数据产品（Roujean，2002；Zhou，2015）。目前，植被覆盖度的遥感反演方法主要有混合像元分解法和像元二分法两种。

　　混合像元分解法是根据地表反射光谱的遥感探测机理建立，因而是目前植被覆盖度遥感反演最常用和最成熟的方法（陈晋等，2001；陈云浩等，2001）。在中低分辨率卫星遥感情况下，遥感的像元尺度即空间分辨率通常比地表的植被植株范围大，因此，一般可以认为遥感图像中的像元是混合像元，即像元范围内包含有不同的地表组分，其中植被是一个重要的组分（张志新等，2011）。混合像元分解法认为每种地表组分对遥感探测到的光谱信息都有贡献，从而可以建立混合像元光谱分解模型，进而可以求解各组分在混合像元中的比例，其中植被组分所占比例即是像元尺度上的植被覆盖度（吴云等，2009；吴云等，2010；于泉洲等，2015；戴俣俣等，2009）。

　　为了反演植被覆盖度，通常是假设像元只有植被和非植被两部分组成，因此，可以建立像元二分法模型来求解植被覆盖地表所占的百分比 FVC，其线性模型如式（3-5）所示（贾坤等，2013；刘勇，2010）。

　　现有植被覆盖度的遥感反演主要是通过植被指数（如 NDVI）来进行，目前已有不同方法，基于像元混合光谱和像元分解理论的二分法（把像元地表分解为植被覆盖和非植被覆盖两大类）模型最为常用（Yang et al.，2012；Setiawana et al.，2014；邢著荣等，2009；程红芳等，2008；郑维龙等，2018），其反演公式为：

$$FVC（\%）= \frac{NDVI-NDVI_b}{NDVI_v-NDVI_b} \times 100 \qquad (3-5)$$

　　式中，FVC 是遥感图像中像元的植被覆盖度，NDVI 是像元的归一化植被指数，$NDVI_b$ 和 $NDVI_v$ 分别是无植被（V=0）和茂密植被（V=100）的 NDVI 值，一般情况下可分别取值 $NDVI_b=0.15$ 和 $NDVI_v=0.8$，并且当 NDVI≤0.15 时取 FVC=0 和当 NDVI≥0.8 取 FVC=100。对于植被稀疏地区，也可把植被覆盖度估算成（王晓江等，2014；Jiapaer et al.，2011）：

$$FVC（\%）= \left(\frac{NDVI-NDVI_b}{NDVI_v-NDVI_b} \right)^2 \times 100 \qquad (3-6)$$

图 3-3 是山东德州市农田作物叶冠郁闭度（植被覆盖度）的一个实例，是根据 Landsat TM 图像数据估计，成像时间为 1998 年 8 月 21 日上午 10：35。由于 8 月中下旬已经是玉米生长拔节期，因此，农田作物的叶冠郁闭度相对较高，达到 70% 以上。同时，陵城区建成区（当时为陵县县城）的植被相对较少，两个重要水体（丁东水库和仙人湖）因为是水面，没有植被，因此其植被覆盖度为 0。道路和村庄也能够清楚地分辨出来，因为其植被覆盖度都较低。

图 3-3　山东德州市陵城区农田作物植被覆盖度
注：根据 Landsat TM 波段 3 和 4 的归一化植被指标计算

　　虽然两分法的植被覆盖度模型得到了广泛应用，但根据这一模型进行植被覆盖度遥感反演，是基于这样一个基本的假设，即 FVC 与 NDVI 之间存在对应的关系（Li et al.，2014）。那么，植被覆盖度 FVC 与其他植被指数（如 SAVI、RVI、DVI、EVI 等）的对应关系如何？能否用这些植被指数来开展植被覆盖度的遥感反演？针对这些问题，目前还缺乏严格的实际观测试验来进行有效验证。然而这是植被覆盖度遥感反演的基本问题，迫切需要通过深入研究来加以明确和确定，为准确进行植被覆盖度遥感反演奠定基础。

2. 植被覆盖度的遥感反演在各作物之间的差异

从式（3-5）或式（3-6）可以看到，目前植被覆盖度的遥感反演仅考虑了植被指数的影响，而没有考虑这种影响在不同植被类型（作物）之间的差异以及不同作物生长阶段的差异。也就是说，根据公式如果植被指数（NDVI）相同，我们就可以反演得到相同的植被覆盖度，不论是针对玉米、棉花还是小麦、水稻，或者树松、落叶树和草类。植被覆盖度遥感反演在各植被类型（作物）之间存在差异，不同植被（作物）客观上存在明显的光谱反射差异（Foerster et al., 2014；North, 2002），如图 3-2 显示，在近红外（NIR）波段，大豆的光谱反射率最高，其次是阔叶树、针叶树和草类，玉米和冬小麦最低，而它们在红光波段的差异却很小。因此，根据 NDVI 的计算公式：NDVI = （NIR-R）/（NIR+R），其中 NIR 和 R 分别是近红外和红光波段的光谱反射率，在相同的作物叶冠郁闭度情况下，大豆的 NDVI 值将最大，其次是阔叶树、针叶树和草类，玉米和冬小麦最小，即大豆 NDVI>阔叶树>针叶树>草类>玉米>冬小麦。那么，根据式（3-5）或式（3-6）进行监测，大豆的植被覆盖度将明显大于玉米和小麦，阔叶树的植被覆盖度也将高于针叶林和草类，由此引发的反演误差显而易见。因此，关于植被指数对植被覆盖度的影响，是否存在共性，或者存在不同植被类型（作物）之间的差异，相同作物是否存在不同生长阶段的差异，迫切需要通过开展田间试验和观测来验证和明确。

五、农田植被指数和叶冠郁闭度遥感反演问题

农田植被指数和叶冠郁闭度都是以农田作物的光谱反射率特征为基础，而农田作物的光谱反射率则受多种因素影响，因此分析这些因素的影响，有利于我们正确理解植被指数遥感反演及其应用问题。

1. 遥感观测视角和太阳高度角的影响问题

目前，植被指数和植被覆盖度的遥感反演，主要考虑了大气的影响，在计算过程中通过大气校正来消除影响，还没有考虑遥感视角和太阳高度角的影响问题。对于扫描幅宽较小的高分辨率遥感图像，如 Landsat TM/ETM+，幅宽为 180km，像元尺度为 30m，卫星高度为 705km（丁艳梅等，2006），瞬时视场 IFOV 很小，图像中心像元与边缘像元的遥感视角相差并不大，仅为 7°左右，太阳高度相差也很小，对植被指数和植被覆盖反演的影响不大，可以忽略不计。但对于扫描幅宽较大的中低分辨率遥感图像，如 MODIS，幅宽达 2330km，中心像元为 1km，卫星高度 705km，IFOV 相对较大，图像中心像元与边缘像元的遥感视角相差明显（>58°），不仅造成边缘像元变形严重，边缘像元比中心像元大 2 倍以上，而且造成太阳高度角相差较大（图 3-4），进而导致反射的太阳辐射量及其在大气中的传输路径发生明显变化，而这种变化对于植被指数和植被覆盖度的遥感反演将产生较大影响。在红光和近红外区间，地表不是朗伯体表面（朗伯体地表的光谱反射具有各向相同特性），地表的反射具有明显的方向性；这种方向性在

农田作物中尤为显著；作物叶体表面较光滑并且含有不同程度的腊质（潘瑞炽，2001；刘子丹，2007），能有效阻止水分过快蒸腾，对入射光也具有很强的镜面反射作用，因此，遥感观测视角与太阳高度角之间的关系，直接影响遥感器观测到的地表反射强度，在同一地表上，观测视角和太阳高度角不同将引发该地表植被指数和植被覆盖度遥感反演结果的误差。目前，在植被覆盖度的遥感监测中基本都是直接利用植被指数来反演，并没有考虑这种因遥感视角和太阳高度角差异而造成的影响。因此，对这种影响进行深入研究，提出消除误差的方法，是有效提高植被覆盖度遥感反演精度的迫切需要。

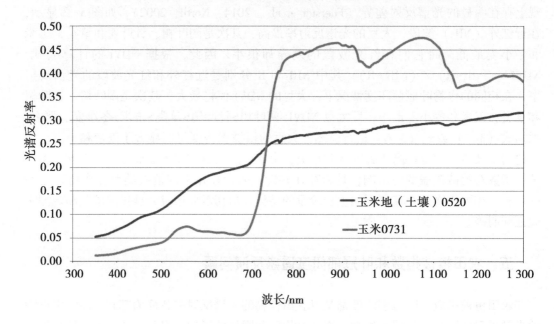

图 3-4　农田土壤对不同生长阶段的玉米光谱影响

2. 农田背景因素的影响问题

农田背景因素包括农田土壤、农田秸秆残留、农田作物栽培方式（密度、行间距等）、作物干旱胁迫、营养胁迫、病虫害胁迫等，都可能对植被指数和植被覆盖度遥感反演产生不同程度的影响（Boyd et al.，2002）。不同的农田土壤有不同的光谱反射特征。同样，农田中还可能存在各种的作物秸秆残留。因此，农田作物的光谱特征就会受到农田土壤和秸秆残留等背景的光谱特征影响，进而对农田作物的植被覆盖度遥感反演结果产生作用。玉米苗期因叶冠很小，其光谱（玉米0520）基本上就是农田土壤的光谱，到了生长期（玉米0720），其光谱才表现出绿色植被的明显特征。同样，不同的栽培模式可能会影响到作物叶面体的三维空间几何特征，尤其是作物叶体分布密度和伸展方向，进而影响作物叶面对入射光的反射、透射、折射和吸收（即光与作物叶冠的相互作用），对作物叶冠反射光谱的遥感观测产生影响。作物的光谱反射特征，主要是受叶面体的叶绿素含量控制，而干旱缺水胁迫、缺肥等营养胁迫和病虫害胁迫等因素也会不同程度地改变作物叶面体的叶绿素含量，进而影响作物叶冠的光谱特征，最终可能会导致植被覆盖度遥感反演结果产生偏差。通过观测试验，分析评价这些因素对植被覆盖遥感监测的影响，并提出有效的解决方案（如何在植被覆盖度遥感反演中考虑这种影响），是提高农业遥感监测水平的迫切需要。

苗期的影响最显著，由于苗期玉米叶冠较小，测得的光谱（玉米 0520）基本上就相当于农田土壤的光谱，而到了拔节期，玉米光谱（玉米 0731）才表现出绿色植被的显著特征。

3. 波段选择与像元尺度转换问题

如前所述，植被覆盖度遥感反演主要是通过植被指数来进行，而植被指数又是通过近红外与红光波段区间的光谱反射率来计算。目前，多源遥感协同反演已成为农业遥感监测的重要手段。然而，多源农业遥感协同反演经常面临近红外和红光波段的区间不尽相同和像元尺度相差较大的问题（表 3-2）。由于植被反射光谱曲线在各波长之间有差异（图 3-2），对于同一植被（作物），用不同的近红外波段和红光波段区间来计算，将得到不同的植被指数（即不同遥感数据源的植被指数差异），进而导致不同的植被覆盖度遥感反演结果。此外，由于像元尺度相差较大，不同遥感数据源的植被覆盖度反演结果也存在较大差异。因此，针对农作物叶冠郁闭度，深入开展多源遥感数据间尺度转换问题研究，包括波段的光谱区间和像元的大小问题，也是有效提高农业遥感监测水平的迫切需要。

表 3-2　常用遥感数据的近红外波段和红光波段区间及像元尺度

遥感数据	近红外波段（NIR）（μm）	红光波段（R）（μm）	星下像元尺度（m）
Landsat TM/ETM+	B_4：0.76~0.90	B_3：0.63~0.69	30
NOAA	B_2：0.725~1.10	B_1：0.55~0.68	1 100
MODIS	B_2：0.841~0.876	B_1：0.62~0.67	250
MODIS	B_{16}：0.862~0.877 或，B_{17}：0.890~0.920	B_{13}：0.662~0.672 或，B_{14}：0.673~0.683	1 000
FY-3 可见光红外扫描辐射计	B_2：0.84~0.89	B_1：0.58~0.68	1 100
ASTER	B_3：0.76~0.86	B_2：0.63~0.69	15
HJ-1A/1B CCD	B_4：0.76~0.90	B_3：0.63~0.69	30
CBERS-1 CCD	B_4：0.77~0.89	B_3：0.63~0.69	19.5
CBERS-1 广角成像仪	B_{11}：0.77~0.89	B_{10}：0.63~0.69	256
SPOT5 HRG	B_3：0.78~0.89	B_2：0.61~0.68	10
IKONOS 多光谱	B_4：0.77~0.88	B_3：0.64~0.72	4
QuickBird 多光谱	B_4：0.76~0.90	B_3：0.63~0.69	2.44
GeoEye 多光谱	B_4：0.78~0.92	B_3：0.655~0.69	1.65

第四章　农田地表温度遥感反演

农田地表温度是农田地表水热状况的一个重要物理量，因而也是作物旱情监测的关键参数（谭德宝等，2004，覃志豪等，2005a）。目前关于地表温度，主要有 3 种计量单位：摄氏度℃（Celsius）、华氏度℉（Fahrenheit）和开氏度 K（Kelvin）。这 3 种温度计量之间的关系如下：K=273.15+℃，℃ =（℉-32）×5/9。由于开氏度 K 表示物体的热力学温度（绝对温度），因此，也是地表温度遥感反演常用的温度计量单位。本章将根据作物旱情遥感监测的需要，重点介绍针对农田地表温度遥感反演方法。

一、地表温度遥感反演原理

地表温度遥感反演的基础是空中的遥感器对地表热辐射探测（Becker，1990；Qin et al.，2001）。根据物体的热力学定律，只要物体温度在绝对 0K 以上，那么，该物体就会向外发射其辐射。物体的热辐射强度与其温度成正比，与波段成反比，可用普朗克（Planck）方程表示如下（Qin，1999；Vidal，1991；Prata，1993）。

$$B_\lambda(T_\lambda) = \frac{C_1}{\lambda^5(e^{C_2/\lambda T} - 1)} \tag{4-1}$$

式中，$B_\lambda(T_\lambda)$ 表示地表在表面温度为 T_λ 波段为 λ 的热辐射强度（W/m²），λ 为波长（μm），C_1 和 C_2 分别是第 1 和第 2 光谱常量，C_1 = 3.741 51×10⁸ W/（m²/μm⁴），C_2 = 1.438 79×10⁴ μm·K。根据韦恩移位定律（Wein displacement law），物体的最大辐射与其波长之间存在如下关系：

$$\lambda_{max} = \frac{2\,898}{T} \tag{4-2}$$

式中，λ_{max} 是物体在表面温度为 T（K）时，其辐射的峰值所对应的波长（μm）。太阳的表面温度通常在 5 500~6 000K，其辐射峰值在波长为 0.48~0.53μm 处，位于可见光的绿色光区间，而地球表面平均温度通常为 300K（27℃），其辐射峰值是在 9.66μm 处。因此，通常把 8~12μm 称为热红外遥感的地表温度光谱区间，大多数遥感系统的热红外波段都是设在这一光谱区间范围内，如 Landsat TM/ETM 中的热红外波段（波段 6），其光谱区间为 10.4~12.5μm，而 MODIS 则有 9 个热红外波段（表 4-1），其中第 31 和第 32 波段的光谱区间分别为 10.78~11.28μm 和 11.77~12.27μm，非常适合于用来进行地表温度遥感反演。我国风云三号（FY3）卫星上搭载的可见光红外扫描辐射计（VIRR）也有两个热红外波段，用于探测地表温度变化（表 4-2）。因此，也是在本研究中用来进行作物旱情遥感监测所需要的关键参数农田地表温度的遥感反演波段。

表 4-1　MODIS 数据的波段及其光谱区间

波　段	波长范围（μm）	波　段	波长范围（μm）	波　段	波长范围（μm）
1	0.60~0.670	13	0.662~0.672	25	4.482~4.549
2	0.841~0.876	14	0.673~0.683	26	1.360~1.390
3	0.459~0.479	15	0.743~0.753	27	6.535~6.895
4	0.545~0.565	16	0.862~0.877	28	7.175~7.475
5	1.230~1.250	17	0.890~0.920	29	8.400~8.700
6	1.628~1.652	18	0.931~0.941	30	9.580~9.880
7	2.105~2.155	19	0.915~0.965	31	10.780~11.280
8	0.405~0.420	20	3.660~3.840	32	11.770~12.270
9	0.438~0.448	21	3.929~3.989	33	13.185~13.485
10	0.483~0.493	22	3.929~3.989	34	13.485~13.785
11	0.526~0.536	23	4.020~4.080	35	13.785~14.085
12	0.546~0.556	24	4.433~4.498	36	14.085~14.385

表 4-2　FY3-VIRR 数据的波段及其波长范围

通　道	波段范围	中心波长（μm）	光谱带宽（μm）	噪声等效反射率 ρ（%）噪声等效温差（300）	动态范围（ρ 或 κ）	分辨率（m）
1	0.58~0.68	0.630	0.10	0.10%	0~100%	1 100
2	0.84~0.89	0.865	0.05	0.10%	0~100%	1 100
3	3.55~3.93	3.740	0.48	0.3~0.4K	180~350K	1 100
4	10.3~11.3	10.800	1.00	0.2K	180~330K	1 100
5	11.5~12.5	12.00	1.00	0.2K	180~330K	1 100
6	1.55~1.64	1.595	0.09	0.15%	0~90%	1 100
7	0.43~0.48	0.455	0.05	0.05%	0~50%	1 100
8	0.48~0.53	0.505	0.05	0.05%	0~50%	1 100
9	0.53~0.58	0.555	0.05	0.05%	0~50%	1 100
10	1.325~1.395	1.360	0.06	0.10%	0~90%	1 100

　　由于地表并不是一个黑体，因此，地表温度与地表的热辐射之间还存在一个比辐射率问题。黑体只是一个理想的辐射体，能够完全发射出其温度所对应的热辐射强度，即比辐射率为 1，因而黑体能够完全吸收到达其表面的辐射能量，根据热力学平衡理论，

它也能完全辐射其能量，从而实现能量平衡，使其温度保持恒定不变。地球表面最多只能算是灰体，辐射能量与其温度所对应的黑体辐射能量之比，称为比辐射率 ε。通常，地表在热红外光谱区间的比辐射率在 0.925~0.995，一些典型的地表物质如植被的比辐射率通常在 0.985 左右，土壤的比辐射率通常是在 0.96~0.97，而水体则表现出更加接近黑体的热辐射特征，其比辐射率通常高达 0.99 以上。

地表发射的热辐射要穿过大气，才能到达空中的遥感器。而大气本身也具有一定的温度，因此，也必然能够发射出其热辐射，同时，大气并不是真空，而是由各种气体和细微颗粒组成，因此，大气对穿透其中的地表热辐射，也存在一定的吸收衰减作用，从而使空中的遥感器探测到的热辐射组成变化复杂，造成地表温度遥感反演的障碍。图 4-1 显示热红外遥感探测原理。

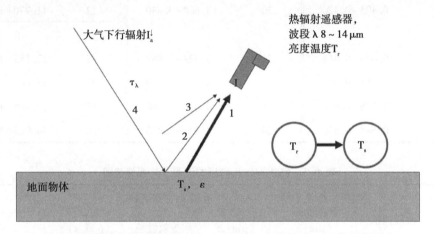

I 表示遥感器探测到的热辐射；T_r 是星上亮度温度；T_s 是地表温度；ε 是地表比辐射率；1 为地表热辐射；2 是地表反射回来的大气向下热辐射；3 是大气向上热辐射；4 是大气向下热辐射

图 4-1　热红外遥感对地观测原理

二、地表热辐射传输方程

图 4-1 指出，空中的热红外遥感器接收到的热辐射，主要由 3 部分组成：地表的热辐射、大气向上热辐射以及地表反射回来的大气向下热辐射（Sobrino et al.，1994）。由于地表也不是一个黑体，大气还对穿透其中的热辐射进行吸收衰减作用，所以，空中热红外遥感器接收到的热辐射强度，可以用如下地表热辐射传输方程来表示：

$$L_\lambda = \int_{\lambda_1}^{\lambda_2} \phi_\lambda \varepsilon_\lambda B_\lambda(T_s) \tau_\lambda(\theta) d\lambda + \int_{\lambda_1}^{\lambda_2} \phi_\lambda (1-\varepsilon_\lambda) \tau_\lambda(\theta) I_\lambda^\downarrow d\lambda + \int_{\lambda_1}^{\lambda_2} \phi_\lambda I_\lambda^\uparrow d\lambda \quad (4-3)$$

式中，L_λ 是遥感器探测到的波长 λ 为的热辐射强度，T_s 是地表温度，$B_\lambda(T_s)$ 表示地表发射的波长为 λ 的热辐射强度，$\tau_\lambda(\theta)$ 是大气在波长为 λ、探测角度为 θ 的光谱透过率；ϕ_λ 是遥感器的光谱响应函数，ε_λ 是地表在波长 λ 的比辐射率，λ_1 和 λ_2 是遥感器的波段区间。上式中右边第一项表示地表的热辐射强度，第二项表示地表反射回来的大气向下热辐射强度，第三项表示大气向上热辐射强度。由于大气质量的分层性，大气对遥感器信号的贡献主要来自大气低层，即接近地球表面的低层大气的作用明显大于大气上层的作用。对于波段 i，热辐射传输方程可以写成如下形式（Qin et al.，2001；Fraça，1994）。

$$B_i(T_i) = \tau_i(\theta)[\varepsilon_i B_i(T_s) + (1-\varepsilon_i)I_i^{\downarrow}] + I_i^{\uparrow} \tag{4-4}$$

式中，$B_i(T_i)$ 表示遥感器的波段 i 接收到的辐射强度，T_i 是波段 i 的星上亮度温度，$B_i(T_s)$ 表示波段 i 的地表热辐射强度，T_s 是地表温度，$\tau_i(\theta)$ 是波段 i 的大气透过率，ε_i 是波段 i 的地表比辐射率，$I_i^{\downarrow}$ 和 $I_i^{\uparrow}$ 表示大气向下热辐射和向上热辐射强度。由于大气呈现出非均质特性，尤其是大气水汽、温度和气体密度差异，大气的向上和向下热辐射强度可分别表示为如下形式。

$$I_i^{\uparrow} = \int_0^z B_i(T_z)\frac{\partial\tau_i(\theta,z,Z)}{\partial z}dz \tag{4-5}$$

$$I_i^{\downarrow} = 2\int_0^{\pi/2}\int_\phi^0 B_i(T_z)\frac{\partial\tau'_i(\theta',z,0)}{\partial z}\cos\theta'\sin\theta'dzd\theta' \tag{4-6}$$

式中，T_z 是高程为 z 处的气温，θ 是遥感器的探测视角，Z 是遥感器的高程，$\tau_i(\theta,z,Z)$ 表示从高程 z 到遥感器高程 Z 之间的大气向上透射率。θ' 是大气的向下辐射方向，$\tau'_i(\theta',z,0)$ 表示从高程 z 到地表之间的大气向下透射率。对于式（4-5）的大气向上辐射，运用中值定理，可以近似求解成如下形式：

$$I_i^{\uparrow} = [1-\tau_i(\theta)]B_i(T_a^{\uparrow}) \tag{4-7}$$

式中，$T_a^{\uparrow}$ 表示大气向上有效平均温度。对于式（4-6）的大气向下辐射，根据 França & Cracknell（1994），当天空晴朗时，对于整个大气的每一个薄层（如 1km）而言，一般可合理地假定：

$$\partial\tau_i(\theta,z,Z) \approx \partial\tau i'(\theta',z,0) \tag{4-8}$$

即每个大气薄层的向上和向下透射率相等。根据这个假定条件，把中值定理应用到式（4-6）中，可得如下近似解：

$$I_i^{\downarrow} = 2\int_0^{\pi/2}(1-\tau_6)B_6(T_a^{\downarrow})\cos\theta'\sin\theta'd\theta' \tag{4-9}$$

式中的视角积分项，实际上为

$$2\int_0^{\pi/2}\cos\theta'\sin\theta'd\theta'|_0^{\pi/2} = 1 \tag{4-10}$$

这样，就可以得到大气的向下热辐射近似解：

$$I_i^{\downarrow} = [1-\tau_i(\theta)]B_i(T_a^{\downarrow}) \tag{4-11}$$

把上面这些近似解代入式（4-8），近而得到

$$B_i(T_i) = \tau_i(\theta)[\varepsilon_i B_i(T_s) + (1-\varepsilon_i)(1-\tau_i(\theta))B_i(T_a^{\downarrow})] + (1-\tau_i(\theta))B_i(T_a^{\uparrow}) \tag{4-12}$$

式中，T_s 是遥感器探测到的热辐射强度，包括来自地表的热辐射和大气的热辐射强度，同时地表和大气也有不同的影响。地表温度遥感反演，就是从遥感器探测到的热辐射强度 $B_i(T_i)$，根据波段数建立联立方程，并通过一系列假设和简化推导，尤其是普

朗克方程的线性化展开、地表比辐射率和大气透过率的估计，求解出地表温度 T_s。

三、地表温度遥感反演算法

从地表辐射传输式（4-10），可以知道，遥感器探测到的热辐射只有一个值，而方程的未知数则较多，因此，即使通过不同波段建立联立方程，假定大气影响可以估计，那么式（4-10）仍然是一个病态方程，即未知数（各波段的地表比辐射率和地表温度）永远多于方程数（等于波段数）。因此，地表温度遥感反演，实际上是一个近似求解法，通过不同的假设条件，例如假定大气透过率和地表比辐射率能够进行预先估计，运用不同的推导求解方法，才能得到地表温度。在这一求解过程中，如何考虑并估计地表和大气的影响，是地表温度遥感反演的关键。早期的遥感探测，由于缺乏简便可行的算法，都是直接利用遥感器探测到的热辐射，根据普朗克辐射方程计算星上亮度温度，直接把星上亮度温度用来进行地表温度差异分析（覃志豪等，2001）。实际上，由于大气和地表的双重影响，星上亮度温度与真正的地表温度相差较大。图 4-2 和图 4-3 分别显示 Landsat TM 和 MODIS 数据的星上亮度温度与地表温度之间的差异。

从图 4-2 和图 4-3 可以看到，星上亮度温度与地表温度有很大的差异，尤其是在植被较少的城市或者沙漠地区，星上亮度温度与地表温度相差高达 6~8K，有时甚至超过 10K。在农田作物生长中后期，由于农田植被叶冠含水量较高，这种差异略有缩小，但也在 2K 以上。因此，直接利用星上亮度温度来进行地表温度差异分析，将会带来较大的误差。这就说明，进行精确的地表温度遥感反演十分必要。

地表温度遥感反演算法，实际上是根据热红外遥感探测的波段数据，建立地表热辐射传输方程，通过一系列假定条件和推导，从遥感器探测到的热红外遥感波段数据中反演了地表温度。因此，根据遥感器探测的波段数据，目前主要有 3 类地表温度遥感反演算法，单窗算法、分裂窗算法（又称劈窗算法）和多通道算法。单通道算法适合于只有一个热红外波段的数据，如 Landsat TM/ETM 数据。分裂窗算法适合于两个热红外波段的数据，如 NOAA-AVHRR 和 MODIS。多波段算法适合于多个热红外波段的数据，如 MODIS。就成熟程度而言，多波段算法还在发展之中，目前还没有一个简便可行的多波段算法可以用来进行地表温度反演。

单窗算法是根据一个热红外遥感波段所探测到的热辐射强度进行地表温度遥感反演，如 Landsat TM/ETM 的波段 6（10.4~12.5μm）和 FY3-MERSI 的波段 5（10.0~12.5μm）。2001 年 Qin et al. 发表了第一个单窗算法，专门用于从 Landsat TM 热红外遥感波段 6 数据中反演地表温度。之后，Jiménez-Muñoz 和 Sobrino（2003）也提出了一个单通道算法。

分裂窗算法是运用两个相邻热红外遥感波段，如 NOAA-AVHRR 的波段 4 和波段 5，MODIS 的波段 31 和 32，以及 FY3-VIRR 的波段 4 和 5。20 世纪 60 年代气象卫星的发射成功，使科学家们对用卫星数据来反演地表温度产生浓厚的兴趣。由于卫星是在太空中观测地表的热辐射强度，所以大气的影响不可避免。传统上，从卫星数据中推演地表温度需要进行大气辐射和大气吸收的估测。这种估测需要较精确的实时大气剖面数

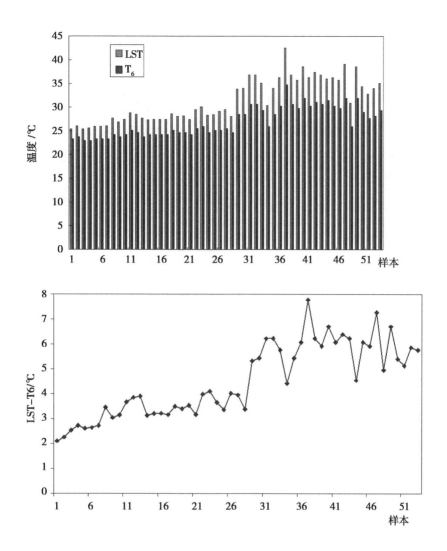

T_6 是 Landsat TM 波段 6 的星上亮度温度，LST 是根据单窗算法反演得到的 Landsat TM 地表温度

图 4-2 农田地区 Landsat TM 波段 6 星上亮度温度与地表温度之间的差异

据，如大气各层气温、气压、湿度和气溶胶含量等。然后，从卫星高度所观测到的热辐射强度中扣减大气辐射和大气吸收作用的影响，以便得到地表所应具有的实际热辐射强度。最后根据温度与热辐射强度之间的关系估计地表的实际温度。这种地表温度的推算方法，需要先对卫星进行大气校正，所以称为大气校正法（覃志豪等，2001b）。

分裂窗算法在地表温度推算中的应用是在 20 世纪 70 年代中后期提出的，其基本思想可以追溯到（McMillin，1975）的研究。这一研究指出，对于 AVHRR 的两个热红外通道，温度与辐射强度之间的关系比较接近于线性，从而可以进行线性展开。虽然 AVHRR 的两个通道波长很靠近，但大气透射率和地表辐射率在这两个通道之间仍存在一定的差异。因此，通过这两个通道遥感器所接收到的热辐射强度，可以建立地表热辐

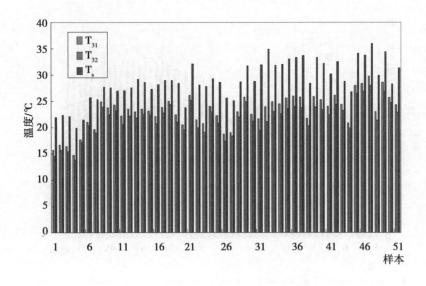

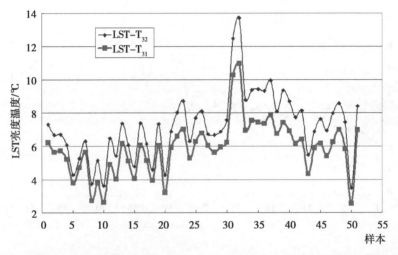

T_{31} 和 T_{32} 分别是 MODIS 波段 31 和 32 的星上亮度温度，LST 是利用分裂
窗算法反演得到的 MODIS 地表温度

图 4-3　MODIS 波段 31 和 32 星上亮度温度与地表温度之间的差异

射传导的线性联立方程，进而可以对地表温度进行求解。这一求解方法将不需要精确的
大气剖面气温和气压资料来进行地表热辐射强度的估计，从而比传统上的大气校正法更
易于应用。由于它是针对具有两个热通道的 AVHRR 遥感数据提出的，所以这种求解地
表温度的方法被称为分裂窗算法。

　　分裂窗算法最早是针对气象卫星 NOAA-AVHRR 两个热红外波段（通道 4 和通道
5）数据提出，主要是用于海洋表面温度遥感监测。Price（1985）是最早把 NOAA-
AVHRR 的热红外波段数据用来进行农田地表温度估计的先驱，提出了世界上第一个地
表温度分裂窗算法。之后，尤其是在 20 世纪 90 年代，地表温度遥感反演的分裂窗算法

得到了较快的发展，许多学者从不同的角度，运用不同的假设条件，尤其是基本参数的估计，提出了不同的分裂窗算法。分裂窗算法主要有如下 3 种通用形式（覃志豪等，2001）。

$$T_s = T_1 + A(T_1 - T_2) + B \tag{4-13}$$

$$T_s = A_0 + A_1 T_1 - A_2 T_2 \tag{4-14}$$

$$T_s = A_0 + A_1(T_1 - T_2) + A_2(T_1 + T_2) \tag{4-15}$$

式中，A、B、A_0、A_1 和 A_2 是分裂窗算法的参数，T_1 和 T_2 分别是两个相邻热红外波段的星上亮度温度。分裂窗算法的参数主要取决于大气和地表的影响，其中大气透过率和地表比辐射率的影响最大，因此，也主要是根据大气透过率和地表比辐射率来进行估计。对于 NOAA-AVHRR，分裂窗算法的星上亮度温度 T_1 和 T_2 分别对应于通道 4 和通道 5。对于 MODIS，T_1 和 T_2 通常分别是波段 31 和 32。对于 FY3-VIRR，T_1 和 T_2 分别是波段 4 和波段 5。因此，分裂窗算法需要两个彼此相邻的热红外波段遥感数据来进行地表温度的反演。分裂窗算法主要是针对 NOAA-AVHRR 的热红外通道 4 和通道 5 数据来推导。在 MODIS 的 8 个热红外波段中，第 31 和第 32 波段最接近于 AVHRR 通道 4 和通道 5 的波段范围，因而最适用于分裂窗算法（覃志豪等，2005）。

分裂窗的推导是一个复杂的过程。由于热红外遥感中的未知变量比波段方程数多，所以，地表温度反演算法的推导都是根据一些模拟简化过程来从波段方程中求解地表温度变量。不同的简化方法显然产生了不同的算法。目前世界上已经看到有 17 种分裂算法提出（表 3-4）。这些算法可以归结为四大类：简单模型、地表比辐射率模型、两因素模型和复杂模型。简单模型是把大气影响和地表影响估计成常量，因此计算十分简单。大气和地表因素的影响通常是动态的。把它们估计成常量的做法虽然可以部分校正大气和地表的影响，但反演结果往往较差。地表比辐射率模型把大气影响估计成常量，而仅考虑地表温度反演随地表比辐射率的变化，因而反演精度相对于简单模型改进了许多，但由于大气影响的多变性，其精度仍然不是很理想。两因素模型和复杂模型把大气影响和地表影响都设计成变量，因此，反演精度通常较高，但计算也相对复杂一些。两者的区别主要在于两因素模型仅需要大气透过率和地表比辐射率两个基本参数，而复杂模型不仅需要这两个基本参数，而且还需要另外一个或两个大气参数才能进行地表温度反演。表 4-3 列出并比较了 17 个分裂窗算法的地表温度反演，其中影响最大的是 Becker（1990）局地分裂窗算法，被美国 NASA 改进之后用来进行 MODIS 全球地表温度产品的生产。

表 4-3　分裂窗算法的地表温度反演精度比较

分裂窗算法	标准大气模拟数据比较		地面实测数据比较	
	基本参数没有估计误差	基本参数有中等估计误差	没有准确的大气数据	有准确的大气数据
Kerr et al.［1992］	0.766	1.088	3.152	2.643
Ottlé and Vidal-Madjar［1992］	1.216	1.300	1.864	1.452

（续表）

分裂窗算法	标准大气模拟数据比较		地面实测数据比较	
	基本参数没有估计误差	基本参数有中等估计误差	没有准确的大气数据	有准确的大气数据
Price [1984]	1.793	1.883	3.635	2.578
Becker and Li [1990]	2.256	2.436	2.014	1.334
Prata and Platt [1991]	1.448	1.521	5.226	3.227
Vidal [1991]	2.042	2.223	2.017	1.060
Uliverir et al. [1996]	0.565	0.964	2.030	0.293
Coll et al. [1994]	1.204	1.127	1.881	0.360
Sobrino et al. [1991]	0.235	0.662	1.857	0.247
Prata [1993]	0.545	0.823	1.748	0.335
França and Cracknell [1994]	0.421	0.759	1.918	0.200
Qin et al. [2001]	0.111	0.670	1.868	0.238
Sobrino and Raissouni [2000]	1.039	1.157	1.840	1.033
François and Ottlé [1996] /Q	1.372	1.678	2.098	1.033
François and Ottlé [1996] /W	0.895	1.040	2.607	0.758
Becker and Li [1995]	1.333	1.433	1.857	0.366
Sobrino et al. [1994]	1.238	1.335	1.759	1.780

表 4-3 从两个方面比较 17 种分裂窗算法的地表温度反演精度。标准大气模拟结果是用 LOWTRAN 7.0 大气模拟模型来模拟计算热红外辐射的大气传输过程和卫星遥感观测，进而根据已知大气数据和观测结果反演地表温度，通过与模拟所用的地表温度进行比较来确定各算法的反演精度，其中"基本参数（大气透过率和地表比辐射率）没有估计误差"是 6 个标准大气（热带标准大气、亚热带冬季、夏季标准大气、中纬度冬季、夏季标准大气以及美国 1976 年标准大气）情况下的地表温度反演误差平均值，"基本参数有中等估计误差"是指大气透过率估计误差为 $\tau=0.05$ 和地表比辐射率估计误差为 $\varepsilon=0.01$。地面实测数据比较是用 Prata（1994）实测的澳大利亚数据集来计算，其中没有准确大气数据是指只有月平均大气水分含量，有准确大气数据是指有卫星过境实时探空数据。

从表 4-3 可以看到，Qin 等（2001）在各种情况下都保持较高的反演精度，并且它是一个两因素地表温度反演模型。Sobrino 等（1991），Prata（1993）和 França（1994）的算法虽然也有较高的反演精度，但它们都是复杂模型，除基本参数外需要一个或多个其他参数才能进行地表温度反演，因而计算过程相对较复杂。因此，从农业旱灾监测所需要的地表温度快速反演角度来看，Qin 等（2001）提出的两因素模型比较适合。更加重要的是，这一方法的基本参数都可以从 MODIS 的其他波段数据中反演出来，不需要其他额外的信息就可以进行地表温度的反演。

四、两因素分裂算法

两因素分裂窗算法需要地表比辐射率和大气透过率来进行地表温度遥感反演，因此称为两因素分裂窗算法。由于两因素分裂窗算法是针对遥感图像中各个像元进行地表比辐射率和大气透过率估计，因此比简单模型更能反映这两个因素在各个像元之间的差异对地表温度遥感反演的影响，因而该算法在各种条件下的适应性相对较好，其反演精度也相对较高。表4-3指出，在现有的两因素分裂窗算法中，Qin 等（2001）提出的算法计算简便而且保持了较高的精度。分裂窗算法最初是针对 NOAA/AVHRR 数据研究设计的，又提出了针对 MODIS 数据的分裂窗算法，并进行了算法的精度评价与验证，本研究即采用该算法进行地表温度反演。

Qin 等（2001）提出的两因素算法选取 MODIS 的 31 和 32 两个波段作为温度反演的两个主要波段，大气透过率参数和地表比辐射率参数都是从同一景 MODIS 图像其他波段中反演，而不需要其他数据输入，因此，可以单独地从一景 MODIS 图像进行地表温度反演，非常适用于需要快速进行遥感图像处理的作物旱情遥感监测等应用，因而也是本研究采用的地表温度遥感反演算法。对于 MODIS 的热红外遥感波段 31 和 32，Qin 等（2001）的地表温度遥感反演两因素分裂窗算法有如下通用形式：

$$T_s = A_0 + A_1 T_{31} - A_2 T_{32} \tag{4-16}$$

式中，T_s是农田地表温度（K），T_{31} 和 T_{32} 分别是 MODIS 波段 31 和 32 的星上亮度温度，A_0、A_1 和 A_2 是中间参数，分别由下式给出：

$$A_0 = E_1 a_{31} - E_2 a_{32} \tag{4-17}$$

$$A_1 = 1 + A + E_1 b_{31} \tag{4-18}$$

$$A_2 = A + E_2 b_{32} \tag{4-19}$$

式中，a_{31}，b_{31}，a_{32} 和 b_{32} 是常量。在 Qin 等（2001）的算法模型中，这些常量是针对 NOAA-AVHRR 数据的通道 4 和 5 特征确定的。虽然 MODIS 数据的波段 31 和 32 与 NOAA-AVHRR 数据的通道 4 和 5 的光谱区间非常接近，但两者之间仍有一些差异，因而需要根据 MODIS 的波段特征重新确定。根据 Qin 等（2001）提出的确定方法，我们计算发现，在地表温度 0~50℃ 范围内，这些常量分别可取 a_{31} = -64.603 63，b_{31} = 0.440 817，a_{32} = -68.725 75，b_{32} = 0.473 453。上述公式的中间参数分别计算如下：

$$A = D_{31} / E_0 \tag{4-20}$$

$$E_1 = D_{32} \ (1 - C_{31} - D_{31}) \ / E_0 \tag{4-21}$$

$$E_2 = D_{31} \ (1 - C_{32} - D_{32}) \ / E_0 \tag{4-22}$$

$$E_0 = D_{32} C_{31} - D_{31} C_{32} \tag{4-23}$$

$$C_i = \varepsilon_i \tau_i \ (\theta) \tag{4-24}$$

$$D_i = [1 - \tau_i \ (\theta)] \ [1 + (1 - \varepsilon_i) \ \tau_i \ (\theta)] \tag{4-25}$$

式中，$\tau_i \ (\theta)$ 是遥感器视角为 θ 的大气透过率，ε_i 是波段 i 的地表比辐射率，i 是指 MODIS 的第 31 和第 32 波段，分别为 $i = 31$ 或 32。因此，该算法要求卫星遥感器的波段数据来计算的星上亮度温度，同时还要求已知大气透过率和地表比辐射率，才能进行地表温度的反演。对于大气透过率和地表比辐射率两个参数，可用 MODIS 数据的可见光和近红外波段来进行估计。

五、基本参数确定：大气透过率

大气透过率 τ_i （θ）是计算地表温度的基本参数。通常是通过大气水汽廓线（单位面积大气立柱的水汽含量）来估计。大气透过率受多种因素影响，不仅受到遥感波段（波长）、观测角度等遥感因素有关，而且还受到大气因素的直接影响。大气密度、大气成分尤其是水汽含量、CO_2、O_3 等大气因素都对大气透过率产生不同程度的影响。实际上，就某个地区而言，大气中由于大气密度、CO_2 等因素相对较稳定，而大气水汽含量则变化较快。因此，通常认为大气水汽含量变化是引起大气透过率变化的直接因素。这样，就可以根据大气透过率与大气水汽含量变化之间的关系，进行大气透过率的估计。一般是首先选择大气模式（各影响因素的大气廓线，包括大气水汽含量），然后利用大气辐射传输模拟软件，进行大气辐射传输模拟，而大气透过率是这种模拟的一个基本输出。最后，把大气透过率与模拟所选择的大气水汽含量进行关联，建立它们之间的关系，进而根据大气水汽含量来进行大气透过率的遥感估计。图 4-4 是根据中纬度标准大气进行大气透过率与大气水汽含量的模拟结果。图中分别列出了中纬度夏季和冬季标准大气的大气透过率随大气水汽含量的变化。显然，由于大气其他因素的影响，夏季和冬季大气透过率随大气水汽含量的变化程度是不相同的。这就需要根据研究区的实际情况，选择适当的大气模式来建立大气水汽含量与大气透过率之间的关系。由于我国地处亚洲大陆东部，濒临太平洋，季风气候明显，夏季大气水汽含量相对较高，而秋冬季节大气相对干燥，因此，分别选择中纬度夏季和冬季标准大气模式进行模拟，建立大气透过率与大气水汽含量之间的关系，将比较合适于确定大气透过率，以便进行地表温度遥感反演。当然，由于大气透过率估计方程的建立，与大气模拟有密切的关系，因此，估计方程建立的关系与实际之间的差距，将会直接影响地表温度遥感反演的精度。

在作物旱情遥感监测中，主要是利用 MODIS 来进行地表温度遥感反演，可以通过 MODIS 第 2 和第 19 波段来反演大气立柱水汽含量，然后再根据大气水汽含量与大气透过率之间的函数关系来估计大气透过率。对于 MODIS 图像中的任何一个像元，其可能的大气水分含量可用下式估计（Kaufman，1992；Gao，1990）：

$$w = \left(\frac{\alpha - \ln(\frac{\rho_{19}}{\rho_2})}{\beta} \right)^2 \qquad (4-26)$$

式中，w 是大气水分含量（g/cm^2）；α 和 β 是常量，分别取 $\alpha = 0.02$ 和 $\beta = 0.651$；ρ_{19} 和 ρ_2 分别是 MODIS 第 19 和第 2 波段的表观反射率，下式计算：

$$\rho_i = RL_i \ (DN_i - RLOS_i) \qquad (4-27)$$

式中，ρ_i 是 MODIS 第 i（$i = 19$ 和 2）波段的表观反射率；DN_i 是第 i 波段的 DN 值；RL_i 和 $RLOS_i$ 是是第 i 波段的定标系数，由 MODIS 图像的头文件中查出。

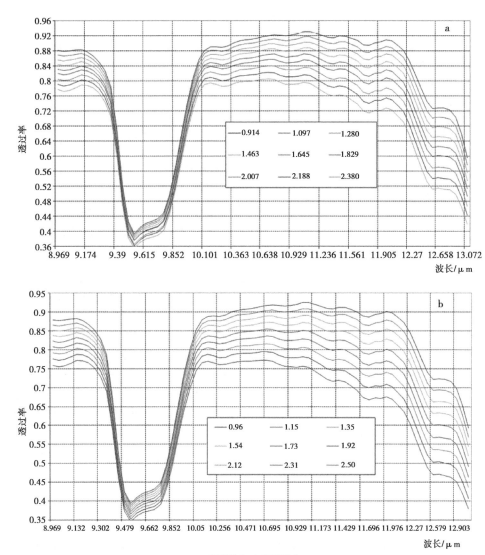

a.夏季模式；b.冬季模式

图 4-4　大气透过率随大气水汽含量（g/cm²）的变化

注：根据中纬度夏季和冬季标准大气模式，利用大气模拟程序 MODTRAN 进行模拟而得

大气透过率与大气水分含量之间的关系主要是通过大气模拟来确定。假定天顶视角为 10°，根据中纬度夏季和冬季大气剖面数据进行大气模拟，对于 MODIS 第 31 和第 32 波段的波长区间，其星下的大气透过率与大气水分含量之间有如图 4-5 所示的关系，表 4-4 显示这一关系的详细数据。这是根据中纬度夏季和冬季标准大气进行模拟输出取平均值后的结果。为了计算方便，进一步对图 4-5 所示的关系进行分段回归拟合，得到如表 4-5 所示的结果。因此，根据上述方法求得大气水分含量后，将按照表 4-5 所示的方程估计第 31 和第 32 波段星下视角为 10° 的大气透过率，即 τ_{31}（10）和 τ_{32}（10）。

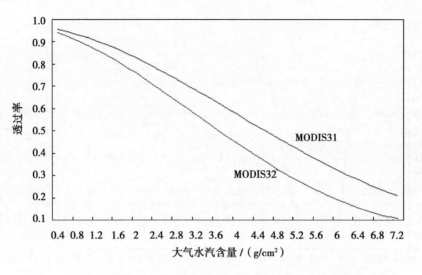

图 4-5 MODIS 第 31 和 32 波段的大气透过率随大气水汽含量的变化

注：根据在中纬度夏季标准大气和冬季标准大气的模拟结果进行平均确定，模拟的星下天顶视角确定为 10°

表 4-4 MODIS 第 31 和第 32 波段的大气透过率随大气水汽含量的变化

水分含量 (g/cm^2)	大气透过率		水分含量 (g/cm^2)	大气透过率	
	MODIS31	MODIS32		MODIS31	MODIS32
0.4	0.956 63	0.940 51	3.4	0.654 15	0.536 99
0.6	0.945 15	0.923 75	3.6	0.627 38	0.505 01
0.8	0.931 81	0.904 50	3.8	0.600 33	0.473 31
1.0	0.918 36	0.885 25	4.0	0.573 45	0.442 49
1.2	0.902 83	0.863 19	4.2	0.546 33	0.412 11
1.4	0.885 83	0.839 32	4.4	0.519 68	0.382 96
1.6	0.867 42	0.813 69	4.6	0.493 01	0.354 48
1.8	0.847 66	0.786 54	4.8	0.467 06	0.327 45
2.0	0.827 60	0.759 22	5.0	0.441 55	0.301 59
2.2	0.804 53	0.728 23	5.2	0.416 29	0.276 66
2.4	0.781 28	0.697 49	5.4	0.391 94	0.253 29
2.6	0.757 26	0.666 09	5.6	0.368 00	0.230 98
2.8	0.732 18	0.633 85	5.8	0.345 08	0.210 25
3.0	0.706 80	0.601 78	6.0	0.322 90	0.190 83
3.2	0.680 62	0.569 28	6.2	0.301 39	0.172 55

注：星下天顶视角为 10°

表 4-5　MODIS 第 31 和第 32 波段的大气透过率估计方程

水分含量 （g/cm²）	大气透过率估计方程	SEE	R^2	F
0.4~2.0	τ_{31} (10) = 0.995 13−0.080 82w	0.004 4	0.991 4	804.4
	τ_{32} (10) = 0.993 77−0.113 70w	0.005 5	0.993 2	1 028.7
2.0~4.0	τ_{31} (10) = 1.086 92−0.127 59w	0.002 5	0.999 2	11 553.0
	τ_{32} (10) = 1.079 00−0.159 25w	0.000 8	0.999 9	173 498.3
4.0~6.0	τ_{31} (10) = 1.072 68−0.125 71w	0.002 6	0.999 1	9 921.6
	τ_{32} (10) = 0.938 21−0.126 13w	0.005 9	0.995 5	1 992.4

　　虽然大气透过率的变化主要是由大气中水汽含量变化所决定，但大气温度对大气透过率在一定的影响。一般认为，大气透过率将随温度增高而增高。因此，利用不同近地表气温进行模拟，也看到大气透过率随着近地气温有一定的变化。虽然这一变化不是很大，但为了提高地表温度遥感反演的精度，还是尽量消除各种可能引起反演误差的因素的影响。为此，提出了大气透过率的温度校正。表 4-6 是大气透过率的温度校正函数。由于表 4-5 所示的大气透过率与大气水分含量之间的关系是根据近地气温为 25℃ 进行模拟的结果，所以，当近地气温高于此温度时，大气透过率应增高一些，而低于此则相应降低。

表 4-6　大气透过率的温度校正函数

波　段	温度校正函数	温度区间
MODIS31	$\delta\tau_{31}$ (T) = 0.08	T>318K
	$\delta\tau_{31}$ (T) = −0.05+0.003 25 (T_{31}−278)	278<T<318K
	$\delta\tau_{31}$ (T) = −0.05	T<278K
MODIS32	$\delta\tau_{32}$ (T) = 0.095	T>318K
	$\delta\tau_{32}$ (T) = −0.065+0.004 (T_{32}−278)	278<T<318K
	$\delta\tau_{32}$ (T) = −0.065	T<278K

注：T_{31} 和 T_{32} 是第 31 和第 32 波段的亮度温度

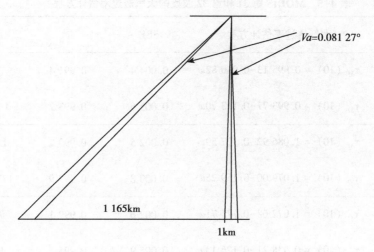

图 4-6　MODIS 数据的扫描带宽度及各像元的遥感视角

注：根据 MODIS 卫星高度为 705km 和星下像元尺度为 1km 计算得 Va = 0.081 270 6°。根据 MODIS 最大扫描宽为 2 330 列计算，最边像元的视角可达 55.02°，由此可引起大气透过率降低近 0.09

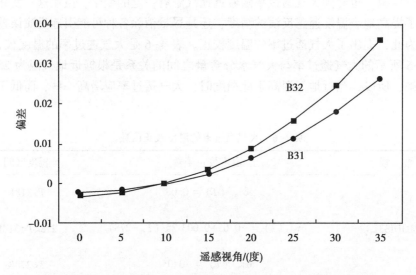

图 4-7　中纬度夏季标准大气条件下 MODIS 第 31 和第 32 波段
大气透过率随遥感视角的变化

大气透过率还受遥感器视角的影响，因此，大气透过率的估计需要进行视角校正（Wan，1996；Sobrino et al.，1991）。图 4-6 显示 MODIS 数据的扫描带宽度及各个像元的角度。MODIS 卫星平台飞行高度为 705km，星下点像元尺度为 1 000m，每个扫描带宽度为 2 330km。因此，卫星的瞬时视场宽度为 0.081 27°，最边缘的像元遥感视角将达到 55.02°，对大气透过率将产生较大的影响，因此，进行视角校正是必要的。图 4-7 显示中纬度夏季标准大气条件下 MODIS 第 31 和第 32 波段大气透过率随遥感视角的变化。从图4-7中可以看出，大气透过率将随着遥感视角的增大而有所降低，大气透过率降低程度与遥感视角增大之间显现出二次方关系式。据此，建立大气透过率的视角校正函数如下：

$$\delta\tau_{31}(\theta) = -0.002\,47 + (2.365\,2\times10^{-5})\,\theta^2 \qquad (4-28)$$

$$\delta\tau_{32}(\theta) = -0.003\,22 + (3.096\,7\times10^{-5})\,\theta^2 \qquad (4-29)$$

式中，θ是MODIS遥感器的天顶视角，单位是度。由于MODIS的像元大小约为1km，因此，对于地表温度反演，各像元的天顶视角可用下式简单估计：

$$\theta = V_a \times |\,D_0 - D_i\,| \qquad (4-30)$$

式中，V_a是MODIS卫星高度的星下像元视角，根据MODIS卫星高度为705km和星下像元尺度为1km计算得$Va = 0.081\,270\,6°$；D_0是星下像元所在的列号；D_i是像元i所在的列号。根据MODIS最大扫描宽为135 4列计算，最边像元的视角可达55.02°，由此可引起大气透过率降低近0.09。因此，利用MODIS数据来进行地表温度遥感反演所需第31和第32波段的大气透过率的估计方法如下（Qin, et al., 2001a）：

$$\tau_{31}(\theta) = \tau_{31}(10) + \delta\tau_{31}(T) - \delta\tau_{31}(\theta) \qquad (4-31)$$

$$\tau_{32}(\theta) = \tau_{32}(10) + \delta\tau_{32}(T) - \delta\tau_{32}(\theta) \qquad (4-32)$$

式中，$\tau_{31}(\theta)$和$\tau_{32}(\theta)$分别是MODIS图像第31和第32波段的大气透过率；$\tau_{31}(10)$和$\tau_{32}(10)$是星下大气透过率，由表4-5给出的方程估计；$\delta\tau_{31}(T)$和$\delta\tau_{31}(T)$是温度校正函数，由表4-6给出的方程估计；$\delta\tau_{31}(\theta)$和$\delta\tau_{32}(\theta)$是遥感器视角校正函数，由式（4-28）和式（4-29）给出。

这样，MODIS数据第31和第32波段的大气透过率的估计过程可归结如下：

1. 用第2和第19波段估计像元的大气水汽含量w；

2. 根据大气水汽含量，用表4-2给出的方程估计星下大气透过率$\tau_{31}(10)$和$\tau_{32}(10)$；

3. 根据第31和第32波段的亮度温度，建立表（4-6）温度校正函数$\delta\tau_{31}(T)$和$\delta\tau_{32}(T)$；

4. 从第31和第32波段图像确定星下轨迹所对应的像元的列号D_0，并根据式（4-30）计算整景图像各像元的遥感器天顶视角θ，相应地形成一个视角空间分布图层；

5. 建立视角校正函数$\delta\tau_{31}(\theta)$式（4-28）和$\delta\tau_{32}(\theta)$式（4-29）；

6. 用式（4-31）和式（4-32）估计图像的大气透过率$\tau_{31}(\theta)$和$\tau_{32}(\theta)$，并形成一个大气透过率空间分布图层。

上述有关大气透过率的估计过程如图4-8所示。

六、基本参数确定：地表比辐射率

地表比辐射率是地表温度遥感反演的基本参数，主要取决于地表的物质结构（Becker, 1995）。地球表面不同区域的地表结构虽然很复杂，但从MODIS像元的尺度来看，可以大体视作由3种类型构成：水面、城镇和自然表面（Qin et al., 2004）。城镇包括城市和村庄，主要是由道路、各种建筑和房屋所组成，其间也混杂一定比例的绿化植被

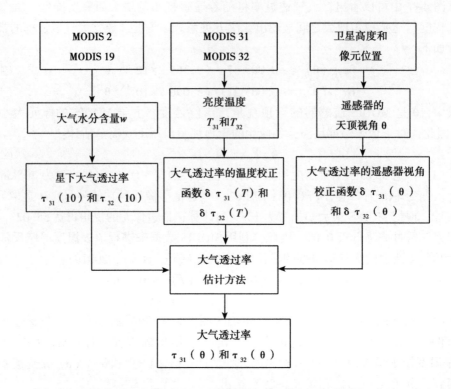

图 4-8 MODIS 数据第 31 和第 32 波段的大气透过率估计方法

和裸土。城镇像元在多数图像中所占比例不大。自然表面主要是指各种天然陆地表面、林地和农田等。对于地表温度反演来说，自然表面通常占图像比例最大，因而也是我们考虑的重点所在。实际上，这一类型的像元可以简单地看作是由不同比例的植被叶冠和裸土所组成，即混合像元。

大多数情况下，遥感像元都可视为由植被和不同份额的背景土壤所构成。因此，可以按照像元的构成，把像元的热辐射估计如下。

$$I = P_v I_v + (1 - P_v)I_s + dI \qquad (4-33)$$

式中，I 是像元的热辐射通量，I_v 是像元中植被部分的热辐射能量，I_s 是像元背景土壤的热辐射能量，P_v 是植被在该像元中所占份额，dI 是像元中植被与背景土壤之间的热辐射相互作用并被遥感探测到的分量。根据普朗克辐射原理，考虑到遥感波段区间以及地表的比辐射率，上式对于温度像元的热辐射能量，可以写成如下形式。

$$\varepsilon_i B_i(T_s) = P_v \varepsilon_{iv} B_i(T_v) + (1 - P_v)\varepsilon_{is} B_i(T_{sb}) + dI \qquad (4-34)$$

式中，ε_i 是像元在第 i 波段的平均比辐射率，$B_i(T_s)$ 是像元在第 i 波段的热辐射强度，其中 Ts 是像元的地表温度，ε_{iv} 和 ε_{is} 分别是植被和土壤的比辐射率，$B_i(T_v)$ 和 $B_i(T_{sb})$ 分别是像元的植被和土壤在第 i 波段的热辐射强度，其中 T_v 和 T_{sb} 分别是植被叶冠温度和土壤表面温度。

因此，根据混合像元的热辐射构成，我们可以把 MODIS 数据的像元地表比辐射率估计如下（Qin et al.，2004）。

$$\varepsilon_i = P_v R_v \varepsilon_{iv} + (1-P_v) R_s \varepsilon_{is} + d\varepsilon \tag{4-35}$$

式中，ε_i 是 MODIS 图像第 i（i=31，32）波段的地表比辐射率；ε_{iv} 和 ε_{is} 分别是植被和裸土在第 i 波段的地表比辐射率，分别取 $\varepsilon_{31v}=0.986\,72$，$\varepsilon_{32v}=0.989\,90$，$\varepsilon_{31s}=0.967\,67$，$\varepsilon_{32s}=0.977\,90$；$P_v$ 是像元的植被覆盖率，通过植被指数估计（第 3 章）；$d\varepsilon$ 是热辐射相互作用校正，由植被和裸土之间的热辐射相互作用产生；R_v 和 R_s 分别是植被和裸土的辐射比率，定义如下（Qin et al.，2004）。

$$R_v = B_v (T_v) / B (T) \tag{4-36}$$
$$R_s = B_s (T_s) / B (T) \tag{4-37}$$

其中，$B_v (T_v)$ 和 $B_s (T_s)$ 分别是混合像元内植被和裸土的热辐射强度，是混合像元的热辐射强度。根据 Planck 函数，R_v 和 R_s 分别由下式确定。

$$R_v = \frac{\exp(\frac{C_2}{\lambda T}) - 1}{\exp(\frac{C_2}{\lambda T_v}) - 1} \tag{4-38}$$

$$R_s = \frac{\exp(\frac{C_2}{\lambda T}) - 1}{\exp(\frac{C_2}{\lambda T_s}) - 1} \tag{4-39}$$

式中，C_2 是 Planck 光谱常量，λ 是中心波长，T 是温度。模拟计算表明，R_v 和 R_s 不仅取决于温度变化，而且取决于植被覆盖度，并且后者的影响更大。因此，可以建立它们与植被覆盖度之间的关系来进行估计：

$$R_v = 0.927\,62 + 0.070\,33 P_v \tag{4-40}$$
$$R_s = 0.997\,82 + 0.083\,62 P_v \tag{4-41}$$

植被覆盖度 Pv 主要是通过植被指数来估计（Kerr et al，1992）：

$$p_v = \frac{NDVI - NDVI_s}{NDVI_v - NDVI_s} \tag{4-42}$$

式中，NDVI 是植被指数，$NDVI_v$ 和 $NDVI_s$ 分别是茂密植被覆盖和完全裸土像元的 NDVI 值，通常取 $NDVI_v=0.9$，$NDVI_s=0.15$。因此，当 $NDVI > NDVI_v = 0.9$ 时，$P_v=1$，表示该像元是一个茂密植被覆盖的地区，看不见露的土壤表面；否则，当 $NDVI < NDVI_s = 0.15$ 时，$P_v=0$，表示该像元是一个完全裸露的地区，没有任何植被覆盖；对于 MODIS 图像而言，NDVI 是用第 1 和第 2 波段来计算：

$$NDVI = \frac{B_2 - B_1}{B_2 + B_1} \tag{4-43}$$

式中，B_1 和 B_2 分别是 MODIS 图像第 1 和第 2 波段的反射率，由下式计算：

$$B_i = RL_i (DN_i - OS_i) \tag{4-44}$$

其中，DN_i（i=1，2）是 MODIS 图像第 1 和第 2 波段的灰度值，RL_i 和 OS_i 分别是第 i 波段的定标系数，由图像的源文件查出。

最后需要估计相互作用校正项 $d\varepsilon$。由于热辐射相互作用在植被与裸土各占一半时达到最大，所以根据 Sobrino（2004）的研究提出如下经验公式来估计 $d\varepsilon$。

当 $P_v = 0$ 或者 $P_v = 1$ 时，$d\varepsilon$ 最小，为 $d\varepsilon = 0.0$

当 $0 < P_v < 0.5$ 时，$d\varepsilon = 0.003\ 796 P_v$

当 $1 > P_v > 0.5$ 时，$\qquad d\varepsilon = 0.003\ 796\ (1 - P_v)$ $\qquad\qquad$ (4-45)

当 $P_v = 0.5$ 时，$d\varepsilon$ 最大，为 $d\varepsilon = 0.001\ 898$

值得指出的是，用式（4-43）计算出的 ε_i 若大于 ε_{iv}，则取 $\varepsilon_i = \varepsilon_{iv}$。$\varepsilon_i$ 若小于 ε_{is}，则取 $\varepsilon_i = \varepsilon_{is}$。

因此，地表比辐射率的估计方法如下：

（1）用 MODIS 图像的第 1 和第 2 波段计算 *NDVI* 值，见式 4-43。

（2）用式 4-42 计算该像元的植被覆盖率 P_v。

（3）根据图像的第 1 和第 2 波段进行分类，确定水体像元和陆地像元。

（4）对于水体像元，直接取水体的地表比辐射率作为该像元的地表比辐射率：$\varepsilon_{31} = \varepsilon_{31w} = 0.996\ 83$，$\varepsilon_{32} = \varepsilon_{32w} = 0.992\ 54$。

（5）对于陆地像元，根据植被覆盖率，用经验公式估计该陆地像元的相互作用校正项 $d\varepsilon$，并进而用式 4-35 估计地表比辐射率 ε_{31} 和 ε_{32}。

上述有关地表比辐射率的估计过程如图 4-9 所示。

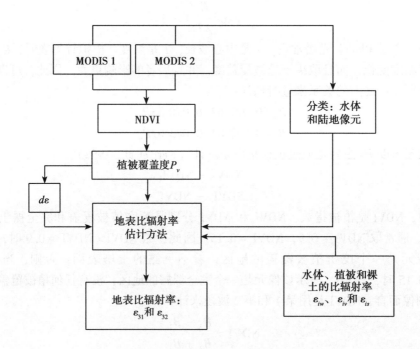

图 4-9 地表比辐射率估计方法

七、农田地表温度遥感反演过程

根据上述地表温度计算方法，利用 MODIS 数据开展农田地表温度遥感反演的步骤可以归纳如下：

1. 用第 1 和第 2 波段计算 NDVI，并进而估计植被覆盖率 P_v。

2. 根据第 1 和第 2 波段进行分类：区分出水体和陆地像元。

3. 根据分类结果和植被覆盖率估计像元的地表比辐射率 ε_{31} 和 ε_{32}。

4. 用第 2 和第 19 波段计算大气水汽含量，进而估计大气透过率 τ_{31}（10）和 τ_{32}（10）。

5. 估计各像元的天顶视角，建立大气透过率的视角校正函数 $\delta\tau_{31}$（θ）和 $\delta\tau_{32}$（θ）。

6. 分别计算第 31 和第 32 波段的亮度温度 T_{31} 和 T_{32}。

7. 建立大气透过率的温度校正函数为 $\delta\tau_{31}$（T）和 $\delta\tau_{32}$（T）。

8. 运用式（4-31）和式（4-32）估计大气透过率 τ_{31}（θ）和 τ_{32}（θ）。

9. 运用分裂窗算法式（4-14），通过 ε_{31} 和 ε_{32}、τ_{31} 和 τ_{32}，以及 T_{31} 和 T_{32}，计算地表温度 T_s。

10. 进行几何校正和分级着色，形成本景图像的地表温度反演结果。

11. 重复第 1~10 步骤，分别生产全国东中西各景图像的地表温度反演结果。

12. 对各景地表温度图像叠加上行政界线，形成我国农田 MODIS 地表温度遥感反演结果。

上述有关利用 MODIS 数据进行地表温度产品整个流程如图 4-10 所示。

地表温度反演的关键在于大气透过率和地表比辐射率这两个基本参数的获取。MODIS 遥感器安装在高空卫星平台上，在探测地面光谱信息的过程中必然受到大气的影响。在热红外波段，这种影响包括大气热辐射和大气对地表热辐射的吸收作用。大气的这种吸收作用直接决定着地表热辐射在大气中的透射程度即大气透过率。同样，由于地表不是具有辐射能力的黑体。它发射的热辐射比黑体在相同温度下发射的热辐射低。也就是说，遥感器所探测到的地表热辐射不能真正反映真实的地表温度，中间有一个比辐射率的存在，而且比辐射率的计算相当复杂，因为它不仅依赖于地表物体的组成成分、物体的表面状况和物理性质，而且还和辐射能的波长、观测角度有关。可见如何正确地估计大气透过率和地表比辐射率，是反演真实地表温度的关键。目前，大多数旱情监测方法中地表温度的反演都是假定大气和地表影响为常量，这样就会带来比较大的误差。本研究所用的地表温度反演方法正是针对该问题而提出了改进。改进的地表温度算法与传统的算法之间的差别达 2~3℃，从而使干旱指数的计算有半个到一个数量级的差异，例如从轻度干旱到基本正常。

八、实际应用分析

以 MODIS 数据为基础开展作物旱情遥感监测，有两个基本要求，一是快速有效地

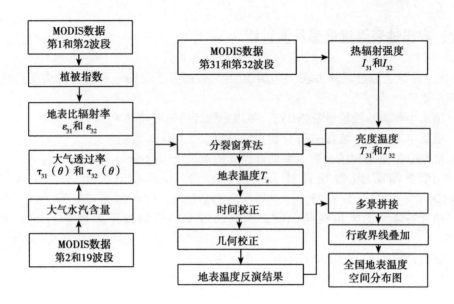

图 4-10　MODIS 地表温度遥感反演计算过程

完成每天的地表温度遥感反演，二是所选择的地表温度遥感反演算法在全国范围内的适用性，具有较高的精度。提出的两因素分裂窗算法可操作性强，只需要两个参数，而且都可以直接从影像中获得，推导过程清楚易懂，不需要复杂的迭代计算和实时数据的获取就能完成温度计算，因此，完全能够满足作物旱情遥感监测的需要。根据上面的地表温度遥感反演流程，采用自上而下，逐步细化的方法来设计软件，分四个模块实现计算过程，即亮度温度计算模块、大气透过率计算模块、地表比辐射率计算模块和地表温度推导模块。在模块的调试过程中，详细分析每一步得到的结果，并验证其合理性，限制可能出现的异常值，最终形成完整的地表温度遥感反演程序。实验表明，该程序可以快速的完成温度的计算，正常情况下，一景影像在 3~5min 内就可以完成。

我国地域辽阔，地表类型复杂，南北跨度 5 500km，从海南的热带、亚热带到中部的暖温带、中温带一直到黑龙江北部的寒温带，湿润区的地带性植被也从热带雨林逐渐变为常绿阔叶林、落叶阔叶林以及针叶林，同一时间不同纬度的温度可能相差 10~20℃。东西跨 5 200km，气候类型从东部典型的湿润性季风气候逐渐过渡为半湿润、半干旱，直到干旱的大陆性气候，另外还有荒漠性气候区及青藏高原的高寒气候区，由东到西的植被分异也非常明显，从森林逐渐转化为疏林草原、草原、干草原、荒漠草原等。同一纬度上的温度也会因不同的植被状况而有很大差异，因此要实现全国范围内的地表温度图像的快速生成，以满足全国作物旱情监测的需要，必须分析复杂地表状况下地表温度反演算法的适用性问题。为此，项目组分别选取东部、中部、西部 3 景 MODIS 图像数据，采用两因素分裂窗算法进行地表温度遥感反演，得到如图 4-11 所示单景反演结果。

从图 4-11 的 MODIS 地表温度遥感反演结果可以看到，两因素分裂窗算法能够用于晴空区地表温度遥感反演。但同时还看到，图像中还有许多有云覆盖的地区。地表温度遥感反演，主要是基于地表热辐射在大气中的传输过程，而云对于地表热辐射传输有极大的影响。大气中的水汽对地表热辐射有强吸收作用，导致地表热辐射不能穿透云层而被空中的遥感器探测到（周义，2014），因此，有云情况下，地表温度将难以从热红外波段的遥感图像中反演出来。由于被厚云覆盖的地区得到的是云顶的温度，对作物旱情监测来说没有意义，所以只针对没有云覆盖（晴空）或有薄云区域分析地表温度遥感反演结果。

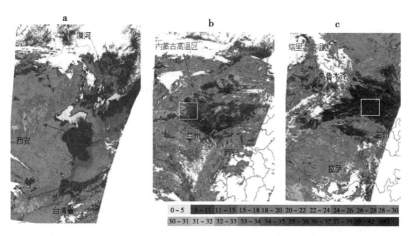

成像时间分别为 a：2004 年 4 月 4 日上午 10：46；b：2004 年 4 月 17 日 11：54；c：2004 年 8 月 31 日 12：42，图上影像区域中白色的是云

图 4-11　我国东中西部 3 景 MODIS 数据地表温度遥感反演结果

图 4-11a 中有两个温度相对较高的区域，一个是华南高温区，另一是黄土高原高温区。华南地区纬度比较低，4 月正是春末夏初温度开始普遍升高的时期，地表温度在 25～35℃范围内，与周围相对较低的温度相比，表现出高温集中的热力场异常区。同时，在黄土高原地区也出现了局部地区的高温现象，突出表现在河北西部、山西大部分地区以及陕西省北部。这些区域此时干燥少雨，正属于典型的春旱时期，地表温度相对较高，最高温可达 35.49℃，是这一时期我国境内出现的另一热力场异常区。华中大部分地区的地表温度在 10～17℃，处于较湿冷的时期，形成了南北两个热力场之间的低温控制区。图 4-11b 中最明显的是西北高温区，尽管是在 4 月，内蒙古西部及甘肃北部的巴丹吉林沙漠、腾格里沙漠温度最高可达 45℃，形成了大面积的热力高温异常区域。自河西走廊往南温度明显降低，到青藏高原上低于 0℃，其中横断山脉两侧的温度差异非常明显，西侧为高原区温度较低，图上呈现为白色，虽然是由于云层遮挡的缘故，但白色云层之间的零星淡蓝色表明其地表温度相对较低，而东侧为四川盆地，温度相对较高，图上表现为淡绿色，两侧 10km 内温差可达 20℃，同时云区边缘整齐，表明这是两大空气团的交汇处。

图 4-11c 的成像时间是 8 月末，西北高温区与塔克拉马干沙漠高温区连成一片，形成了西部地区的一个热力场高温源。由于部分地区受云的影响，塔克拉马干沙漠西北部地表温度并没有完全表现出来，真正的高温区可能比图上显示的还要大，这个特点也可

以从同一时期的其他图像上看出来。图4-11c和图4-11b的相比发现，在同一地区，8月（图4-11c）的地表温度明显比4月要高，分别在两幅图上的同一区域选取感兴趣区（图4-11）进行统计，结果表明，感兴趣区内8月的平均温度为46.98℃，比4月的平均温度（35.95℃）高出11℃。显然，这是西北沙漠地区夏季高温少雨，地表异常干燥，在白天太阳曝晒下容易增温的结果。从感兴趣区内的地表温度标准差来看，这两个月比较接近，8月为3.98℃，而4月为3.86℃，说明该区域内地表温度空间差异呈现出随季节同步变化的趋势，同时也指出了地表温度反演结果的可靠性。

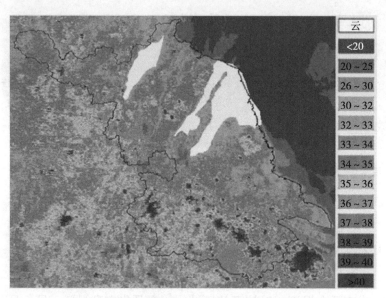

图4-12 江苏省及周边地区夏季地表温度分布差异

注：根据MODIS第31和32波段数据进行遥感反演而得到，成像时间2003年07月27日11：51

图4-12显示MODIS地表温度遥感反演的另一实例，是关于江苏夏季的地表温度空间差异。江苏省位于我国大陆东部沿海中心，介于30°45′～35°20′N，116°18′～121°57′E之间，位居长江、淮河下游，东濒黄海，东南与浙江和上海毗邻，西连安徽，北接山东。从图4-12可以看出，江苏省夏季地表温度差异较大。不同地表类型表现出不同的热效应。总体上看，水体和植被温度相对较低，而城市因建筑物较多而表现出热岛效应，成为高温区。图4-12指出，江苏省夏季地表温度空间差异总体趋势是：由西向东地表温度不断下降，由北向南地表温度不断上升。

为了分析地表温度的变化，利用两个剖面图（图4-13）。图4-13a中位置从10到44段（即金湖和高邮之间）是高邮湖，水面温度要比附近陆地地表温度低2～3℃。图4-13b中位置从20到55段（即赣榆和东海之间）由于有云覆盖像元，地表温度比附近地区的地表温度也要低2～7℃。图4-13b中位置从342到347段是长江，水面温度也要比附近陆地温度低2～3℃。城市中由于存在较多建筑物，因而地表温度相对较高，形成城市热岛。在江苏南部，南京、镇江、扬州、苏州、常州、无锡和昆山城市区域均表现出较高的温度。这些地方由于城市人口密集，经济发达，表现出明显的城市热岛效应，在图 4-12 上呈现出深红颜色斑。在苏北地区，徐州、连云港、宿迁、淮安、盐城、泰州和南通等城市也表现出相对较高的地表温度，但这些城市的热岛效应没有苏南的城市明显，可能是由于苏南的城市相对较大，建筑物相对密集，同时城市经济活跃，城市热强度可能也相对较高。

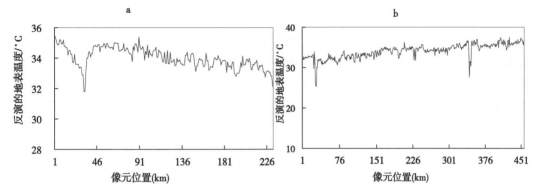

a. 沿盱眙—金湖—高邮—海安—如东一线的地表温度变化剖面；b. 沿赣榆、沭阳、淮阴、金湖、六合、江宁和高淳一带的地表温度变化剖面

图 4-13 江苏省地表温度变化剖面

在图 4-12 中，其他地表类型也表现出明显的地表温度变化特征。太湖、洪泽湖、高邮湖和宿迁市区北边的骆马湖，由于水的热容量大，因此，水面的温度相对比周围地面低。图 4-12 上也清楚地显示出扬中市到上海市段的长江位置，但本幅地表温度图在扬中市上游段长江未能显示出来。不同的地物类型在江苏和黄海之间的海岸线表现尤其突出。此外，在黄河、通榆运河与新洋港围成的区域和赣榆、东海与新沂的连线出现相对较低的温度，主要是由于这些地区天空中有云层覆盖，遥感器无法探测到地表的温度，因此，图像上只能是云冠层温度，因此，相对偏低。

第五章　作物旱情监测方法

农业干旱是指生长季节内因气象、水文等供水不足，造成土壤水分降低，地表水分供需不平衡，农作物生长发育受到水分亏缺抑制，进而导致明显减产甚至绝收的现象，常以土壤含水量和植物生长状态为特征，是一种复杂自然过程。根据观测手段的不同，作物旱情监测方法主要分为传统的地面监测方法、气象指数监测方法、遥感指数监测方法、综合评价指数监测方法。

一、传统的地面旱情监测方法

传统的地面作物旱情监测主要是布设地面监测点，直接或间接地测定土壤含水量，结合作物生长需水量，进而判断作物旱情。影响监测结果的因素主要是地面监测点的布设和土壤含水量的测定。其中地面监测点的布设是最为复杂的基础工作，其布设合理与否、监测点的选择是否具有代表性和针对性，直接关系到作物旱情监测结果的可靠性和准确性。土壤含水量的测量是研究作物旱情的关键，现已有诸多测量方法，常用的主要有烘干法、介电法等。

1. 烘干法

烘干法是土壤含水量测定最为经典的方法，其操作步骤主要是湿土称重、干燥脱水、干土称重，测量公式为：

$$\theta(\%) = \frac{w_1 - w_0}{w_0} \times 100 \tag{5-1}$$

式中，θ 为土壤中所含水分的重量与该土壤干重量的比值，w_1 为湿重；w_0 为干重。

2. 介电法

利用土壤的介电特性测定土壤含水量简单快速有效，普遍认可且应用广泛。常用的土壤水分介电测量法主要有时域反射法（TDR）和频域分解法（FD）。

（1）时域反射法（TDR）　时域反射法（Time-Domain Reflectometry，TDR）是Feldegg 等（1969）基于溶液介电特性发展的土壤介电常数测量方法，Topp 和 Davis（1975）最初将其用于土壤水分测量，揭示了土壤体积含水量与土壤介电常数的实部呈单值函数关系并提出 Topp 公式（Topp，1980）。TDR 法物理基础是电磁波在介质中的传播速度随着介质的介电常数变化而变化。TDR 快速准确测定土壤容积含水量的介电测量仪器，其原理是自然水的相对介电常数为 80（20℃时），干土的相对介电常数为

5，空气的相对介电常数为1，水的相对介电常数远大于空气和土壤的相对介电常数，所以土壤含水量对土壤相对介电常数影响很大。

TDR优点是不破坏土体、快速、易操作，定点、定位、周期反复的测定土壤容积含水量的变化。TDR既适于野外大规模的田间水分连续动态监测，也能满足室内实验土壤含水量测定的要求；其缺点是受制于仪器设备，TDR不能测量10cm以内的垂直表层平均土壤含水量，而对某些作物来说，10cm以内的垂直表层平均土壤含水量又是一个非常重要的控制指标，这是TDR土壤水分速测仪的一大缺陷，除此之外，基于TDR原理的土壤水分测量仪器成本相应较高，无法大量应用于作物旱情监测中。

（2）频域分解法（FD）　频域分解法（Frequency Domain Decomposition，FD）是由荷兰Wageningen农业大学学者Hilhorst通过大量研究于1992年提出来的。其测量原理是利用矢量电压测量技术，在某一理想测试频率下将土壤的介电常数进行实部和虚部的分解，通过分解出的介电常数虚部可以得到土壤的电导率，由分解出的介电常数实部换算出土壤含水量。其优点是：不仅能有效提高土壤水分传感器的可靠性，而且生产成本得到不规模降低；其缺点是：此方法的测量结果受土质影响比较大，并且其测量精度不及TDR。

传统的地面监测方法，是现代作物旱情监测方法的有效补充，但其在时效性、经济效益、空间范围等很多方面已无法满足现代作物旱情监测的需要。

二、气象指数监测方法

气象干旱是指某时段由于蒸发量和降水量的收支不平衡，水分收入小于水分支出而造成的水分短缺现象，即由于阶段性或区域性降水匮乏而导致的干旱。自20世纪60年代开始，国内外专家学者就基于站点观测数据对气象干旱开展了卓有成效的研究，各类气象干旱监测指数，为开展作物旱情监测提供了有力支撑。卫捷、马国柱（2003）将常用的气象干旱指数分为3类：

（1）单因素指数　该类指数通常用到的因素有降水距平、降水距平百分率、历史干旱分级描述指标、土壤湿度干旱指数等，并将干旱简单地归因于以上因素的某一个因素。事实上，干旱是由多个因素相互作用的复杂过程，显然，该方法忽略了干旱过程中的许多信息，虽然简单易行，但不够全面和完善。

（2）简单多因素指数　该类指数考虑了两个或更多的因素，并以其差值、比值、百分值及组合值作为衡量标准，常用的多因素指数主要有：降水量-蒸发量、蒸发量/降水量、降水量-作物需水量、作物需水量/降水量等。这类方法计算一般不困难，涉及的要素也是常规和易于查找的，具有很强的针对性和明显的使用范围，因此，这类方法不具有普适性。

（3）复杂综合指数　该类指数又可以细分为两子类，一类主要是依据降水，由降水的特点和变化特征定义的指数，如降水异常指数（RAI），Bhalme&Mooley干旱指数BMD，标准化降水指数（SPI）等；另一类是指包含两个以上的因素，包含水分平衡过程或热量平衡过程，在资料处理、计算程序上较前两类复杂。目前，应用最广泛的复杂综合指数包括标准降水指数（the Standardized Precipitation Index，SPI，McKee，1993）、标准化降水蒸散指数（Standardized Precipitation Evapotranspiration Index，SPEI，Vicente，2010）和帕默尔干旱程度指数（the Palmer Drought Severity Index，PDSI，Palmer，1965）等。

总体来说，虽然气象干旱指数发展全面成熟，但存在气象站点空间分布不均匀，并在旱情监测上未考虑植被对于干旱响应的问题。

三、遥感指数监测方法

由于干旱的复杂特性，传统的气象和农业干旱监测手段主要是以点带面的站点观测，存在空间分布不均、无法全面反应空间特征的缺陷，很难获取干旱过程的全部信息，遥感技术可以快速、高效、全面地获取监测区空间范围内连续的面状信息，是农业干旱监测的重要手段。有利于实现地表土壤、植被等地物水分平衡载体对干旱过程综合响应信息，其更能体现出地表水分平衡系统失衡的真实情况，具有其他技术不可替代的优势。目前，遥感作物旱情监测的方法可归纳为基于热惯量法、基于时序植被指数的方法、基于植被指数—地表温度关系法、微波遥感法、高光谱遥感法、基于综合评价指数的旱情监测法等。

目前，逐渐转向台站观测和遥感技术相结合的数据获取方式，特别是随着传感器种类的增加以及时空分辨率的提高，基于遥感手段的干旱监测逐渐成为研究热点，但仍存在数据序列较短的缺陷，因此应加强多源遥感数据同化研究，构建长时间序列的地表参数产品，同时还应加强基于遥感手段的干旱监测模型研究，如基于微波遥感的干旱监测模型等。

1. 基于热惯量的作物旱情监测

土壤热惯量（Thermal Inertia）是物体阻止土壤温度变化程度的一种物理量，由土壤类型、结构、含水量、孔隙度、环境温度等决定，表达式如下：

$$P = (\lambda \rho c)^{1/2} \tag{5-2}$$

式中，P 为热惯量 J/$(m^2 \cdot K \cdot S^{1/2})$；$\lambda$ 为导热率 J/$(m \cdot S \cdot K)$；ρ 为土壤密度 (kg/m^3)；c 为比热 J/$(kg \cdot K)$。

最先应用热模型的是 Watson 等（1972；1974）。Rosema 等（1977）进一步发展提出计算热惯量、日蒸发的模型；基于热传导方程和能量平衡方程，Price（1980；1985）和 Pratt（1980）引入了地表综合参量 B 概念，简化了潜热蒸发形式，应用实测数据求解，无法满足实时应用。Price 提出了表观热惯量（P_{ATI}）概念，表达式如下：

$$P_{ATI} = 2SV(1-\alpha) C_1/(\omega^{1/2}\Delta T) = 2Q(1-\alpha)/\Delta T \tag{5-3}$$

式中，P_{ATI} 为表观热惯量；S 为太阳常数（1 380J/m^2）；V 为大气透明度（假定为 0.75）；α 为地表反照率；C_1 为太阳赤纬和经纬度函数；ω 为地球自转频率（7.27× 10^{-5}/s）；ΔT 为地温日较差（K）；Q 为太阳总辐射通量（J/m^2）。

出于对地面和大气影响的考虑，隋洪智等（1990）简化了能量平衡方程提出通过卫星数据直接推算地表热特性参量即表观热惯量（ATI），其表达式如下：

$$ATI = (1-\alpha) / \triangle T \tag{5-4}$$

热惯量进行土壤水分反演的理论依据是在其他条件一定时，土壤热惯量与土壤水分含量间的一元线性相关性。利用热惯量进行土壤水分反演仅适用于地表裸露区或低植被覆盖区，由于植被蒸腾、土壤水分交换的影响，高植被覆盖区土壤水分反演的精度较低。

2. 基于植被指数和温度的作物旱情监测

（1）距平植被指数　距平植被指数（Anomaly Vegetation Index，AVI）指的是以某一地点某一时期多年的每旬、每月 NDVI 的平均值为背景值，用当年的每旬、每月的 NDVI 值减去背景值，即可得到植被指数的正负距平值。正距平表示植被生长较一般年份好，负距平表示植被生长较一般年份差。距平植被指数就是从植被生长的角度研究土壤水分供应情况。采用 NDVI 计算的距平植被指数（AVI）表示为：

$$ANDVI = (NDVI_i - \overline{NDVI}) \tag{5-5}$$

式中，$NDVI_i$ 为研究区某一特定时段（旬、月等）的归一化差值植被指数值；$\overline{NDVI}$ 为研究区多年该时段归一化差值植被指数平均值。距平植被指数需要长时间序列、可代表正常年的遥感资料建立背景值，云覆盖等天气现象往往影响长时间序列晴空遥感数据的获取，限制该方法的应用。

（2）植被条件指数　为了减少不同区域和不同时间 NDVI 值由于天气、土壤、植被和地形等影响造成的空间差异，Kogan（1990）提出植被条件指数（Vegetation Condition Index，VCI），表达式如下：

$$VCI = 100 (NDVI_i - NDVI_{min}) / (NDVI_{max} - NDVI_{min}) \tag{5-6}$$

式中，$NDVI_i$ 为经平滑处理的特定年归一化植被指数；$NDVI_{max}$ 和 $NDVI_{min}$ 分别为经平滑处理的多年 i 时期绝对最大、最小归一化植被指数。植被条件指数对土壤旱情监测需要长时间序列的遥感数据。

（3）温度状态指数　基于气温上升引起冠层温度变化的理论基础，Kogan（1995）又提出了温度状态指数（Temperature Condition Index，TCI），公式为：

$$TCI_j = (T_{max} - T_{sj}) / (T_{max} - T_{min}) \times 100\% \tag{5-7}$$

式中，T_{max} 和 T_{min} 分别是所用遥感图像中最大、最小地表温度，j 代表日期。TCI 不受作物生长季的限制，在作物播种或收割期间也可以监测，可操作性强简单容易实现，但忽略了净辐射、湿度等气象要素以及季节变化等影响，对于不会引起植被状态指数变化的短暂水分胁迫并不敏感，由于冠层温度变化 TCI 变化，如何确定旱情监测的标准也是难题。

（4）植被健康指数法　VCI 和 TCI 指数反映植被在时空上存在的不同差异，Kogan（1998）通过旱情对植被生长环境的研究，利用 TCI 和 VCI 复合成植被健康指数（VHI）对旱情进行监测，其计算公式如下：

$$VHI = a * VCI + (1-a) * TCI \tag{5-8}$$

式中，a 为 VCI 对 VHI 的贡献，是 VHI 指数的权重。在实际应用过程中，对于不同区域和监测时间的旱情监测，权重 a 的难以确定限制了 VHI 的推广应用。

（5）温度植被指数　T_s 和 NDVI 的结合能够提供地表植被和水分条件信息，可采用表层温度植被指数（Temperature Vegetation Index，TVI）来监测土壤水分的变化，表示为：

$$TVI = T_s/NDVI \qquad (5-9)$$

基于现有 T_s-NDVI 空间，Sandholt 等（2002）改进了 TVI 提出温度植被干旱指数（Temperature Vegetation Drought Index，TVDI），其表达式为：

$$TVDI = \frac{T_s - T_{smin}}{a + bNDVI - T_{smin}} \qquad (5-10)$$

式中 T_{smin} 为 Ts-NDVI 空间三角形中定义了湿边的最低表面温度（℃）；a 和 b 为定义干边的线性模型（$T_{smax} = a + bNDVI$）参数，T_{smax} 为和 NDVI 对应的最高表面温度（℃）。TVDI 仅使用遥感数据进行水分反演，对云反应灵敏但在半干旱地区监测精度不高。

Carlson（1990，1994）提出了植被供水指数（Vegetation Supply Water Index，VSWI）的概念。该指数在我国应用较多，表示为：

$$VSWI = T_s/NDVI \qquad (5-11)$$

温度植被指数同时考虑了作物冠层温度、植被指数对土壤水分变化的响应，物理意义明确。

（6）条件植被温度指数　干旱时空变异造成的像素水平距平植被指数、条件植被指数和条件温度指数指标不同，使一定时期内不同像素间监测结果不具有可比性。王鹏新等（2001）在此基础上，提出了条件植被温度指数（Vegetation Temperature Condition Index，VTCI）的概念，表示为：

$$VTCI = \frac{LST_{NDVIimax} - LST_{NDVIi}}{LST_{NDVIimax} - LST_{NDVIimin}} \qquad (5-12)$$

式中，$LST_{NDVIi\,max}$、$LST_{NDVIi\,min}$ 分别表示区域内当 NDVI 值为 $NDVI_i$ 时的地表温度的最大值和最小值，即"干边"和"湿边"，由 NDVI 和 LST 构的散点图来确定，计算公式如下：

$$LST_{NDVIi\,max} = a + bNDVI_i \qquad (5-13)$$

$$LST_{NDVIi\,min} = a' + b'NDVI_i \qquad (5-14)$$

式中，a、b、a′、b′为待定系数，可通过绘制研究区 NDVI 和 LST 的散点图近似获得。VTCI 的研究区前提假设条件：一是 NDVI 值的动态变化范围较大；二是土壤表层含水量的动态变化范围是从萎蔫含水量到田间持水量。VTCI 的取值范围为 0~1，一般地说，VTCI 的值越小，干旱程度越严重，越大则干旱程度越轻或者无干旱发生。缺点是土壤表层含水量变化范围的判别较为困难，由 NDVI 滞后性指示旱情造成 VTCI 旱情监测滞后，且主观选择梯形或三角形的干湿边方程引起旱情监测结果不确定性（图5-1）。

条件植被温度指数同时考虑区域内 NDVI 和 LST 的变化，可用于研究干旱程度空间变化。气候状况、土壤性质、植被类型、地形等将对 NDVI 产生影响；对于低密度植被覆盖地区，NDVI 对于观测几何较为敏感，在农作物生长的初始、结束季节，会分别产生对于植被覆盖率的过高、过低估计；进行某地区多年植被指数计算时，还必须结合当地的土地利用图，确认研究区某时段植被类型；NDVI 对于土壤中的水分反应具有一定的滞后性等，在实际应用时必须综合考虑这些影响因子。

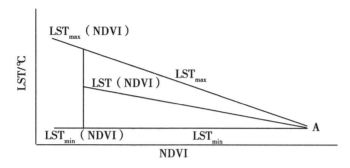

图 5-1　条件温度植被指数模型

3. 基于微波遥感的作物旱情监测

微波遥感具有全天候全天时的特征，且对地表有一定的穿透能力，能够穿透土壤到一定深度，目前多波段多极化多时相微波数据为全天候农业旱情监测提供了突破性进展。微波遥感进行土壤水分反演主要是因为土壤的介电常数随其含水量的增加而显著增加。

主动微波遥感是利用雷达发射微波波束，得到地物反射的雷达回波信号，测量雷达的后向散射系数，主要由介电常数和土壤粗糙度决定。不同含水量的土壤介电特性不同，其雷达回波信号也不同，据此采用统计方法建立后向散射系数和土壤湿度之间的经验关系进行土壤含水量的反演，常见的是线性关系。

利用微波辐射计观测土壤本身的微波发射或亮度温度，常用的方法是采用统计分析方法分析土壤水分与辐射亮度温度的关系，目前已经发展了诸多相关算法。目前已有的星载微波辐射计主要是扫描式多通道微波辐射（Scanning Muhichannel Microwave Radiometer，SMMR），微波辐射计特别传感器（Special Sensor Microwave/Imager，SSM/I），热带降水测量卫星（Tropical Rainfall Measuring Mission，TRMM）上的微波成像仪（TRMM Microwave Imager，TMI），高级微波扫描辐射计（Advanced Microwave Scanning Radiometer，AMSR/AMSR-E）、土壤水分和海洋盐度卫星（SMOS）等。其中应用广泛的 AMSR-E，采用 Njoku（1997）的算法作为土壤湿度反演标准算法，基于六通道双极化微波亮度温度数据同时反演土壤湿度、地表温度以及植被水分含量数据，该模型整体反演精度较高，但在含有雪盖、水体等某个参数敏感度较低的像元时，反演效果较差。

Owe 等（2001）基于 SMMR 多通道亮温资料使用辐射传输方程，利用极化差异指数同时反演了土壤湿度和植被光学厚度 2 个参数，其中植被参数通过微波极化差异指数计算获得。Wen 等（2003）利用 SSM/I 数据 19.4GHz 双重极化亮温资料基于辐射输方程同时反演土壤湿度和土壤温度2个参数。其中单次散射反照率和植被含水量（VWC）为2个关键参数，单次散射反照率采用已经发表的相关数据。

主动微波空间分辨率高但数据量大、处理复杂，适用于小尺度土壤水分反演。被动微波遥感时间分辨率较高、数据量低且数据处理简单，但空间分辨率低，可以为区域和全球尺度上的逐日土壤湿度反演提供数据资料，适用于大尺度高频的土壤水分监测上。目前已有研究人员针对具体应用目的将主动、被动微波遥感多传感器联合反演土壤湿度，实现二者优势互补。

微波观测到的辐射信号取决于地表土壤湿度、地面粗糙度、植被的光学厚度、地表以及植被温度等。微波对地表具有高度敏感性，其中，植被和地表粗糙度等因素的影响较大，多数微波植被穿透深度有限，使其仅用于裸露地表和植被覆盖率较低区域，难以推广于实际应用。另外土壤体积含水量并不是土壤墒情，利用微波遥感技术进行土壤水分反演监测旱情需要结合田间持水量进行综合评价，实现其实用化旱情监测还有很多问题有待解决。

4. 基于高光谱的作物旱情监测

高光谱遥感数据提供地物连续的光谱曲线，独特优势使得这一技术在作物分类、长势和灾害监测等方面展现巨大的应用潜力。常用高光谱数据包括航天高光谱数据如 EO-1/Hyperion、MODIS、ASTER、欧空局小型高光谱小卫星系统（CHRIS）、ENVISAT 系统中的 MERIS 和航空高光谱数据 HyMAP、PHI、AVIRIS 等，近年来国内外学者基于高光谱数据对土壤水分估计进行了大量的研究，Coates 等（2015）机载高光谱和热红外图像评估加利福尼亚州干旱对主要植物物种的影响，Zhang 等（2015）以高光谱指标为基础估算了林冠水含量，进而开展了华北平原玉米干旱胁迫梯度试验。

利用可见光—近红外高光谱数据进行土壤表层水分估计大多是建立在土壤水分与吸收波段反射率的经验关系上，但是该关系受土壤组成成分及各成分分布情况影响，仅适用于局部区域，大面积土壤水分遥感反演应用上仍处于探索阶段。为了消除低频光谱成分的影响、抑制背景因素干扰，提高土壤水分估算精度，采用相对反射率、微分技术、差分技术等探索土壤水分，可以更好地预测不同类型土壤的表层水分含量，提高土壤水分含量估算的精度。

反射率倒数的一阶微分法主要是基于两个相邻波段得到的反射率或 A（反射率倒数的对数）的一阶微分，表示为：

$$\theta = a_{A(\lambda)} + b_{A(\lambda)} \times dA_{(\lambda i, \lambda i+1)} \tag{5-15}$$

式中 θ 为土壤含水量；A 为土壤反射倒数的对数。当一阶微分对土壤水分很敏感而对背景的干扰信号不敏感时，土壤水分预测效果较好。

两个不连续波长的反射率或 A（反射率倒数的对数）的差分能够增强与土壤水分的敏感性而降低与背景干扰信号的敏感性，因此可使用差分法来估算土壤水分，表示为：

$$\theta = a_{A(\lambda_i, \lambda_j)} + b_{A(\lambda_i, \lambda_j)} \times \Delta A_{(\lambda_i, \lambda_j)} \tag{5-16}$$

5. 基于能量平衡模型的作物旱情监测

陆地表层的土壤、植被和大气间物质和能量交换与土壤的水分含量紧密相关，因而可以通过地表能量平衡方程获取区域地表潜在蒸散发进而定量监测区域干旱状况（独文惠，2018；田国珍，2016）。区域遥感蒸散模型主要分为单层模型、两层模型和多层模型。

（1）单层模型　单层模型又称"大叶"模型，在土壤—植被—大气系统（soil-vegetation-atmosphere system，SVAT）中将土壤和植被视为一张"大叶"与外界进行水热交换。该模型首先利用地表温度与气温的差值以及空气动力学阻抗确定显热通量，然后由能量平衡方程估算潜热通量。模型的表达式为：

$$H = \rho\, C_P\, \frac{T_{aero} - T_a}{r_a} \tag{5-17}$$

$$LE = (R_n - G) - H \tag{5-18}$$

式中，R_n 为净辐射通量（W/m^2），H 为显热通量（W/m^2），LE 为潜热通量（W/m^2），G 为土壤热通量（W/m^2），ρ 为空气密度（kg/m^3），C_p 为空气定压比热容 [J/（kg·K）]，T_{aero} 为地表温度（K），T_a 为参考高度的气温（K），r_a 为空气动力学阻抗（s/m）。

应用广泛的单层模型有地表能量平衡算法（Surface Energy Balance Algorithm for Land，SEBAL）是以极轨卫星的可见光、近红外和红外遥感数据、气象数据等作为输入数据确定"极干"和"极湿"点，确定空气动力学温度与气温差的线性回归系数，以此来求解遥感影像区域实际蒸散和潜在蒸散估算方法。地表能量平衡系统（Surface Energy Balance System，SEBS）是基于遥感图像和少量的气象站资料，利用相似理论处理了风速、湿度等气象要素，用经验公式求解阻抗，区域蒸散发的计算精度较高，该模型应用广泛。

单层模型物理机理明确，输入参数少，计算过程较为简单，适用于植被覆盖度高的区域，在地表被部分植被覆盖时，估算精度下降。研究人员将土壤和植被区分开来提出了双层和多层模型以更加真实地反映植被—土壤—大气能量传输特性。

（2）双层模型　双层模型是将土壤和植被的显热交换分别考虑，地表显热通量是土壤显热通量与植被显热通量之和。常见的双层模型有：作物缺水指数法（CWSI）、水分亏缺指数（WDI）、TSEB 模型和 ALEXI 模型等。

◎作物缺水指数法（CWSI）

Idso（1987）提出作物在潜在蒸发条件下的冠层温度与空气温度的差与空气的饱和水汽压差具有线性关系，在此基础上建立作物水分胁迫指数（Crop Water Stress Index，CWSI）的概念，其经验模式如下。

$$CWSI = \frac{(T_c - T_a) - (T_c - T_a)_{ll}}{(T_c - T_a)_{ul} - (T_c - T_a)_{ll}} \tag{5-19}$$

式中，T_c 指作物冠层温度（℃）；T_a 指空气温度（℃）；$(T_c - T_a)_{ll}$ 为作物在潜在蒸发状态下的冠层温度与空气温度的差，是温差的下限；$(T_c - T_a)_{ul}$ 为作物无蒸腾条件下的冠层温度与空气温度的差，是温差的上限。

Jackson 等（1981；1982）用冠层能量平衡的单层模型对 Idso 提出的冠层空气温差上下限方程进行理论分析，基于能量平衡的阻抗模式基础之上提出了作物水分胁迫指数的理论模式，具体模型如下：

$$CWSI = 1 - \frac{ET}{ET_P} \tag{5-20}$$

式中，ET 为实际蒸散；ET_P 为潜在蒸散。根据彭曼蒸散公式可以得到：

$$CWSI = \frac{\gamma(1 + r_c/r_a) - \gamma^*}{\Delta + \gamma(1 + r_c/r_a)} \tag{5-21}$$

$$\gamma^* = \gamma \ (1 + rC_p/r_a) \tag{5-22}$$

$$\frac{r_c}{r_a} = \frac{\gamma r_a R_n/(\rho C_p) - (T_c - T_a)(\Delta + \gamma) - (e_a^* - e^a)}{\gamma[(T_c - T_a) - r_a R_n/(\rho C_p)]} \tag{5-23}$$

式中 γ 为干湿表常数（Pa/℃）；r_c 为作物冠层对水汽传输的阻抗（s/m），r_a 为空气动力学阻力（s/m），$\triangle$ 为饱和水汽压和温度关系曲线的斜率（Pa/℃），rC_p 为潜在蒸散时的冠层阻抗（s/m），R_n 为净辐射（w/m²），ρ 为空气密度（kg/m³），C_p 为空气比热 [J/（kg·℃）]，e_a^* 为空气在 T_a 时的饱和水汽压（Pa）。从湿到干，CWSI 应该从 0~1。

◎水分亏缺指数（WDI）

在植被覆盖区，土壤水分的盈亏直接影响植被蒸腾作用，进而导致冠层温度发生变化。Moran 等（1994）考虑到 Idso 和 Jackson 等提出的作物缺水指数 CWSI 中多数理论参数与植被覆盖度有近线性关系，以及完全植被覆盖和裸土条件下的很多参数相对容易获取这两个原因，对其应用范围进行扩展，建立了水分亏缺指数（WDI，Water Deficit Index）模型。如图 5-2 所示以冠气温差为横坐标，以植被指数体现的覆盖度为纵坐标，构建梯形特征空间，其中，1、2、3、4 分别代表水分充足和水分胁迫时的密闭植被以及湿润裸土和干燥裸土。一定植被覆盖度下的 WDI 定义为：

$$WDI = \frac{\Delta T - \Delta T_{i.13}}{\Delta T_{i.24} - \Delta T_{i.13}} \tag{5-24}$$

式中，ΔT、$\Delta T_{i.13}$、$\Delta T_{i.24}$ 分别为某一植被覆盖度下以及湿边、干边上的冠气温差。对照图形可以看出，WDI 实际上就是线段 AC 与 AB 长度的比值。

WDI 是在 CWSI 基础上，假设土壤与植被冠层之间没有感热交换，结合冠气温差与植被指数得到的区域干旱指标。在作物生长初期冠层稀疏时反演精度较 CWSI 好，并且克服了后者只能应用于观测点尺度的郁闭植被冠层条件的缺陷。但是其梯形特征空间四个顶点的确定是从蒸散发和能量平衡的角度推导出来的，需要气象数据的配合；同时尽管 WDI 与 CWSI 非常相近，但其定义与作物水分胁迫并不严格相关，因为它同时考虑到了裸土的蒸发。因此，WDI 高于 0 时并不一定像 CWSI 那样表示作物出现水胁迫，遥感器视角里出现的无水分胁迫植被以及干土等也会导致其值大于 0；另外在炎热干旱的夏季土壤背景温度与冠层温度相差较大时，忽略土壤与冠层之间的感热通量会导致 WDI 与 CWSI 有较大差异，从而降低了 WDI 的适用性。

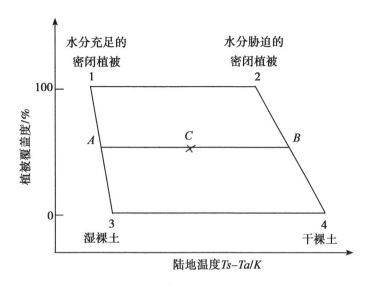

图 5-2　WDI 梯形特征空间（1~3 为干边，2~4 为湿边）

◎大气—陆地交换反演模型（ALEXI）

经典双层模型大气—陆地交换反演模型（The Atmosphere-Land Exchange Inverse Model，ALEXI）是近年来国内外学者研究的热点模型，该模型基于"系列"阻抗理论和能量平衡原理建立，包括地面和大气两部分，其中地面部分的方程组提供初始化的输入，而大气部分为模型迭代运算提供约束条件。该模型通过计算地表实际蒸散和潜在蒸散进而快速模拟大区域陆气相互作用计算地表能量收支状况，计算蒸散胁迫指数（ESI）用于大区域农业干旱监测。ALEXI 模型物理机制明确，处理过程简单，在估算地表水热通量方面精度较高。目前该模型已经实现美国全境的日地表蒸散的实时反演并用于美国干旱监测产品。

与单层模型相比，双层模型更好地描述土壤—植被—大气之间的水热交换过程，尤其对植被不完全覆盖情况估算精度更高，但双层模型所应采用的阻抗受土壤水分和植被的诸多影响。

四、综合评价指数的旱情监测方法

在研究方法上，传统遥感作物旱情监测方法局限于地表温度或植被状况单一或两遥感指标结合，忽略了干旱发生发展过程综合多因子的全面影响。随着科学技术的发展，作物旱情监测在深化旱情监测机理研究的同时，逐步由单一致旱因子评价向综合致旱因子评价发展。近年来国内外学者针对综合农业旱情监测方面进行了诸多探索工作，并取得了一定的成效。综合考虑气象、遥感、土壤等多源数据资料，采用线性加权、分类回归树、联合分布函数等统计分析方法和机器学习方法构建综合旱情监测模型，提高旱情监测的精度。

1. 基于线性加权的综合旱情监测

线性加权法是最为常见的气象、遥感、土壤等多源信息综合法，研究较多。处理常见的植被健康指数等，近年来国内外学者也进行了该方面的研究。

Rhee 等（2010）归一化处理后的遥感干旱指数 TRMM、LST 和 NDVI（1km）进行加权组合，在不同区域进行遥感变量及其组合的的实验，提出归一化干旱条件指数（the Scaled Drought Condition Index，SDCI）是可用于干旱/半干旱及湿润/半湿润区域的农业干旱监测的综合模型。随着时间的推移，归一化遥感指数的方法来监测干旱优势更加显著。孙灏（2011）基于线性加权模型建立了光谱维—温度干旱指数模型（Spectral-dimension and Temperature Drought Index，STDI），综合反映土壤水分、地表蒸散、植被绿度以及植株水分等变化情况，表达式：

$$STDI = a_1 \times N\_MPDI + a_2 \times MSPSI + a_3 \times VTCI\_e + a_4 \times VCI\_e \qquad (5-25)$$

式中，a_1，a_2，a_3，a_4 为待定系数，其中权重是各指数相对于土壤墒情的线性相关系。N_MPDI 为归一化的修正垂直干旱指数 MPDI，MSPSI 为短波红外垂直失水指数（阿布都瓦斯提·吾拉木等，2007），$VTCI\_e$ 和 VCI_e 分别为用 EVI 代替 NDVI 更新 VTCI 和 VCI 得到的指数。以上指数的取值范围均为 0~1，由 0 到 1 表示干旱程度加剧。STDI 指数全面体现干旱变化信息，提高了旱情监测精度。

2. 基于数据挖掘的综合旱情监测

数据挖掘是以所要解决的问题为关注点采用机器学习、模式识别、统计和可视化等方法进行信息提取分析，常用于拥有大量变量的复杂模式和关系的分析。尤其机器学习理论近年里逐渐兴起，广泛应用于旱情监测中，如分类回归树（CART）、随机森林（RF）、人工神经网络（ANNs）、支持向量回归（SVR）和联合分布函数等。

国内外学者基于数据挖掘方法开展了多因素综合干旱监测模型的研究与实践，其中分类回归树模型（CART）较为广泛。分类回归树旱情监测模型构建就是在不明确耦合致灾机理的前提下用模糊聚类方法对输入的致灾因子的统计信息特征进行分析构建多级分类决策树，根据分类后变量组建立其统计回归规则与线性拟合模型。最具有代表性的是 Brown 等（2008）综合植被状况异常、气候降水异常以及生态环境参数（土地利用类型、土壤有效持水量、生态类型、灌溉状况和地形）等数据用分类回归树的方法构建的植被干旱响应指数（Vegetation Drought Response Index，VegDRI），春夏秋季分别建立了 31、26 和 29 条规则，该模型广泛用于美国干旱监测评价。基于该模型美国地质调查局（USGS）和美国内布拉斯加—林肯大学国家干旱减灾中心（NDMC）联合对外发布了全美干旱监测产品且该产品已得到验证。在此基础上，Wu 等（2011）利用分类回归树建立了适用于中国区域的综合干旱监测模型，并提出了作物不同生育期的干旱监测模型，综合地表干旱指数（ISDI），包括降水异常和植被生长条件，结合温度信息来指示地球表面的热和水含量特性。杜灵通（2013）利用 TRMM 降水数据、地表温度数据以及植被指数数据，利用分类回归树法构建了半经验半机理模型综合干旱指数（SDI），综合农业旱情关联因子进行有效的旱情监测。

随机森林（Random Forest，RF）模型是在分类回归树的基础上结合多棵分类与分类回归树（CART）发展起来的。沈润平等（2017）以每月的综合气象干旱指数（CI）作为目标变量，选择植被状态指数（VCI）、温度状态指数（TCI）、TRMM-Z 指数、地表覆盖类型（LC）、高程（DEM）、坡度（SLOPE）、坡向（ASPECT）以及土壤有效含水量（AWC）作为自变量，采用随机森林模型构建遥感干旱监测模型，以河南省为例说明该模型能较好地应用于监测区域旱情监测。其形式如下：

$$RM = f(VCI, TCI, TRMM\text{-}Z, LC, AWC, DEM, SLOPE, ASPECT) \quad (5\text{-}26)$$

另外 Belayneh 等（2016）耦合了小波增强的 ANN（WBS-ANN）和小波增强的 SVR（WBS-SVR）模型进行旱情监测，与其他单模型类型的评估相比预测结果更为准确。Hao 等（2013）综合降水和土壤湿度多变量通过联合分布函数构建了综合干旱监测模型，联合分布函数仅应用了数据的统计特征可以得到概率分布，但物理意义不明确。

3. 其他综合旱情监测方法

近年来同化技术、多传感器协同技术、与物候模型结合等逐渐受到关注，通过综合气象、遥感、土壤、物候等多要素历史数据与实时数据进行同化，构建数据驱动的近实时的综合作物旱情监测指数，已经取得了一定的成效。另外多传感器协同与作物物候信息相结合的面向干旱过程监测是综合旱情监测的一个新的改进方向。

张翔等（2017）提出了基于农业干旱演化过程的多传感器协作（EPMC）框架。通过将农业干旱过程分为潜伏期、开始期、发展期、结束期，应用多传感器协同在各阶段应用典型干旱环境变量土壤水分状态指数（SMCI）和植被状态指数（VCI）表征土壤水分和植被状态的异常变化，精确定量分析干旱演化过程，将作物生长阶段和水分亏缺系数与干旱演化过程、作物物候信息相结合，实现了作物生长全过程累计受旱影响的精确计算。基于过程的累计干旱指数（Process-based Accumulated Drought Index，PADI）。

$$PADI_i = PADI_{t-1} + \frac{\sum_{i=1}^{n}[(T \cap s_i \cap p_2) * \lambda_i * (1 - SMCI_t) + (T \cap s_i \cap p_3) * (1 - VCI_t)]}{PADI_{max}}$$

$$(5\text{-}27)$$

式中，PADI 代表 t 时刻的 PADI 值，T 为某一周期，每周期 PADI 的值更新一次。S_i 代表研究区域内不同的作物生长阶段，n 是全部生长阶段的个数。p_2 和 p_3 代表农业干旱开始阶段和发展阶段。$T \cap s_i \cap p_2$ 代表当前评价周期与作物生长阶段 i 并且与干旱开始阶段的相交天数，$T \cap s_i \cap p_3$ 类似。λ_i 代表在生长阶段 i 时的水分亏缺敏感度，描述了土壤水分胁迫对不同阶段作物的影响程度。$SMCI_t$ 和 VCI_t 分别代表在 $T \cap s_i \cap p_2$ 和 $T \cap s_i \cap p_3$ 阶段的 SMCI 和 VCI 值。叠加之前的 PADI 值（$PADI_{t-1}$），当前 PADI 值越大，则作物累计干旱影响越大，进而代表此次干旱对作物减产的影响越大。最大的累计干旱为作物的全部生长阶段都处在严重的干旱状态下，即 PADI 最大值 $PADI_{max} = \sum_{i=1}^{n}[(s_i \cap p_2) * 1 + (s_i \cap p_3) * 1]$。PADI 模型具有较好的干旱表征能力，但是模型数理基础薄弱，EPMC 适用于长期缓慢的旱灾监测，数据获取方面有局限性影响该方法的推广使用，而难以监测短期旱灾。

    Anderson 等（2012）通过 Triple Collocation Analysis 方法综合 AMSR-E 微波遥感法、ALEXI 地表能量平衡算法和基于物理的诺亚地表模型三种独立土壤湿度估算方法，生成 TCA 加权融合的土壤水分复合产品，来估算土壤水分异常。该方法充分考虑了各方法的相对优势，可用于东非不同的气候和生态区基于土壤湿度的干旱监测。

    随着对地观测技术的不断发展，诸多不同用途的遥感卫星相继发射，遥感技术已经是农业旱情监测的重要手段，在此基础上，国内外专家尝试应用统计、机器学习、同化等技术综合气象、遥感、土壤、物候等多要素数据，建立综合作物旱情监测指数，已经取得了一定的成效，但目前大多数研究仍处于起步阶段，针对不同区域和不同尺度旱情监测，各方法均存在一定程度的缺陷。作物旱情监测面临缺乏机理研究、局限于定性描述的困境，要实现旱情监测定量分析，仍然有很长一段路要走。多源遥感数据的综合利用及其不确定性定量评价、数据同化技术的发展、与物候相结合的作物旱灾成灾机理和数据挖掘数值模拟分析技术的深入研究为提升旱情监测精度的重要方向。

第六章　作物旱情监测综合模型

作物旱情遥感指数和气象指数各监测方法都有各自不同的适用性。为了开展全国农作物旱情遥感监测，需要在现有的遥感指数和气象指数基础上进行改进，构建作物旱情遥感监测模型，以适用于我们针对全国范围内主要农作物尤其是小麦和玉米等开展旱情遥感监测的需要。

一、作物旱情监测基本框架

虽然作物干旱成灾是由于作物缺乏足够的水分供给，不能满足作物正常生长的需要，使作物生长受到水热胁迫，导致作物生长受损，最终形成灾害，但是，现有的作物旱情遥感监测，主要是根据作物生长受到水热胁迫后表现出来的状况，通过不同的遥感指数进行监测。因此，是一种表征监测法。

遥感能够对区域范围内的农田作物进行同步快速扫描成像，从而可以利用不同的波段组合，进行各参数的遥感反演，如植被指数和地表温度。由于作物干旱缺水可以通过这些参数表现出现，因此，利用遥感反演的这些参数与作物旱情之间的关联，尤其是对农田水热胁迫程度的表征程度，就可以对作物旱情进行监测监测。

因此，作物旱情遥感监测，主要是利用遥感光谱成像技术监测农田作物的水热胁迫程度，然后分析评价农业旱情时空动态变化，确定作物旱情。水热是农作物生长的基本要素。作物生长发育是通过水热循环来调整作物的光合作用。当作物正常生长得不到充足的水分供给时，就会表现出受到某种程度的水分胁迫，使作物叶面气孔封闭，吸收作用减弱，在光照作用下，叶面温度升高，作物机体生长发育受损，叶绿素浓度下降，最终表现出对太阳光谱反射率的变化。因此，利用不同的光谱波段，尤其是与叶绿素敏感的红光波段和近红外波段，可以估计作物的植被指数（叶面绿度指数），用以评判作物的生长状况。结合叶面温度的变化，可以实现对作物旱情进行有效监测。

但是，由于遥感是一个瞬时扫描系统，对农田作物的光谱反射和热辐射进行快速成像，因此，仅仅通过遥感指数，往往难以全面揭示作物旱情的真实时空动态变化情况。并且，遥感指数还受到多种因素的综合影响，尤其是大气影响、地形影响、遥感探测视角、遥感波段设置、各波段的光谱响应特征及其衰减过程等因素，因此，仅通过遥感手段，难以获得准确的作物旱情时空动态变化。在这里，我们提出，把遥感监测与作物受旱成灾关键因素（尤其是降水）有机地结合起来，构建综合监测模型，从作物叶面绿度指数、作物叶冠温度和农田区域降水等三个方面的时空动态变化，对作物的真实水热胁迫程度进行综合分析评价，建立作物缺水受旱程度的综合监测方法。图 6-1 是这个综合监测的基本框架。

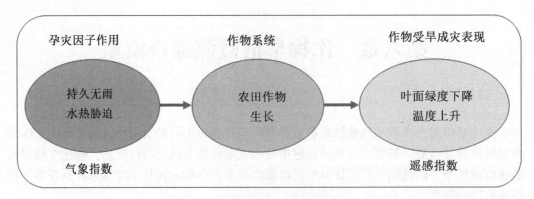

图 6-1　作物旱情综合监测基本框架

本项目将根据作物受旱成灾的过程建立旱情监测综合模型。以遥感干旱指数和气象干旱指数为基础，建立能够适用于快速开展全国农业旱情监测评价的综合模型，该模型将包括两大部分：基于遥感数据的作物缺水指数和基于气象降水数据的干旱指数。通过这两方面的有机结合，将能够保证作物旱情监测结果的基本准确性，为农业抗旱防旱减灾提供决策依据。

由于 MODIS 数据可以免费获取，并且扫描宽度达到 1 145km，每天都有至少 2 次遥感图像数据，覆盖全国范围。因此，项目将选择以 MODIS 数据为基础，结合气象观测站点的降水数据，构建全国作物旱情遥感监测综合模型。这一综合模型将是以作物供水指数法为基础，通过适当的改进，建立遥感干旱指数。在气象干旱指数方面，将以降水距平指数为基础进行改造，以便与遥感指数相互配匹融合，构建基于这两个旱情指数的作物旱情综合模型，同时建立作物旱情评价判定准则，实现定期对区域作物旱情时空变化趋势进行准确的监测评价。

本研究提出的农业旱灾监测改进模型结合遥感与 GIS 数据综合分析作物叶面绿度、温度和降水变化过程，涉及的数据量大，处理比较复杂，其流程如图 6-2 所示。监测分析过程主要包括四大模块：遥感数据处理与遥感旱情指数计算、气象数据处理与气象干旱指数计算、作物旱情综合指数计算，以及旱情统计评价结果输出。

二、作物旱情监测综合模型构建

作物旱情监测综合模型主要是以遥感干旱指数和气象干旱指数为基础，通过融合叠加，建立综合监测模型。因此，模型的构建，将包括如下 3 个方面的计算过程：遥感旱情指数模型、气象干旱指数模型和作物旱情综合指数模型。

1. 模型基本参数遥感反演

随着现代对地观测技术的发展，世界各国研究发射了上百种用于地球观测的卫星传感器。中分辨率成像光谱仪（MODIS）是美国宇航局研制的大型空间遥感仪器，它有

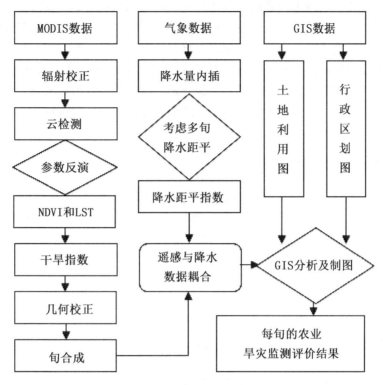

图 6-2 作物旱情综合监测系统处理流程

36 个波段，空间分辨率分别为 250m、500m、1 000 km。目前在轨运行的 TERRA 和 AQUA 两颗卫星上都载有该传感器，每天可以获得覆盖同一地区的 2~4 景图像，可以对全球陆地、海洋、大气进行综合的观测。由于 MODIS 数据具有多波段、高时间分辨率、高质量、低成本的特点，因此成为作物旱情遥感监测的首选数据。本研究收集了北京、广州、新疆三站每旬的 MODIS 数据，利用该数据反演得到了作物旱情监测的基本参数，如植被指数、地表温度、作物供水指数等。

传感器测得的地物信息是以 DN 值的形式记录的，即得到的影像的初始值。要进行地面参数的遥感定量反演，首先需要根据图像的增益和漂移来计算反射亮度值和辐射亮度值（针对可见光近红外波段取反射亮度值，针对热红外波段计算辐射亮度值）。MODIS 卫星采用在轨定标方法，不同时刻、不同通道数据的定标参数是不同的，因此，需要对每一景图像读取其头文件中的定标参数 scales 和 offsets，以便进行像元辐射亮度计算，计算公式如下：

$$\rho = (DN - offset) \cdot scales \tag{6-1}$$

式中，ρ 为像元辐射亮度值，DN 为像元的灰度值，offset 和 scales 分别是偏移量和增益量，可以利用通用遥感图像处理软件或者编程读取。

计算得各像元的辐射亮度值之后，再分别按照第 3 章和第 4 章的方法进行作物旱情遥感监测所需要的植被指数和地表温度这两个关键参数的遥感反演。

云层通常是农业遥感应用的最大障碍。由于大气中的云雾对地表辐射传输有极大的吸收作用，云覆盖下，地表的光谱信号往往难以透过云层抵达云层之上的卫星遥感器。目前，虽然对云覆盖像元的地表信息重构有一定的研究，但许多方法还在研究阶段，尤其是云覆盖像元的地表温度遥感反演问题，仍然没有一个有效的可行办法。因此，去除云的影响是农业旱情遥感监测的重要处理步骤。采用 NASA 的标准算法进行严格的云检测，标订出四种云的状态：确定有云、可能有云、可能无云、确定无云。对于前面两种情况则去除掉，只利用确定无云和可能无云的象元进行作物旱情监测参数的计算，而对于有云像元，只能视为信息缺失，形成非监测区。

2. 植被供水指数模型的改进

农作物的生长是一个持续耗水的过程，在此过程中，降水和灌溉是供水的主要来源。如果长时间缺乏降水，也不能有效灌溉的话，作物就会因水分缺乏而受到干旱胁迫，甚至无法生长，形成农业旱灾。作物供水指数是常用的作物旱情遥感监测指数。这一指数计算简单，主要是根据作物在干旱胁迫作用下，作物叶冠温度因蒸发量减少而产生升高的事实进行旱情监测。植被指数和地表温度是这一指数的基本参数。植被指数反映作物生长状态，而地表温度则表示作物叶冠的干旱胁迫情况。通过这两个参数，可以反映出作物的旱情。由于作物旱情遥感监测需要处理大量遥感数据，因此，复杂的旱情模型就面临计算量巨大的难题。植被供水指数模型由于计算相对简单，就成为许多农业旱情遥感监测系统的基本旱情评价模型。

当农田土壤供水能够满足作物正常生长发育所需的水分时，卫星遥感数据计算而得到的植被指数在一定的生长期内保持在一定的范围，卫星遥感的植被冠层温度也保持在一定的范围。如果遇到干旱胁迫，农田土壤供水不足，作物得不到充足的有效水分供给，就会表现出生长受阻，一方面影响到正常的生理生态过程，具体到卫星遥感数据中就是植被指数数值将会相应地降低（当然降低的响应不会那么快，而是有一个过程），另一方面，当植被受干旱胁迫时，为减少水分损失，叶面的气孔会部分关闭，导致叶面温度的升高，从而植被冠层温度将升高。植被指数和地表温度的这种密切关系被广泛应用于于农业旱灾遥感监测中，植被供水指数（VSWI）就是其中的一种，植被供水指数模型的计算公式如下：

$$VSWI = \frac{NDVI}{T_s} \tag{6-2}$$

式中，VSWI 是植被供水指数，NDVI 是植被指数，T_s 为地表温度。这一模型的原理清楚，并且计算相对简单，易于实现，可操作性强，成为多数旱情遥感监测业务化运行的常用方法。

在实际应用中，作物供水指数仍然存在一些问题。监测时间段内，植被指数 NDVI 变化比较慢，相对稳定。但由于太阳辐射的日变化，地表温度存在昼夜循环特征，一天内不同时刻的温度会有很大差别。同时，地表温度与下垫面状况也有复杂的关系。如广东省北部以山地为主，而南部以平原为主，地表温度随着地形的变化也比较大。因此，传统的作物供水指数难以获得较准确的农业旱情监测结果。针对这个问题，本研究进行了多方面的探讨，深入分析地表温度和植被指数变化对作物供水指数的影响，对传统的作物供水指数进行了改进。

改进的方法中，根据 NDVI 的大小，分成不同的植被覆盖等级，针对每一个等级分别建立作物供水模型，从而把作物供水指数进行了标准化，计算公式如下：

$$SDI(\%) = \frac{VSWI - VSWI_d}{VSWI_w - VSWI_d} \times 100 \tag{6-3}$$

式中，SDI 是标准化后的作物供水指数，取 0~100，其中 SDI = 0 表示严重干旱，SDI = 100 表示非常湿润。$VSWI_d$ 是最旱时的作物供水指数，$VSWI_w$ 是最湿润时的作物供水指数。其确定方法如下：NDVI 的分级步长可设为 d，当 NDVI 的分布空间为 n~ $(n+d)$，适宜作物生长的温度空间为 T_1~T_2 时，则 $VSWI_d = (n+d)/T_2$，$VSWI_w = (n+d)/T_1$。例如，NDVI 的分级步长 d 取 0.05，如果作物适宜生长温度空间为 20~45℃ 时，则 $VSWI_d$ 和 $VSWI_w$ 的取值如表 6-1 所示。

表 6-1　$VSWI_d$ 和 $VSWI_w$ 的取值

NDVI	$VSWI_d$	$VSWI_w$	NDVI	$VSWI_d$	$VSWI_w$
<0.05	0.11	0.25	0.35~0.40	0.89	2.00
0.05~0.10	0.22	0.50	0.40~0.45	1.00	2.25
0.1~0.15	0.33	0.75	0.45~0.50	1.11	2.50
0.15~0.20	0.44	1.00	0.5~0.55	1.22	2.75
0.2~0.25	0.56	1.25	0.55~0.60	1.33	3.00
0.25~0.3	0.67	1.50	0.6~0.65	1.44	3.25
0.3~0.35	0.78	1.75	0.65~0.70	1.56	3.50

3. 改进的降水距平指数模型

作物旱情实际上是由于作物得不到充足的供水来满足其正常生长发育需要。而影响农田对作物供水的因素主要有两个：降水和灌溉。由于地表蒸散作用，农田供水会随着时间的推移而降低。考虑降水对作物旱情的影响，是作物旱情监测的正确选择。

虽然已经有较多降水干旱指数模型，但降水距平指数是最常用的方法。降水距平指数模型计算简单，并且原理清楚。降水距平指数的旱情监测原理是，如果一个地方的降水能够达到多年平均水平，则基本上能够满足作物在这一时期的正常生长需要，因为一个地方的作物生长，实际上有一个长期适应的作用。多年平均降水，表示该种作物的生理需水量已经能够基本上适应降水量的生态环境条件，从而能够支撑该作物在这种降水条件下的正常生长发育。降水距平指数模型因而也经常被用来表示生态环境在监测期内所具有的降水丰度，其计算公式如下。

$$RI = \frac{R}{AR} \tag{6-4}$$

式中，RI 是降水距平指数，R 是监测期内的降水量，AR 是监测期内的多年平均降水量。显然，如果 $RI=1$，表示监测期的降水量接近于多年平均，是正常的降水量，表示能够满足作物在这一时期的正常生长发育需要。如果监测期内的降水量大于多年平均降水量，即 $RI>1$，表示当期的降水量大量多年平均降水量，这就意味着监测期内的降水已经大于多年平均降水量，土壤供水完全能够满足作物生长发育需要，不会发生干旱现象。如果监测期内的降水量小于多年平均降水量，即 $RI<1$，表示当期降水量小于多年平均，RI 越小，表示该监测期的降水量比多年平均少许多，干旱胁迫越明显。

虽然降水距平指数大体上能够满足作物旱情监测的需要，但直接利用当期降水与多年平均降水量进行降水距平计算，还将面临如下几个问题：①降水距平指数与旱情的关系问题。降水距平指数 RI 的数值变化范围是从 0 到 1 以上的，没有明确的上限，不利于旱情的湿润程度确定。只能大体知道 RI 在 1 以上是湿润，但多少为过湿，不好确定。通常是认识 $RI>1.5$ 是过湿发生的基本条件，因为如果监测期内的降水比多年平均多50%以上，作物的生长应该是遇到了非常湿润的降水条件了。②多年平均降水 AR 的数值问题。由于降水的季节性分布极不均匀，有些地区如干旱区的多年平均降水量可能相对较小，导致即使监测期内有很小降水，也可能会使 RI 数值很大。而实际上，当期可能仅仅降了几毫米的雨量，根本无法满足作物生长发育需要。

为了消除这两个问题的影响，在本项目的研究中，我们采用了改进型的降水距平指数模型，改进后的模型如下：

$$DRI(\%) = \frac{R}{2ARI} \times 100 \qquad (6-5)$$

式中，DRI 是改进型降水距平指数，R 为监测期内的降水量，ARI 为改进的多年平均降水量。多年平均降水量的改进，主要体现在两个方面：一是在干旱地区，多年平均降水量在某个时期内往往很小甚至为 0（没有降水）。在这种情况下，当期如果有很小的降水（如 1~2mm），按照式（6-3），往往会导致 RI 数值会很大，容易产生旱情误判，本来很干旱，却误判为非常湿润，因为 RI 值在这种情况下往往会超过 2 甚至更大，显然不符合实际情况。因此，为了避免这种旱情误判现象的发生，把多年降水量进行改进：当 AR<10mm 时，取 AR=10mm。这样，就会确保，在最干旱地区，只有降水超过10mm 时才能满足作物在该监测期内的正常生长。

二是由于降水具有季节分布非均匀性，因此，有的季节会发生集中降水，而在一些季节则几乎没有降水的现象。这种现象也会导致降水距平指数不能正确地反映作物的旱情。因此，需要按照降水的季节分布进行调整，通过移动平均法，使降水在各季节间尤其是在作物生长期内的不同监测时间段内形成一个相对平滑的变化趋势。图 6-3 表示某个地区的多年平均实际降水量和生态供水量。生态供水量是实际降水量经过这种平滑处理的该地区多年平均降水季节性分布，表示该地区的生态供水量在各旬之间的理想分布状态。如果监测期内的实际降水量大于多年平均的生态供水量，则表示该降水能够满足作物正常生长发育需要，否则将会发生一定程度的干旱胁迫。

式（6-5）指出，改进型的降水距平指数是以 2 倍生态供水量来代替多年平均降水量进行降水距平指数计算。之所以考虑 2 倍，是因为我们认为，如果一个地方的降水量达到多年生态供水量程度，即 DRI=50，则为正常，没有干旱胁迫，如果达到 2 倍的多年平均生态供水量，即 DRI = 100，则非常湿润。如果 DRI > 100，即实际降水量超过多年平均生态供水量的 2 倍，则取 DRI = 100。

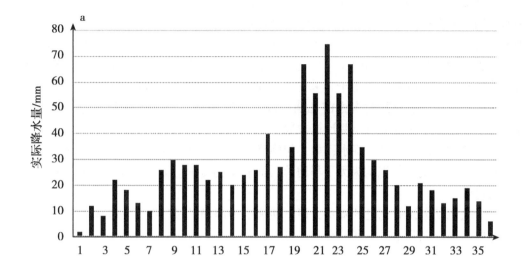

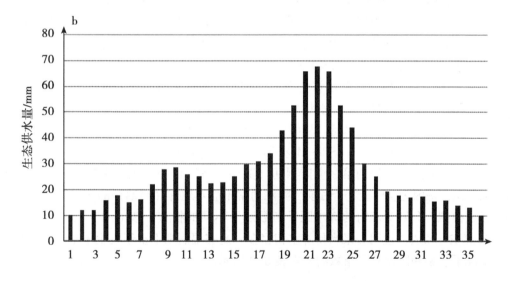

图 6-3　多年平均实际降水量与经过改进的生态供水量季节性变化曲线

　　这样，改进后的降水距平指数就与改进型植被供水指数在数值上是具有可比性，也就是说，降水距平指数与植被供水指数具有相同的含义：当 DRI = 50 左右时，是一种正常的状态，作物旱情没有发生干旱，当 DRI 超过 50 时，为湿润状态，越接近 100，表示越湿润。相反，当 DRI 越小越接近于 0，则表示越干旱，作物受到的干旱胁迫作用越大，旱情越严重。

4. 综合降水距平指数模型

干旱是一个持续的过程，降水对作物旱情强度的影响也是一个时间积累的过程。如果监测期内能够有充足的降水，完全能够满足作物生长发育需要，则作物在该监测期内则不会发生干旱胁迫。相反，在大多数情况下，降水的分布通常不是均匀的，有时候多有时候少。如果某个监测期内没有充足的降水，但若是前几期有充足的降水，也不会导致作物生长在该监测期内发生干旱胁迫。因此，监测时期内（如一个旬内）的缺水并不代表一定干旱，需要同时考虑前几期的降水量对作物生长发育的需水满足程度。这样，可以考虑如下作物旱情监测计算方法：

（1）监测期内有充足的降水，如一旬内降水量大于 50~80mm，那么这一像元（或地区）在该监测期内将识别为无干旱胁迫，而确定为湿润。如果降水量超过 80mm，则确定为过湿。

（2）监测期内没有充足的降水，但上期确定为湿润或者过湿，则本监测期内的干旱程度需要考虑上期降水对本期的影响。可以利用综合降水距平指数模型来进行确定，计算公式如下：

$$MSRI = A_1 \times SRI_1 + A_2 \times SRI_2 \tag{6-6}$$

式中，MSRI 是考虑多旬降水量的综合降水距平指数（取值 0~100），$MSRI$ 值越大越湿润；SRI_1 和 A_1 是监测期（当旬）的降水距平指数及其权重；SRI_2 和 A_2 是上个监测期（上旬）的降水距平指数及其权重。由于当旬的降水对旱情影响更加大，监测期和上期的权重可以考虑分别取：$A_1 = 0.6$ 和 $A_2 = 0.4$。

（3）监测期和上期均没有足够的降水能够满足作物正常生长发育需要，那么，我们就需要追溯到更前一时期的降水状况，直到发现那个旬的降水完全能够满足作物生长需要，即降水量大于生态供水量。从而得到有综合降水距平指数如下：

$$MSRI = A_1 \times SRI_1 + A_2 \times SRI_2 + \cdots\cdots + A_k \times SRI_k \quad (k<8) \tag{6-7}$$

式中，SRI_k 和 A_k 是以前第 k 个监测期（其中 k<8）的降水距平指数及其权重。之所以取 k<8，是因为实际上 3 个月前的降水通常不能对现有（当期）的作物旱情产生影响。通过模拟，分别对每旬的降水距平指数赋予不同的权重（表 6-2）。当 $SRI_1 = 100$ 时，取 $MSRI = SRI_1$，说明如果当旬降水相当多，足够湿润则不至于发生干旱。在考虑 8 旬的情况下，各旬降水距平指数的权重表 6-2 所示。

表 6-2　各旬的重权数值确定

监测期（旬）	A_1	A_2	A_3	A_4	A_5	A_6	A_7	A_8
1	1.000 0							
2	0.600 0	0.400 0						
3	0.500 0	0.300 0	0.200 0					
4	0.460 0	0.260 0	0.160 0	0.120 0				

（续表）

监测期（旬）	A_1	A_2	A_3	A_4	A_5	A_6	A_7	A_8
5	0.440 0	0.240 0	0.140 0	0.100 0	0.080 0			
6	0.430 0	0.230 0	0.130 0	0.090 0	0.070 0	0.050 0		
7	0.423 3	0.223 3	0.123 3	0.083 3	0.063 3	0.043 3	0.040 0	
8	0.419 8	0.219 8	0.119 8	0.079 8	0.059 8	0.039 8	0.036 4	0.025 0

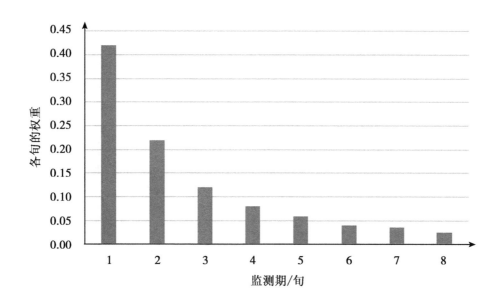

图 6-4　在考虑 8 旬降水影响情况下各旬降水距平指数权重

用综合降水距平指数 MSRI 来分析作物旱情时空变化时，如果区域范围内只只有少数几个气象站点的数据，那么，利用有限的气象台站数据直接外推台站所在地及邻近地区的降水距平，精度就难以保证。考虑到遥感图像 1km 的分辨率，就要求每个点上有相应的降水数据，因此选用最优插值法对气象数据进行插值。最优插值理论广泛应用于气象要素场的客观分析、数值天气预报以及气象网站的设计中，这种方法的优点是各已知点的内插权重不是预先确定的而是根据它们对内插点所做"贡献"的大小，以一定的数学方法求取。降水距平指数插值完成后统一转成栅格形式，采用 Albers 等面积投影，以便与遥感数据进行综合分析。

5. 两指数耦合与 GIS 综合分析

通过以上计算，得到了农业旱情监测的两个关键因子，作物供水指数和降水距平指数。农业旱灾是这两个关键因子共同作用的结果，本研究综合考虑这两个因素的影响，建立标准化农业旱情指数，如式 6-8 所示：

$$SADI = B_1 \times SDI + B_2 \times MSRI \qquad (6-8)$$

式中，$SADI$ 为农业旱情综合监测指数，B_1、B_2 分别是作物缺水指数和降水距平指数的权重，根据不同的时期和地表类型来确定。根据广东省的地形及地表覆盖特点，本研究取 B_1 为 0.6，B_2 为 0.4。为了便于对干旱进行描述，本研究划分了几个不同的级别。SADI 为 0~15 时重旱、15~30 为中旱、30~50 为轻旱、50~70 为正常、70~100 为湿润。

计算得到农业旱情综合监测指数以后，便可以根据土地利用图，结合地理信息系统技术，分析耕地受旱的情况。同时与行政界线图叠加，分析不同区域受旱状况，统计每个区域耕地受旱面积，进行灾后的损失评估。

三、应用实例分析

根据以上所述作物旱情综合监测模型方法，利用 MODIS 数据作为遥感干旱指数的计算，通过气象台站的降水数据进行降水距平指数的计算，分析研究了 2006 年 5—9 月广东省每旬的作物旱情时空分布发展变化，得到的结果如图 6-5 所示。从图可以看出，2006 年广东省作物旱情不是很严重，大部分地区农业生产处于正常，但区域分布差异较大。总体上看，5 月下旬和 6 月上旬最为湿润，5 月中旬、7 月上旬、8 月中旬和 9 月下旬旱情较严重。

分旬来看，广东省 5 月上旬大部分地区表现为正常或者湿润，只有雷州半岛干旱比较严重。其中，半岛南端中旱，半岛中部轻旱，西部则有小面积的重旱。5 月中旬，雷州半岛的旱情进一步加剧，大部分地区转变为重旱，中旱的地区也向北发展，到了高州市的中部。另外，省内中部和北部的部分地区也出现了中旱，但面积不是很大。到 5 月下旬，雷州半岛地区的旱情得到缓解，大部分转为中旱，旱情的区域也退到了廉江市以南地区。半岛以北的大部分地区则为湿润或者正常，这是监测时段内广东省最为湿润的一旬。6 月上旬，省内大部分地区仍然保持湿润，但雷州半岛地区的旱情又有所发展；中旬，半岛地区的旱情面积扩大，但强度不是很高；下旬，半岛地区的旱情已经解除，但省内大部分地区出现了中旱。7 月上旬，广州市及其周边地区，东部山区出现了中旱，部分地区轻旱；这种大面积轻旱的情况到了中旬就有所改变，中部以及北部山区多为湿润或者正常，只有阳东、阳江及其周围部分地区有旱情，雷州半岛地区的旱情有所抬头；下旬，阳江一带旱情缓解，雷州半岛南端出现了小面积的中旱。8 月上旬，全省基本没有旱情，中下旬则出现了分布较广的中旱，但只是一个短期现象，强度也不是很大。9 月上旬和中旬，大部分地区为正常，只有零星的地区有中旱，不会对大局造成影响。9 月下旬，广东省的秋旱开始，全省范围内出现旱情，其中以广州市为中心的珠江三角洲地区最为严重，西北部山区稍好。

总的来说，2006 年广东省作物旱情不是很严重，只有雷州半岛表现出了持续性的旱情，另外，珠江三角洲地区在 6 月末至 7 月初、8 月中旬以及 9 月上旬表现出了不同程度的旱情，其他大部分地区则相对比较好。截至目前，关于广东省 2006 年作物旱情空间分布研究比较少，《中国农业统计年鉴》公布 2006 年广东省农业旱灾受灾面积为

13 000hm², 成灾面积 58 000hm², 绝收面积 3 000hm²。

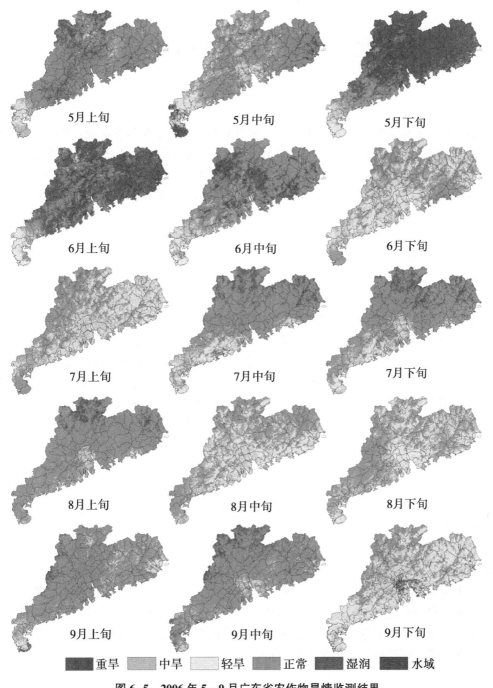

5月上旬　　　　　5月中旬　　　　　5月下旬

6月上旬　　　　　6月中旬　　　　　6月下旬

7月上旬　　　　　7月中旬　　　　　7月下旬

8月上旬　　　　　8月中旬　　　　　8月下旬

9月上旬　　　　　9月中旬　　　　　9月下旬

■ 重旱　　■ 中旱　　■ 轻旱　　■ 正常　　■ 湿润　　■ 水域

图 6-5　2006 年 5—9 月广东省农作物旱情监测结果

第七章　冬小麦旱情遥感监测

小麦广泛分布于我国北方地区，按生长季节可分为冬小麦和春小麦。华北平原是我国冬小麦集中产区，生长季节从每年的 10 月中下旬到翌年 6 月上中旬。西北则是我国春小麦主要产区。我国北方地区降水主要集中在夏季的 6—9 月，春旱是冬小麦面临的重要自然灾害，直接影响产量。冬小麦旱情监测是我国作物旱情监测的重要内容。本章将以河北省为实证，研究冬小麦旱情遥感监测问题。

一、总体研究思路

已有的农业旱情遥感监测研究基本上是以旱情遥感指数为基础，没有体现出旱情指数、作物以及作物生育期之间的联系，因而还存在许多问题，尤其是旱情遥感监测的准确性还不能完全满足实际需要。本研究将以河北省冬小麦为对象，采用 2005 年 1—6 月 AQUA-MODIS 数据和同期实测农业气象数据，深入研究河北省冬小麦旱情遥感监测的理论方法，分析温度植被干旱指数 TVDI 模型和表观热惯量 ATI 模型在冬小麦旱情遥感监测的适用性，建立冬小麦地区农田土壤水分遥感估算模型，确定冬小麦不同生育期的旱情判断标准，提出基于农田土壤水分遥感估算的河北省冬小麦旱情遥感监测方法。

首先，开展地表温度遥感反演和植被指数遥感反演，获得 2005 年河北省冬小麦生长期 1—6 月地表温度和植被指数时空分布数据。对于植被指数，将选择增强型植被指数 EVI 进行遥感反演，以提高冬小麦的遥感识别能力。然后再利用反演得到的地表温度 Ts 和 EVI 图像数据构成两维信息，开展冬小麦遥感分类信息提取，获取河北省冬小麦时空分布变化。

在此基础上，结合冬小麦不同生长阶段对应的 EVI 变化特征，对冬小麦的返青期、抽穗期和成熟期进行了定义，分析河北省冬小麦生育期的空间变化特征。采用 3 月中旬至 5 月中旬的 AQUA-MODIS 数据，根据确定的不同时期 TVDI、ATI 土壤水分估算最优模型，实现冬小麦地区土壤水分遥感估算。结合冬小麦不同生育期的时空变化特征和旱情指标，实现了冬小麦返青期至抽穗期旱情遥感动态监测，结合同期实测的气温、降水资料对冬小麦旱情遥感监测结果进行分析。

二、土壤水分数据处理

冬小麦生长季节是降水相对较少的季节，一般情况下旱情相当严重，冬小麦主要依靠灌溉尤其是抽取地下水进行灌溉，以保证冬小麦正常发育，形成预期产量。小麦旱情主要取决于自然降水和农业灌溉获得相对充足的土壤供水量。因此，获取土壤含水量是开展冬小麦旱情监测的重要步骤（隋洪智等，1990）。土壤相对含水量，既消除了不同地域土壤物理、化学性质差异造成的影响，又加强了不同地区数据的可比性，对作物旱情变化具有较好的指示意义而被广泛应用于农业生产中。本研究采用的土壤水分数据为土壤相对含水量，来自河北省的农田土壤布点采集测量。土壤水分测点分布于全省各地（图7-1），主要包括固定观测地段和作物观测地段，取样时间为2005年3月下旬至5月下旬，基本均为每月的8、18和28日观测。所用到的仪器和工具主要有：土钻、盛土盒、刮土刀、密封提箱、托盘天平（感应量为0.1g）、烘干箱和高温表等。

样点选择是研究区土壤水分获得的关键。土壤水分野外测量中，样点选择要具有地方代表性。在土壤采样过程中，把观测地段分成4个小区，每次取土各小区取1个重复，这样每个地段各层均取4个重复，同时利用GPS进行样点的精确定位。取土下钻地点应距前次测点1~2m且在两行作物中间，垂直顺时针下钻，由浅入深分别取样。对于土钻取出的土体样本，将钻头零刻度以下和土钻开口处的土壤及钻头口外表的浮土去掉，将钻杆平放，采用剖面取土的方法，迅速用刮土刀刮取土样40~60g，放入盛土盒中，立即盖好盒盖，给盒子编号记录后把盒子放入密封箱。将钻头内余土刮净并观测另一个土层的土体样本，按照上述打土钻的方法，分别取得测点的深度分别为10cm、20cm和50cm土壤样本。

土壤样品称重是准确获得土壤水分含量的必要步骤。采样前先把各个采样盒子称重，并标注清楚。野外土壤采样后，对湿土的土壤样品进行野外称重。称重后，把采得的土壤样品带回实验室，擦干净盛土盒外表泥土，用校准好的天平称取盒子和湿土的共同质量，称量2次，取两次称量结果的平均值作为盒子与湿土的质量，以"g"为单位并保留一位小数。

野外采集得的土壤样品，在野外采集时称重一次，带回实验室进行烘干处理，然后再称重，两者之差即是土壤水分含量。烘干时打开盒盖，把盒盖套在盒底，放入烘干箱内烘烤。烘箱内温度稳定在100~105℃。烘干时间以土样完全烘干，土样质量不再发生变化为准。一般沙土、沙壤土烘干6~7h，壤土7~8h，黏土10~12h。然后从上、中、下不同深度层次取出4~6盒土样称重，再放回烘箱烘烤2h，复称一次。如前后两次质量差均不大于0.2g，即取后一次的称量值作为最后结果，否则，按上述方法继续烘烤，直到相邻两次各抽样质量差不大于0.2g为止。

称取盒子与干土的质量：烘烤完毕后，断开烘箱电源，当烘箱稍微冷却后取出土样并迅速盖好盒盖，称量盒子与干土的共同质量，称量两次，取两次称量结果的平均值作为盒子与干土的质量，以"g"为单位并保留一位小数。当全部计算完毕经检验确认无误后倒掉土样，并将土盒擦洗干净，按照号码顺序放入提箱。

计算土壤含水量：把样点的质量含水量和对应的田间持水量进行比值处理，即可获得相对含水量。在实际应用中，对于10cm、20cm和50cm不同深度的缺测样点、未能及时测量而在不同深度均以99%表示的样点以及同一固定农业气象站点上报的多个测量结果值采取剔除处理，结合同期的AUQA-MODIS图像，对云覆盖地区样点做进一步剔除后，分别获得2005年3月下旬至5月下旬河北省不同样点土壤相对含水量数据为：

2005 年 3 月下旬共有 57 个有效样本点，4 月上旬有效样本点为 56 个，4 月中旬为 62 个，4 月下旬为 68 个，5 月上旬为 62 个，5 月中旬为 57 个，5 月下旬有效样点为 58 个。

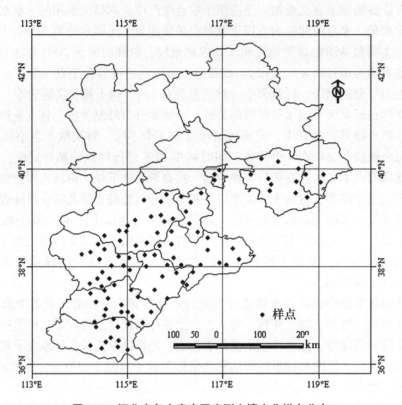

图 7-1　河北省冬小麦产区实测土壤水分样点分布

三、温度植被干旱指数模型

正如第 4 章指出，农田作物在干旱胁迫下，叶冠温度会明显升高。因此，通过不同的植被指数与农田温度之间的关系，可以确定农田作物旱情。在农田情况下，农田温度实际上就是地表温度 LST。

植被指数是利用遥感卫星探测数据的线性和非线性组合而形成的能反映绿色植被生长状况和分布的特征指数。为了估算和监测植被覆盖，自最早的比值植被指数 RVI 问世以来，遥感界已发展了 40 余种植被指数（王鹏新等，2001；闫峰等，2014）。在众多的植被指数中，由 Rouse 等（1974）提出的归一化植被指数 NDVI 是目前应用最为广泛的植被指数。

NDVI 算式本身并非线性，这造成了当植被覆盖持续增加时，叶绿素 a 吸收使红光通道 RED（中心波长 650nm）很快饱和，NIR 成为唯一反映植被变化的因子。当比值植被指数 NIR/RED 在 1~10 范围内增长时，对应的 NDVI 在 0~0.83 范围内增长，存在低植被覆盖区植被指数被夸大，高植被覆盖区植被指数被压缩的现象。当 NIR/RED<3 时，NDVI 夸大了 NIR/RED 的效果；当 NIR/RED>4 时，饱和问题开始显现。覆盖较好的天然植被和农作物的 NIR/RED 都在 5~9，使用 NDVI 饱和问题比较严重。在土壤背景信息方面，由于土壤对 NIR 和 RED 波段具有不同的反射率，当植被覆盖率 40%，LAI=1 时，冠层背景土壤变化对植被指数影响最大，这时 RED 变化范围 0.06~0.33，对应的 NDVI 变幅 0.30；当 LAI>2 时，土壤影响消失，植被指数的饱和问题出现；当 LAI<1 时，因为 NDVI 本身数值小，由土壤引起的变幅也比较小，土壤噪声损害了 NDVI 的空间一致性。

Liu（1995）研究发现，在计算 NDVI 时，土壤和大气的作用相互影响，减少其中一个噪声的同时增加了另外的一个噪声，在此基础上构建了一个能同时校正土壤和大气影响的增强型植被指数。Huete 等（2002）使用 MODIS 数据进一步研究了 EVI 的计算公式。基于 EVI 与 NDVI 的比较分析，可见对于冬小麦尤其在播种初期和生长最茂盛时期（拔节、抽穗期）的旱情遥感监测，采用 EVI 比 NDVI 具有更大的优势。因此，对于河北省冬小麦旱情遥感监测，本研究选择 EVI 数据来反映冬小麦的旱情状况。

温度—植被指数特征空间综合了地表温度和植被指数二维信息，比较直观地反映了研究区旱情的渐变特征。Sandholt 等（2002）在简化的三角形农田地表温度（LST）与归一化植被指数（NDVI）特征空间（图 7-2）的基础上，进一步提出了温度植被旱情指数 TVDI 的概念。如果农田作物的植被指数相同，其叶冠温度越高，则表明叶冠的蒸散发越小，表示农田作物受到的干旱缺水胁迫程度越严重。相反，叶冠温度越低，由于蒸散发的作用，其受到的缺水胁迫程度越小。在农田水分供给充足的情况下，作物的蒸散发最大，其叶冠温度（农田地表温度）就最小，也就是温度与植被指数特征空间的湿边；在最干旱情况下，作物的蒸散发最小，叶冠温度最高，成为农田温度与植被指数特征空间的干边。界于干湿边之间的状态，表明作物受到不同程度的干旱胁迫，即处于不同的旱情状态。因此，通过植被指数与农田温度之间的特征空间关系，可以确定农田作物的相对旱情。这就是温度植被旱情指数 TVDI 的基本原理。实际上，在用归一化植被指数来表示农田作物的植被指数情况下，TVDI 的计算公式通常可以写成如下形式：

$$TVDI = \frac{LST(NDVI) - LST_d(NDVI)}{LST_d(NDVI) - LST_w(NDVI)} \tag{7-1}$$

式中，TVDI 是温度植被旱情指数，LST（NDVI）是在植被指数值为 NDVI 情况下的农田地表温度，LST_d（NDVI）表示植被指数值为 NDVI 情况下的干边温度值，LSTw（NDVI）表示植被指数值为 NDVI 情况下的湿边温度值。

由于随着植被盖度的增加，NDVI 容易出现红光通道很快饱和的问题，因此，将采用 EVI 作为植被生长状况的指示因子，与农田地表温度 LST 一起构建起三角形特征空间。因此，式（7-1）的温度植被干旱指数 TVDI 可以写成：

$$TVDI = \frac{LST(EVI) - LST_d(EVI)}{LST_d(EVI) - LST_w(EVI)} \tag{7-2}$$

式中，LST（EVI）是在植被指数值为 EVI 情况下的农田地表温度，LST_d（EVI）表示植被指数值为 EVI 情况下的干边温度值，LST_w（EVI）表示植被指数值为 EVI 情况下的湿边温度值。因此，对于给定的象元，根据农田地表温度在特征空间中的相对位置确定农田作物的旱情 TVDI。在干边情况下，TVDI 值为 1，而湿边的 TVDI 值为 0。对于任何的植被指数 EVI，TVDI 越大，说明土壤水分越少，土壤越相对干旱。相反，TVDI 越大，表示该像元的农田温度值越接近于湿边温度值，农田作物受到的干旱胁迫越低（图 7-2）。

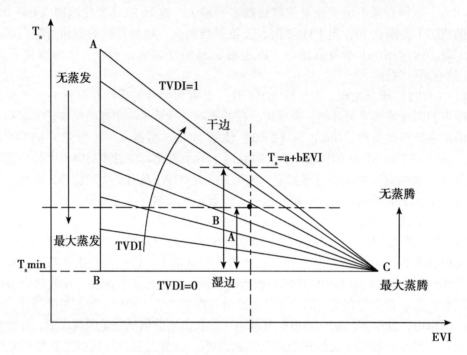

图 7-2　农田地表温度与植被指数构成的三角形特征空间

四、冬小麦温度植被干旱指数变化

温度植被干旱指数 TVDI 模型的建立是基于 LST 和 EVI 的空间变化规律，但是在不同的季节和不同地区（如高纬度或高海拔地区），农田地表温度 LST 与 EVI 之间并非一直存在着负相关的关系（冯蜀青等，2006；高懋芳等，2010；李春强等，2008；刘公英，2015）。对于采用 TVDI 进行河北省农业旱情遥感监测，针对研究区的地理位置，分析 LST/EVI 特征空间在不同时间的变化规律以确定 TVDI 模型的适用时段，对于合理选择遥感信息模型，提高土壤水分估算精度进而准确监测农业旱情具有重要意义。

在 NASA 提供的 MODIS 产品中，地表温度 LST（MYD11）为 8d 合成的陆地产品，而 EVI（MYD13）则为 16d 最大值合成的产品，二者在时间尺度上存在较大的差别。为了减少时间尺度差异造成的误差，选用 NASA 提供的 8d 合成的地表反射率产品（MYD09A1）根据 EVI 定义计算出相应的 EVI，以保证植被指数与地表温度产品在时间尺度上的一致。本章针对河北省春旱较为严重的特点，采用 MODIS 数据分析 2005 年 3—5 月河北省不同时相的 LST-EVI 特征空间（图 7-3）。

通过图 7-3，可以看出，不同时间 LST/EVI 特征空间形状并不一致。相对而言，3

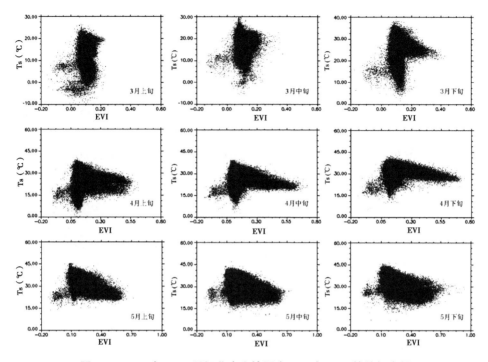

图7-3 2005年3—5月河北省土壤湿度LST与EVI的特征空间

月河北省 EVI 和 LST 仍处于相对较低的水平，3 月上旬大部分地区的 LST 为-2~22℃，EVI 主要为 0.05~0.17；3 月中旬河北省大部分地区的 LST 为 5~26℃，EVI 主要为 0.05~0.21；3 月下旬河北省大部分地区的 LST 为 8~36℃，EVI 主要为 0.06~0.30。3 月 LST/EVI 空间形态不具备三角形分布特征，且集中在低 EVI 和低 LST 部分的像元占了较大的比重。这主要因为在不同的土地覆盖条件下，植被指数与 LST 之间关系表现并不相同，一般情况下，植被指数与地表温度之间存在着负相关关系，但是在能量对于植被生长起着决定性作用的地区（如高纬地区或高山地区），二者则表现为正相关关系。因此，可以认为基于 LST/EVI 特征空间的 TVDI 模型并不能很好地适用于 3 月土壤水分遥感估算。4 月随着气温的升高和地面植被的生长，河北省 LST 和 EVI 较 3 月有了较大的增长，其 LST/EVI 空间三角形特征逐渐形成。4 月上旬大部分地区的 LST 为 5~37℃，EVI 主要为 0.06~0.54；4 月中旬大部分地区的 LST 为 5~37℃，EVI 主要为 0.06~0.63；4 月下旬大部分地区的 LST 为 15~42℃，EVI 主要为 0.06~0.70。5 月随着气温的进一步上升和地表植被的迅速生长，其 LST/EVI 空间三角形特征比较明显。5 月上旬大部分地区的 LST 为 25~45℃，EVI 主要为 0.06~0.62；5 月中旬大部分地区的 LST 为 20~42℃，EVI 主要为 0.07~0.65；5 月下旬大部分地区的 LST 为 25~45℃，EVI 主要为 0.09~0.70。通过对 4—5 月的 LST/EVI 空间三角形特征的分析，可以发现它们同时具有随着 EVI 的递增，干边对应的最高 LST 呈逐渐下降的规律，不同时相的 LST/EVI 特征空间的湿边形状并非一直表现为与 EVI 平行的直线状。因此，把 LST/EVI 空间的湿边简单地描述成与 EVI 平行的直线显然容易造成较大的误差，按照湿边和干边散点分布进行线性拟合结果作为湿边和干边分布位置应为较科学、合理的思路。

五、冬小麦温度植被旱情指数空间差异

将 2005 年 4—5 月不同时相的农田地表温度 LST/植被健康指数 EVI 的空间干边湿边方程，分别代入 TVDI 计算公式，计算河北省 2005 年 4—5 月的 TVDI 分布，得出 2005 年 4—5 月不同时相的河北省土壤水分变化过程（图 7-4）。2005 年 4 月上旬至 5 月河北省 TVDI 分布表明，4 月上旬，河北省南部的邯郸、邢台、石家庄以及东部的唐

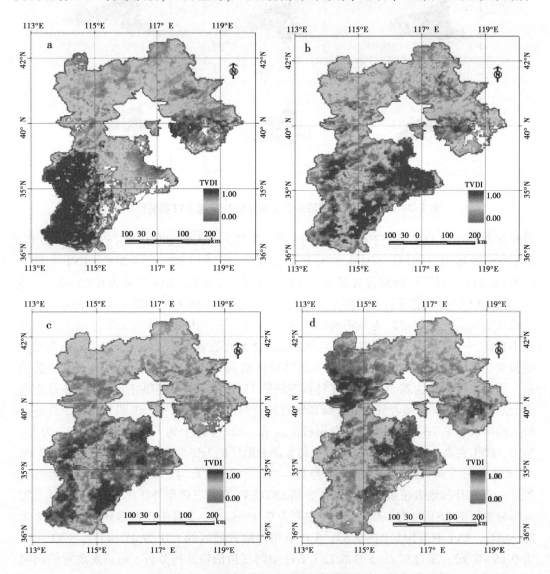

图 7-4　2005 年 4—5 月河北省温度植被干旱指数 TVDI 的空间分布

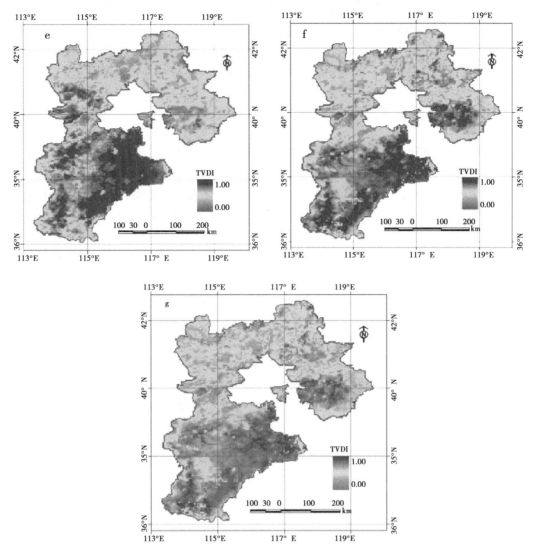

a 为 4 月上旬；b 为 4 月中旬；c 为 4 月下旬；d 为 5 月上旬；e 为 5 月中旬；f 为 5 月下旬

图 7-4　2005 年 4—5 月河北省温度植被干旱指数 TVDI 的空间分布（续）

山、秦皇岛市 TVDI 较高；4 月中旬，河北省东南部的沧州、衡水 2 市出现较高的 TVDI 地区，邯郸、邢台、石家庄 3 市除太行山脉地区仍维持较高的 TVDI 外，其太行山脉以东的中部平原地区的 TVDI 相对降低，唐山市高 TVDI 值的范围西移，秦皇岛市的 TVDI 开始降低，但保定、张家口、承德三市部分地区逐渐出现新的 TVDI 高值分布；4 月下旬，南部的保定、石家庄、邢台、邯郸、衡水、沧州、廊坊等 7 市均出现较高的 TVDI，且除太行山东部的南北向狭长的平原地区外，南部地区的 TVDI 较中旬进一步升高，张家口南部地区较高 TVDI 值对应的面积逐渐扩大。

到 5 月上旬，南部地区除廊坊、沧州、邢台地区仍维持着较高的 TVDI 外，太行山脉沿线的大部分地区的 TVDI 开始明显下降，西北部的张家口市 TVDI 进一步增加，其西南部地区大面积的 TVDI 值较高；5 月中旬，北部地区除张家口西南地区仍存在较高的 TVDI 外，大部分地区的 TVDI 明显降低，但太行山脉沿线、东南部的廊坊、沧州、衡水地区及邢台东部的 TVDI 逐渐增高；到 5 月下旬，南部地区的较高的 TVDI 范围逐渐增大，唐山市、张家口市北部和承德市中部均出现较高 TVDI 分布的现象。

六、温度植被干旱指数与土壤水分的关系

在利用 LST/EVI 特征空间建立的 TVDI 用来实现农业旱情遥感监测的过程中，由于不同时间 LST/EVI 特征空间存在着一定的差异，这必然使 TVDI 与土壤相对湿度（relative soil moisture，RSM）的关系表现出相应的变化（安雪丽等，2017）。由于建立的 LST/EVI 特征空间中的干边、湿边采用的是理想化的线性拟合，事实上干边、湿边并不完全表现为线性；此外，由于受到研究区干旱状况、研究窗口大小以及云等信息的影响，使干边和湿边对应的并非是相对土壤水分为 0 和 100% 的水平。为了检验建立的 LST/EVI 空间对应的 TVDI 对土壤水分的指示作用，采用河北省 2005 年 4—5 月不同时期的 LST/EVI 空间建立的 TVDI 与同期土壤相对湿度 RSM 进行了相关性检验分析（图 7-5）。

分析 4—5 月不同旬的 RSM-TVDI 关系模型，发现其斜率均为负值，这说明 TVDI 表现出随着土壤相对含水量 RSM 的逐渐升高而降低的趋势。在 2005 年 4—5 月的不同时间内，同一土壤深度的 RSM-TVDI 的相关性并不一致。以土壤表层 10cm 为例，RSM-TVDI 主要表现为 4 月中旬的相关性最高，相关系数分别可达到 $R^2 = 0.4697$，4 月上旬、下旬和 5 月上旬的相关性次之，5 月下旬的相关性相对最低，相关系数为 $R^2 = 0.3937$。通过对 4—5 月不同时期土壤表层（10cm）RSM 与 TVDI 的相关性进行了 t 检验，结果表明两者之间的相关性均通过了 $\alpha = 0.001$ 水平的置信度，相关性较好。

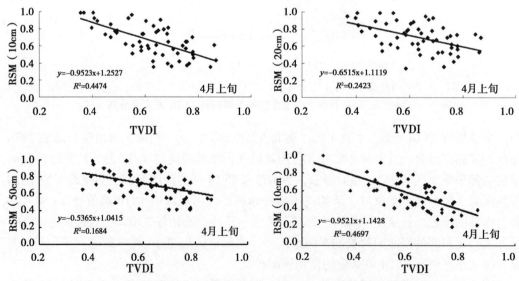

图 7-5　2005 年 4—5 月河北省不同土壤深度 TVDI 与 RSM 的相关性

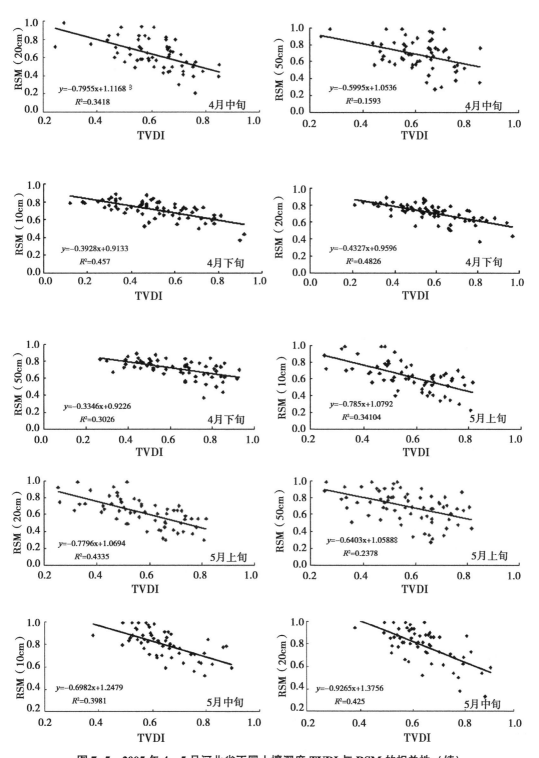

图 7-5　2005 年 4—5 月河北省不同土壤深度 TVDI 与 RSM 的相关性（续）

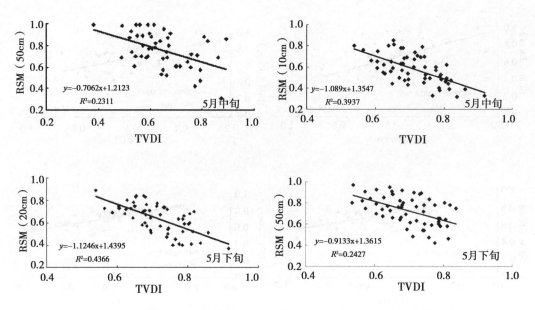

图 7-5　2005 年 4—5 月河北省不同土壤深度 TVDI 与 RSM 的相关性（续）

4 月下旬，TVDI 与 RSM 之间的相关性分析表明二者在 20cm 土壤深度处的相关性最好，相关系数 $R^2 = 0.482\ 6$；10cm 处的相关性次之，相关系数 $R^2 = 0.457\ 0$；50cm 处的相关性相对较低，相关系数 $R^2 = 0.302\ 6$。5 月上旬到下旬，TVDI 与不同土壤深度 RSM 的相关性特征与 4 月下旬类似，主要表现为在 20cm 深度处二者的相关性最高，10cm 深度处的次之，50cm 深度处的最差，但是也通过了 $\alpha = 0.001$ 水平的置信度的 t 检验。这可能与 4 月下旬以后到 5 月下旬期间，随着气温、降水量的增加，植被生长状况进一步提高，植被根部进一步向地下深处延伸，大部分的根部主要分布于 20cm 处及以上地带有关，20cm 深度处为作物水分的主要吸收带，4 月下旬至 5 月下旬的 TVDI 主要反映土壤 20cm 深度处的土壤墒情信息。

通过 TVDI 与不同土壤深度 RSM 的关系分析表明：EVI 既克服了高植被覆盖区 NDVI 的饱和问题，和 LST 建立的特征空间获得的 TVDI 与土壤表层水分含量 RSM 之间又具有较好的相关性。因此，利用 LST/EVI 特征空间能够更好地反映表层土壤水分的分布和变化趋势，完全可用来指示农业旱情的发生、发展情况，具有一定的合理性和科学性。

七、土壤水分模型建立及误差分析

冬小麦旱情遥感监测中，4—5 月恰逢冬小麦成熟前的关键生长时期，此时若发生严重的旱情将直接影响当年的冬小麦产量。河北省 2005 年 4—5 月 LST/EVI 特征空间构建的 TVDI 能够较好地反映土壤表层（10cm 和 20cm）的水分状况，对于较深处（50cm）的土壤水分状况估算能力相对较差。在河北省冬小麦旱情遥感监测中，需要建立不同时期的 TVDI 与土壤水分的关系模型（RSM）以估算冬小麦地区的土壤水分状况，并分析建立不同时期的 TVDI 与不同土壤深度（10cm 和 20cm）的 RSM 模型，通过比较分析选取在冬小麦生长过程的不同时段 TVDI 对 RSM 估算能力较好的关系模型，为冬小麦旱情遥感监测提供模型支持。

分别在 2005 年 4 月上旬的 56 个有效样本点、4 月中旬的 62 个、4 月下旬 68 个、5月上旬 62 个、5 月中旬的 57 个和 5 月下旬的 58 个有效样点中，对每一旬随机选择出10 个样本作为检验样本，用每一旬剩下的有效样本分别建立其表层土壤（10cm 和20cm）处的 RSM-TVDI 的线性拟合方程（表 7-1）。

表 7-1　2005 年 4—5 月土壤表层（10cm 和 20cm）RSM-TVDI 模型

时　间	RSM-TVDI 方程（10cm）		RSM-TVDI 方程（20cm）	
4 月上旬	RSM = -0.912 9×TVDI+1.227 8	（R^2 = 0.422 1）	RSM = -0.643 4×TVDI+1.103	（R^2 = 0.251 9）
4 月中旬	RSM = -0.963 0×TVDI+1.145 6	（R^2 = 0.479 9）	RSM = -0.766 4×TVDI+1.098 1	（R^2 = 0.322 2）
4 月下旬	RSM = -0.395 8×TVDI+0.916 8	（R^2 = 0.444 7）	RSM = -0.448 8×TVDI+0.969 6	（R^2 = 0.472 8）
5 月上旬	RSM = -0.766 1×TVDI+1.052 7	（R^2 = 0.428 8）	RSM = -0.777 4×TVDI+1.063 5	（R^2 = 0.443 2）
5 月中旬	RSM = -0.719 4×TVDI+1.263 4	（R^2 = 0.474 5）	RSM = -0.997 9×TVDI+1.407 7	（R^2 = 0.483 7）
5 月下旬	RSM = -1.024 6×TVDI+1.304 3	（R^2 = 0.398 5）	RSM = -1.059 6×TVDI+1.394 3	（R^2 = 0.426 5）

通过引入平均绝对误差、平均相对误差和均方根误差三种统计指标对所建立的不同时期 RSM-TVDI 关系模型的估算效果进行定量评价。把每一旬随机选择出的 10 个检验样本代入表 7-1 所示的 RSM-TVDI（10cm、20cm）模型中，利用平均绝对误差 MAE、平均相对误差 MRE 和均方根误差 RMSE 作为评价指标，对建立的 2005 年 4 月上旬至 5月下旬的 RSM-TVDI 模型进行误差分析检验（表 7-2）。

表 7-2　2005 年 4—5 月土壤表层（10cm 和 20cm）RSM-TVDI 模型误差分析

时　间	MAE		MRE（%）		RMSE	
	10cm	20cm	10cm	20cm	10cm	20cm
4 月上旬	0.086 6	0.126 1	16.61	19.15	0.112 8	0.150 7
4 月中旬	0.089 7	0.103 3	14.65	16.43	0.102 6	0.123 2
4 月下旬	0.086 9	0.085 6	17.44	14.21	0.116 5	0.100 2
5 月上旬	0.125	0.098 3	16.55	14.72	0.142	0.109 2
5 月中旬	0.121 2	0.112 5	16.42	13.43	0.125 2	0.120 3
5 月下旬	0.089 6	0.078 6	16.15	13.01	0.108 1	0.090 3

2005 年 4 月上旬，RSM-TVDI（10cm）模型平均绝对误差比 RSM-TVDI（20cm）模型低0.039 5，平均相对误差低 2.54%，均方差低 0.037 9，RSM-TVDI（10cm）模型的平均绝对误差、平均相对误差和均方差均低于 RSM-TVDI（20cm）模型。因此，可认为 4 月上旬 TVDI 对土壤表层 10cm 深度处土壤水分的遥感估算能力优于土深 20cm 处。

4 月中旬，RSM-TVDI（10cm）模型平均绝对误差比 RSM-TVDI（20cm）模型低0.013 6，平均相对误差低 1.78%，均方差低 0.020 6，RSM-TVDI（10cm）模型的平均绝对误差、平均相对误差和均方差均低于 RSM-TVDI（20cm）模型。4 月中旬 TVDI 对土壤表层 10cm 深度处土壤水分的遥感估算能力优于土深 20cm 处。

4 月下旬，RSM-TVDI（10cm）模型和 RSM-TVDI（20cm）模型的平均绝对误差十分接近，但是 RSM-TVDI（10cm）模型平均相对误差比 RSM-TVDI（20cm）模型高3.23%，且其均方差也高于 RSM-TVDI（20cm）模型。4 月下旬 TVDI 对土壤表层 20cm 深度处土壤水分的遥感估算能力优于土深 10cm 处。

5 月上旬，RSM-TVDI（10cm）模型平均绝对误差比 RSM-TVDI（20cm）模型高0.026 7，平均相对误差高 1.83%，均方差高 0.032 8，RSM-TVDI（20cm）模型的平均绝对误差、平均相对误差和均方差均低于 RSM-TVDI（10cm）模型；5 月中旬，RSM-TVDI（10cm）模型平均绝对误差比 RSM-TVDI（20cm）模型高 0.008 7，平均相对误差高 2.99%，均方差高 0.004 9，两者的平均绝对误差和均方差差别不大，但是平均相对误差 RSM-TVDI（20cm）模型表现的相对较小；5 月下旬，RSM-TVDI（10cm）模型平均绝对误差比 RSM-TVDI（20cm）模型高 0.011，平均相对误差高 3.14%，均方差高0.017 8，RSM-TVDI（20cm）模型的平均绝对误差、平均相对误差和均方差均低于RSM-TVDI（10cm）模型。可见 5 月上旬至 5 月下旬，RSM-TVDI（10cm）模型的平均绝对误差、平均相对误差和均方差均大于 RSM-TVDI（20cm）模型，因此，5 月上旬至5 月下旬，TVDI 对土壤表层 20cm 深度处土壤水分的遥感估算能力优于土深 10cm 处。

总之，通过对 TVDI 与土壤表层（10cm 和 20cm）处土壤水分所建立的不同时期 RSM-TVDI 模型和误差分析的结果表明：4 月上旬和 4 月中旬，河北省 TVDI 遥感信息模型对 10cm 深度处土壤水分 RSM 的估算能力较好，在冬小麦旱情遥感监测过程中，可以分别选择 RSM = −0.912 9×TVDI + 1.227 8（4 月上旬）和 RSM = −0.963 0×TVDI + 1.145 6（4 月中旬）进行冬小麦地区土壤水分状况估算；4 月下旬至 5 月下旬，TVDI 模型对于 20cm 深度处土壤水分 RSM 的估算能力较好，在冬小麦旱情遥感估算中，可以分别选择 RSM = −0.448 8×TVDI+0.969 6（4 月下旬）、RSM = −0.777 4×TVDI+1.063 5（5 月上旬）、RSM = −0.997 9×TVDI+1.407 7（5 月中旬）和 RSM = −1.059 6×TVDI+1.394 3（5 月下旬）模型实现冬小麦地区土壤水分状况估算。

八、冬小麦旱情遥感指数监测模型

温度植被干旱指数 TVDI 模型能够较好地估算土壤水分进而监测农业旱情的发生、发展状况。河北省冬小麦旱情监测一般针对冬小麦自播种期至成熟期整个生长过程，至少也需要实现冬小麦从返青期到成熟期的动态监测以指导冬小麦的田间管理工作。但是河北省自冬小麦越冬期至翌年3月返青期，由于受到地面植被覆盖度较低和气候等因素的影响，LST/EVI特征空间中的点主要集中于低值部分，温度植被指数特征空间分布无法很好地用干边、湿边方程表达，也造成了TVDI模型无法较好地实现冬小麦返青期旱情遥感监测，对该时期冬小麦的旱情遥感监测必须借助于其他模型表达形式以实现土壤水分的遥感估算。

在众多其他的土壤水分遥感反演信息模型中，热惯量遥感信息模型基于土壤的热传导方程推导，具有物理意义明确、精度较高的优点而被广泛地应用。热惯量遥感信息模型适用于裸土或者植被稀疏的地区，计算的热惯量分别是裸土或者是裸土和稀疏植被的加权热惯量，在一定程度上可弥补温度植被干旱指数模型应用的不足。因此，分析比较热惯量与TVDI模型在具体时段的应用差异并选择较好的土壤水分遥感估算模型，对于快速、准确实现河北省冬小麦旱情遥感监测具有重要的意义。

基于TVDI与热惯量模型的特点及适用条件分析，本章拟通过对热惯量与不同土壤深度（10cm、20cm和50cm）处实测土壤水分之间的关系研究，确定二者之间的函数关系和热惯量对于土壤水分遥感估算的最敏感深度。在此基础上，对4—5月热惯量模型与TVDI模型进行了比较分析，最终实现对不同时期土壤水分估算模型的最优选择，进一步为农业旱情遥感估算遥感信息模型提供理论依据。

1. 热惯量和土壤水分的关系

热惯量表示土壤对温度变化的阻抗，水分含量高的土壤对应着较高的热惯量，水分含量低的土壤热惯量相对较低，这是利用热惯量估算土壤含水量的理论基础。但在实际应用中，由于影响土壤热惯量的因素除了土壤含水量以外，地形、植被、土壤质地、有机质含量、颗粒矿物成分等也会对热惯量产生一定的影响。世界上许多学者对这些土壤参量与土壤含水量的关系进行了大量的研究，但至今没有理论公式，大部分都是经验公式。我国学者研究了土壤含水量与土壤热惯量之间的统计关系，比较有代表性的有线性关系和幂函数关系。对土壤水分与热惯量之间到底存在何种函数关系，研究人员以河北省为研究区进行了具体的研究。

一般情况下，河北省冬季地面植被主要类型为冬小麦、树木等，由于气温较低，野外农作物大多停止生长或处于休眠状态。对于纬度和海拔较高的地区，甚至出现土壤结冰的问题。翌年3月，河北省气温回升，地面植被开始生长，地表冻土基本完全融化。由于2005年3月上旬、中旬河北省上空云量相对较多，因此采用2005年3月下旬表观热惯量ATI与河北省农业气象站点实测的土壤水分数据（Relative Soil Moisture，RSM）进行研究。河北省地形起伏差异较大，而热惯量法是基于一维热扩散模型的上边值条件简化，只能较好地适用于平原地区。对此，根据平原的定义，选用海拔低于200m、测点上空无云的地面实测土壤水分有效样点作为研究样本。分析2005年3月下旬57个有效样本点不同土壤深度ATI与相对含水量RSM的关系，分别建立二者之间的线型、指数、幂函数、对数函数关系模型（表7-3）。

表7-3 2005年3月下旬不同土壤深度 RSM 与 ATI 关系拟合

土壤深度		关系模型	相关系数 R^2
10cm	线性	$RSM = 36.018 \times ATI - 0.592\ 3$	0.454 5
	对数	$RSM = 1.222\ 9Ln\ (ATI) + 4.771\ 5$	0.467 2
	乘幂	$RSM = 1\ 056.7 \times ATI^{2.200\ 1}$	0.473 8
	指数	$RSM = 0.068\ 5e^{64.615ATI}$	0.458 3
20cm	线性	$RSM = 25.657 \times ATI + 0.183\ 1$	0.273 8
	对数	$RSM = 0.863\ 3Ln\ (ATI) + 3.611\ 2$	0.280 6
	乘幂	$RSM = 64.452 \times ATI^{1.346\ 2}$	0.283 3
	指数	$RSM = 0.174\ 5e^{39.867ATI}$	0.278 4
50cm	线性	$RSM = 14.744 \times ATI + 0.238\ 8$	0.085 2
	对数	$RSM = 0.505\ 9Ln\ (ATI) + 2.452\ 4$	0.089 5
	乘幂	$RSM = 10.604 \times ATI^{0.791\ 3}$	0.101 3
	指数	$RSM = 0.332\ 5e^{23.051\ ATI}$	0.096 4

　　分析不同土壤深度 RSM 与表观热惯量 ATI 的多种关系模型的拟合结果，发现对于 10cm 深度处土壤的 RSM，幂函数的拟合结果最优（$R^2 = 0.473\ 8$），对数拟合结果次之（$R^2 = 0.467\ 2$），指数关系拟合结果（$R^2 = 0.458\ 3$）弱于幂函数和对数，线性拟合结果（$R^2 = 0.454\ 5$）相对最差，但与指数函数相差不大；对于 20cm 和 50cm 土壤含水量与 ATI 的关系与 10cm 土壤深度处的结果相似，仍以幂函数拟合效果最优，对数拟合结果次之，指数关系和线性拟合结果相对最差。综合分析不同深度 RSM-ATI 的函数关系，发现众多的统计模型中以幂函数关系最优，对数、指数、线性效果逐渐降低，线性模型并不是描述热惯量和土壤水分之间的最好模式。这与肖乾广等（1994）研究的幂函数统计模型优于线性模型的结论一致，认为热惯量与土壤相对含水量之间存在着幂函数的关系。不同的土壤深度，各类 RSM-ATI 函数拟合关系存在较大的差异。对于 10cm 深度的 RSM-ATI 的相关性分析表明，其幂函数、对数、指数、线性函数均通过了 $\alpha = 0.001$ 水平的 t 检验，二者相关性较好，这说明采用表观热惯量估算表层土壤含水量具有较好的可行性。对于 20cm 深度的 RSM 和 ATI 的相关性，四种函数拟合结果也均通过了 $\alpha = 0.001$ 水平的 t 检验，但 RSM-ATI 的相关性低于 10cm 处的关系。对于 50cm 深度处的 RSM-ATI 的相关性，其幂函数、对数、指数、线性函数拟合结果均没有通过 $\alpha = 0.001$ 水平的 t 检验，也没有通过 $\alpha = 0.01$ 水平的 t 检验。因此，可以认为 ATI 能够较好反映土壤表层（10cm）的土壤水分含量并指示农业旱情状况，对于较深的土壤（20cm 和 50cm）处的土壤水分信息的反映能力较差。这主要是由于热惯量计算公式中用到的昼夜温差主要在近地表层土壤中反应明显，随着土壤深度的增加，土壤昼夜温差的变化将逐渐减弱，到达一定的深度后土壤的日较差将为 0，土壤温度日较差消失。对于不同含水量的土壤，日变化消失层在 30~100cm，而有植被覆盖的土壤，各个深度的

日较差将减小（肖乾广等，1994）。

2. 模型建立与检验

根据 2005 年 3 月下旬 RSM-ATI 之间的函数关系分析，采用幂函数的表达方式建立二者的拟合方程。在实测的 57 个样本中，采用 47 个样点实测的 RSM 与 AQUA-MODIS 图像计算的 ATI 建立拟合方程为

$$RSM = 815.31 \times ATI^{2.1231} \quad (R^2 = 0.4873) \tag{7-3}$$

式中，RSM 是农田土壤水分含量。把随机留下未参加建模的 2005 年 3 月下旬的 10 个土壤样品水分数据分别代入式（7-3），可以得到作物的相对旱情程度，进行的 RSM-ATI 模型的误差统计分析（表 7-4）。

计算得到的土壤相对湿度 RSM 估算值和实测土壤水分 RSM 之间的平均绝对误差 MAE 和平均相对误差 MRE 分别为 0.088 9 和 15.44%，土壤相对湿度 RSM 估算值和实测值之间的均方根误差 RMSE 为 0.12。可以认为所建立的 RSM-ATI 幂函数模型具有相对较高的精度，能够满足实际土壤水分遥感估算的需要。

表 7-4　误差统计分析

站　点	实测 RSM	估算 RSM	绝对误差	相对误差（%）
大名	0.61	0.645 1	0.035 1	5.76
迁西	0.63	0.665 1	0.035 1	5.57
唐山	0.69	0.591	0.099	14.36
乐亭	0.4	0.532 1	0.132 1	33.03
满城	0.68	0.681 3	0.001 3	0.19
黄骅	0.93	0.641 2	0.288 8	31.06
深县	0.57	0.546 5	0.023 5	4.12
栾城	0.59	0.677 2	0.087 2	14.78
孟村	0.37	0.503 9	0.133 9	36.2
魏县	0.56	0.507 4	0.052 6	9.39
平均			0.088 9	15.44

九、ATI 与 TVDI 的土壤水分估算能力的互补性

TVDI 模型采用温度和植被指数作为土壤水分估算参数，在一定地点的某一特定时段（如我国北方冬季），地表温度和作物覆盖度相对较低，TVDI 模型的估算能力将受到一定的限制。ATI 模型基于土壤的一维热传导方程，以地表温差和地表反照率作为土壤水分遥感反演参数，对于作物生长茂盛地区无法较好地估算土壤水分，但却能较好地适用于裸露地和植被稀疏地区。已有的研究表明：TVDI 模型能够较好地反映 4—10 月的土壤水分状况，11 月至翌年 3 月的 TVDI 由于气候等因素的影响则不能很好地反映土

壤水分状况。ATI 模型能够较好地估算 3 月的土壤水分状况且具有较高的估算精度，但对于 4 月及以后时间内，是否还具有土壤水分遥感估算的能力？在特定时段内，ATI 与 TVDI 模型中哪一种更具有估算的精度优势？针对此问题进行深入研究，根据具体时段从 ATI 与 TVDI 模型中选择能够更好指示作物土壤含水量的遥感信息模型，对于提高旱情遥感监测精度具有重要的意义。

结合冬小麦越冬后的主要生长阶段，采用 2005 年 4—5 月的 AQUA-MODIS 数据，对 ATI 模型与 TVDI 模型的计算结果分别与同期的土壤相对含水量 RSM 进行相关性分析。由于 ATI 模型只能较好地反映表层土壤（10cm）的水分状况，因此，虽然 TVDI 模型对于个别时段（如 4 月中旬至 5 月下旬）与 20cm 深度处的土壤水分状况优于 10cm 深度的土壤，但在 ATI 与 TVDI 的土壤水分估算效果比较过程中，仍采取同期、同深（10cm）模型的实际估算能力进行比较。

在 ATI、TVDI 与 RSM（10cm）的关系模型拟合过程中，为了数据处理的方便，TVDI-RSM 拟合采用线性关系，ATI-RSM 拟合采用幂函数关系。

通过对 2005 年 4—5 月 TVDI、ATI 模型与 RSM 的相关性比较可以看出：对于表层土壤 RSM（10cm），RSM-TVDI、RSM-ATI 的拟合方程均通过了置信度 $\alpha = 0.001$ 水平的 t 检验且相关性较好，TVDI 和 ATI 均可以用来估算 4—5 月土壤表层土壤水分。分析比较两模型的相关性，发现 RSM-TVDI 的相关性稳定在 $R^2 = 0.3937$ 和 $R^2 = 0.4881$ 之间，RSM-ATI 的相关性自 4 月下旬开始明显下降，至 5 月下旬时，其相关系数仅为 $R^2 = 0.1763$。相对而言，TVDI 模型对于 4—5 月土壤表层 RSM 估算能力较 ATI 模型稳定。对不同时段的 RSM-TVDI 和 RSM-ATI 的相关性分析表明：4 月上旬和中旬，ATI 模型、TVDI 模型与 RSM 的相关性较为接近，但 4 月上旬 RSM-ATI 的相关性高于 RSM-TVDI，4 月中旬 RSM-TVDI 的相关性高于 RSM-ATI；4 月下旬至 5 月下旬，RSM-TVDI 的相关性均明显高于 RSM-ATI，ATI 模型相对于 TVDI 对于土壤表层水分遥感估算在精度上已不具优势（图 7-6）。

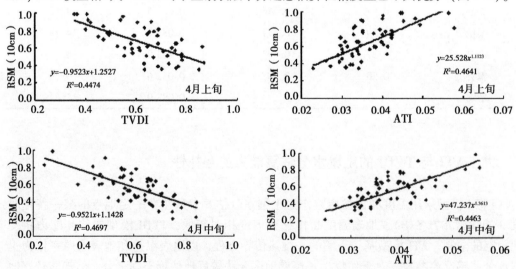

图 7-6　2005 年 4—5 月 TVDI、ATI 模型与 RSM（10cm）的相关性

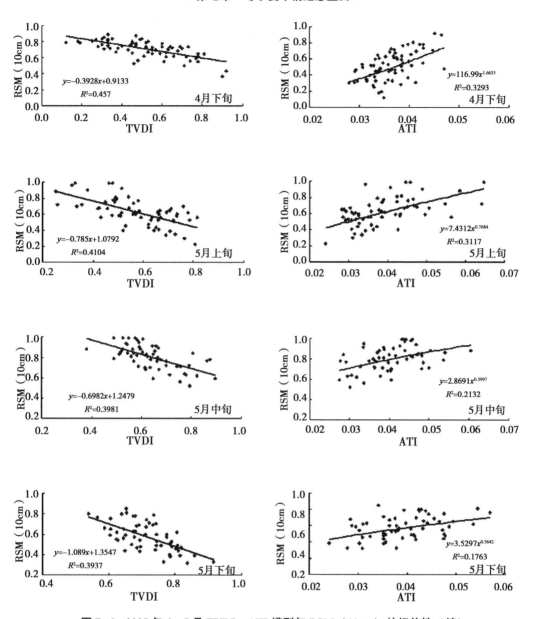

图 7-6　2005 年 4—5 月 TVDI、ATI 模型与 RSM（10cm）的相关性（续）

十、冬小麦干旱监测模型建立及误差分析

为了进一步获得河北省冬小麦旱情遥感监测中可以实际操作的 RSM-TVDI 和 RSM-ATI 土壤水分估算模型，分别对 2005 年 4 月上旬的 56 个有效样本点、4 月中旬的 62 个、4 月下旬 68 个、5 月上旬 62 个、5 月中旬的 57 个和 5 月下旬的 58 个有效样点，对每一旬随机选择出 10 个样本作为检验样本，用每一旬剩下的有效样本分别建立其表层土壤（10cm）处的 RSM-ATI 的幂函数拟合方程和 RSM-TVDI 的线性拟合方程（表 7-5）。

表 7-5　2005 年 4—5 月 RSM-ATI 和 RSM-TVDI 模型

时　间	RSM-TVDI 方程		RSM-ATI 方程	
4 月上旬	RSM = −0.912 9× TVDI+1.227 8	$(R^2 = 0.422\ 1)$	RSM = 20.622× ATI$^{1.048\ 9}$	$(R^2 = 0.444\ 3)$
4 月中旬	RSM = −0.963 0× TVDI+1.145 6	$(R^2 = 0.479\ 9)$	RSM = 48.525× ATI$^{1.375\ 4}$	$(R^2 = 0.460\ 7)$
4 月下旬	RSM = −0.395 8× TVDI+0.916 8	$(R^2 = 0.444\ 7)$	RSM = 99.215× ATI$^{1.611\ 8}$	$(R^2 = 0.321\ 6)$
5 月上旬	RSM = −0.766 1× TVDI+1.052 7	$(R^2 = 0.428\ 8)$	RSM = 7.276 2× ATI$^{0.769\ 8}$	$(R^2 = 0.326\ 6)$
5 月中旬	RSM = −0.719 4× TVDI+1.263 4	$(R^2 = 0.474\ 5)$	RSM = 3.507 4× ATI$^{0.460\ 3}$	$(R^2 = 0.299\ 4)$
5 月下旬	RSM = −1.024 6× TVDI+1.304 3	$(R^2 = 0.398\ 5)$	RSM = 4.009 2× ATI$^{0.604\ 9}$	$(R^2 = 0.212\ 9)$

把每一旬随机选择出的 10 个检验样本代入上表所示的 RSM-TVDI 和 RSM-ATI 模型中，利用绝对误差、相对误差和均方根误差作为评价指标，对所建立的 2005 年 4 月上旬至 5 月下旬的 RSM-TVDI 模型和 RSM-ATI 模型进行误差分析检验。

表 7-6　2005 年 4—5 月 10cm 土壤深度处 RSM-ATI 和 RSM-TVDI 模型误差分析

时　间	MAE		MRE（%）		RMSE	
	RSM-TVDI	RSM-ATI	RSM-TVDI	RSM-ATI	RSM-TVDI	RSM-ATI
4 月上旬	0.089 3	0.084 2	16.61	14.62	0.112 8	0.104 2
4 月中旬	0.089 7	0.108 6	14.65	16.23	0.102 6	0.125 8
4 月下旬	0.086 9	0.148 5	17.44	23.93	0.116 5	0.165 9
5 月上旬	0.125	0.183 7	16.55	24.91	0.142	0.197 6
5 月中旬	0.121 2	0.186 2	16.42	23.96	0.125 2	0.203 3
5 月下旬	0.089 6	0.133 5	16.15	24.17	0.108 1	0.146 2

通过表 7-6 可以看出，2005 年 4 月上旬，所建立的表层土壤水分（10cm）遥感模型中，RSM-ATI 遥感模型的平均绝对误差、平均相对误差和均方差与 RSM-TVDI 均相差不大，说明热惯量法和温度植被干旱指数法都可以较好地监测 4 月上旬的土壤水分状况，但是误差检验的结果表明 RSM-ATI 的平均绝对误差、平均相对误差和均方差均略低于 RSM-TVDI 模型。因此，可以认为 4 月上旬 ATI 模型土壤水分遥感估算效果略好于 TVDI 模型。

2005 年 4 月中旬，RSM-ATI 遥感模型的平均绝对误差、平均相对误差和均方差均略高于 RSM-TVDI，但是相差并不明显。可以认为利用 ATI 模型仍可以较好地反映地表土壤水分分布状况，但是 TVDI 模型对 4 月中旬土壤水分遥感估算方面的效果要好于

ATI 模型。

2005 年 4 月下旬至 5 月下旬，所建立的表层土壤水分（10cm）遥感模型中，RSM-ATI遥感模型的平均绝对误差、平均相对误差和均方差均明显高于 RSM-TVDI 模型，这说明此时段内 RSM-ATI 模型进行土壤表层（10cm）土壤水分遥感估算的精度已明显低于 RSM-TVDI 模型，利用 TVDI 遥感信息模型进行土壤水分遥感估算进而反映农业旱情较 ATI 模型具有较大的精度优势。

综观 TVDI 模型和 ATI 模型对土壤水分估算能力的比较结果，在 3—5 月河北省冬小麦旱情遥感监测中，3 月上旬至 4 月上旬以选取 ATI 模型监测效果较好；4 月中旬至 5 月下旬，TVDI 模型是比较合适的冬小麦旱情遥感监测模型。结合 TVDI、ATI 对不同土壤深度处土壤水分的估算灵敏度以及冬小麦根部主要分布深度，河北省冬小麦返青期至成熟期旱情遥感信息模型的选择结果为：在 3 月上旬至 4 月上旬选择土壤 10cm 深度处的 RSM-ATI 关系模型；4 月中旬至 5 月下旬选择 RSM-TVDI 关系模型，其中，4 月中旬采用土壤 10cm 深度处的 RSM-TVDI 关系模型，4 月下旬至 5 月下旬选择土壤 20cm 深度处的 RSM-TVDI 关系模型。

十一、冬小麦旱情指标时空差异与模型应用

冬小麦作为河北省重要的粮食作物，其播种面积和产量始终处于动态变化之中，其播种面积由 20 世纪 80 年代的平均 3 646.38 万亩减少到 2000—2005 年平均 3 609.91 万亩，但是产量相应的由 20 世纪 80 年代的平均 660.18 万 t 增加到 2000—2005 年平均 1 108.75 万 t。20 世纪 80 年代以来，冬小麦播种面积占粮食作物播种面积的比重由 20 世纪 80 年代的 35.38%、90 年代的 37.11% 到当前的 37.73%，冬小麦播种在全省粮食作物的地位不断提升；冬小麦产量占全省粮食产量的比重则由 20 世纪 80 年代的 35.02%、90 年代的 41.44% 到当前的 44.49%。通过 1980—2005 年冬小麦产量和全省粮食产量的相关性分析表明：两者的相关性非常显著（$R^2 = 0.902\ 4$）。可见，河北省冬小麦对于稳定全省粮食产量具有十分重要的作用。但冬小麦生长季节恰逢河北省冬春旱多发季节，旱情发生必将对冬小麦产量造成一定的不利影响。利用遥感技术实现冬小麦旱情动态监测对于全面了解冬小麦生长和科学管理具有重要的指导意义。

对于河北省冬小麦旱情遥感监测，本研究拟从冬小麦的生长规律出发，结合已有的控水试验，定义冬小麦不同生育期的旱情评价指标。利用遥感技术实现冬小麦分离提取，根据冬小麦返青期—成熟期的 EVI 时间序列变化曲线，实现冬小麦不同生育期识别并判断冬小麦生育期的空间变化特征。采用 3—5 月不同时期 TVDI 与 ATI 中较好的土壤水分估算模型，获得冬小麦立地的土壤水分，结合生育期空间变化特征以及不同生育期土壤旱情指标定义实现冬小麦旱情遥感监测。

1. 冬小麦生长规律和遥感提取

小麦作为世界性的重要粮食作物，是一种适应性广、产量稳定，可以充分利用冬、春季节增加复种的作物。小麦籽粒含有较多的蛋白质，可做多种主食和副食加工原料。

中国小麦栽培历史悠久，考古发掘材料证明早在 7 000 多年以前中国已经栽培小麦。在公元前 6 世纪或更早以前，在黄河中下游各地，例如甘肃、陕西、山西、河南、河北、山东等省都已经栽培小麦。河北省地处中纬度亚欧大陆东部，属北温带大陆性季风气候，四季分明，其长城以南的燕山、太行山山前冲积平原地区成为我国冬小麦重要产区。

冬小麦的生长体现为从种子萌发到成熟的整个过程，根据冬小麦形态表现和生理特点，人们习惯地把该过程划分为不同的生育阶段。在适时播种的条件下，这些时期往往与自然界的一些物候变化相对应，故冬小麦的生育期又称为物候期。北方冬小麦的生育时期一般可以划分为出苗、分蘖、越冬、返青、起身、拔节、孕穗、挑旗、抽穗、开花、灌浆、成熟等期。出苗、返青、起身、拔节、抽穗、开花、成熟等常用于物候的记载，越冬、拔节、灌浆等常用于一段时间的记述或麦田管理。冬小麦生育期的划分由于划分侧重的不同而表现多样，具体可根据需要进行繁简灵活改变。

在冬小麦的整个生育期中，各个生长阶段经历的时间并不相同。从三叶至拔节期在整个生育期中所占的比重最大，为 20%~57%。开花期至成熟期所占的时间比重次之，为 14%~37%，随冬性的加强而降低。冬小麦生育期的长短主要取决于三叶至拔节期，该阶段为冬小麦感温感光的发育阶段，是决定冬小麦生育长短的重要时期。若光热条件利于冬小麦三叶期至拔节期的生长，则生育期正常或者缩短，反之则生育期将延长。冬小麦生育期存在着品种间、年际间、播期间、地点间的显著差异。同一品种在同一地点和同一年度中，随着播期的推迟，生育期逐渐缩短，但是成熟期大体一致。河北省冬小麦以石家庄为例，正常情况下其生育期大约为 250d，一般在 10 月上旬播种，在 10 月中旬进入冬小麦的出苗期，11 月下旬随着气温的降低，冬小麦进入越冬期地面以上部分停止生长，翌年 3 月上旬开始返青，4 月中旬进入拔节期，4 月下旬开始孕穗，5 月中旬进入开花期，6 月中旬冬小麦成熟收获（表 7-7）。

表 7-7　河北省石家庄冬小麦生育期　（旬/月）

播种期	出苗期	越冬期	返青期	拔节期	孕穗期	开花期	成熟期	全生育期（d）
上/10	中/10	下/10	上/3	中/4	下/4	中/5	下/6	250

此外，冬小麦在整个生育期内耗水情况存在较大的差异，表现为在整个生育期内的耗水量呈双峰型。冬前，随着小麦的生长分蘖增加，在分蘖盛期耗水量达到冬前最大值。从翌年 3 月小麦返青开始，耗水量迅速增大，在 5 月初的开花前期，叶面积和耗水量都达到最大值。从拔节到成熟的耗水量约占全生育期总耗水量的 60%。

2. 冬小麦遥感信息提取

作物遥感旱情监测中，准确实现作物遥感识别和面积提取是进行旱情监测预警的前提和基础。对于河北省冬小麦，10 月中旬为出苗期，此时耕地上主要表现为土壤背景信息；12 月上中旬为冬小麦分蘖期，具有较高的叶绿素含量和较大的植被指数与背景地物季相差异较大；翌年 3 月上旬进入返青期，冬小麦具有较高的叶绿素含量，此时地面其他作物种类较少，使冬小麦具有较为明显的影像特征；而5月中旬冬小麦处于开花期，绿度值达到最大值（NDVI 出现饱和现象）。冬小麦面积遥感识别的最基本方法是根据单幅反映冬小麦生长性质的遥感影像（如 NDVI、LAI 等），利用先验知识进行监督分类或者非监督分类，或者结合不同生育期冬小麦遥感特征的差异，通过遥感影像特征的变化对比实现冬小麦面积的提取。

国内外学者利用 NDVI 数据对区域尺度和洲际尺度进行植被覆盖分类和植被动态变化监测方面的研究案例已很多，但单一利用 NDVI 因子进行地物分类精度仍存在一定的问题。对此，引进数据源信息量实现遥感数据与气候综合指标、DEM 等数据的复合提高地物分类的精度已引起了广大学者的研究兴趣。随着地表温度遥感反演算法的不断成熟，采用植被指数 NDVI 和地表温度 LST 信息的融合实现地物分类技术也不断得到发展。Lambin&Ehrlich（1995）研究表明，利用 LST/NDVI 的时间序列数据进行土地覆盖分类比单独利用 NDVI 或 LST 时间序列数据具有更高的精度。江东等（2001）研究发现麦地、裸露地的 LST、NDVI 的时间变化在 LST/NDVI 特征空间中具有截然不同的轨迹，认为这是由于土地覆盖类型不同造成的（图7-7）。1—5月由于冬小麦蒸腾作用的存在，麦地的坐标点位于图右方，到6月，黄淮海平原的冬小麦收割完，原来的麦地变成空地，坐标点随之陡然偏向右方，显示出低蒸散、低覆盖的特征。而裸地从1月到6月 NDVI 值变化很小，随着地面温度的升高，坐标点沿近似与 LST 轴方向上移动。刘良云等（2002）在分析了地表温度和植被指数特征的基础上，采用最大似然法实现了北京小汤山精细农业示范区内的旺盛小麦、稀疏小麦、池塘水体、水草、淤泥和裸露土壤等6类地物的分类，取得了较好的效果。喻锋等（2005）在 NOAA/AVHRR 连续时间序列数据反演 LST 的基础上，结合地表温度、植被指数和 DEM 数据对中国土地覆盖进行分类。

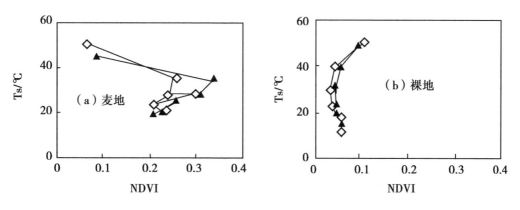

图7-7　麦地、裸地在 LST-NDVI 空间中的时序变化特征

针对利用单一时相的遥感影像进行作物识别容易出现"同物异谱"或"异物同谱"的问题。利用 NDVI-LST 空间进行土地覆盖分类的关键是将 NDVI-LST 空间中数据点的位置以一定特征值表现出来，将 NDVI-LST 二维空间中数据点的二维特征转化为一维特征。为了增加不同植被类型的可分性，利用一维特征值的时间序列数据进行土地覆盖分

类，这样可以有效利用不同植被类型的季相物候特征。本章拟采用多时相的时间序列遥感图像，主要选择包括冬小麦从返青期至成熟期（2005 年 2 月下旬至 6 月中旬）的 AQUA-MODIS 地表温度和植被指数数据，其时间编号为 057—161（分别对应 2005 年第 8~21 个 8d），由于 4 月以后利用 NDVI 监测冬小麦容易出现红光饱和问题，这里的植被指数采用增强型植被指数 EVI（图 7-8）。

地面不同地物对应的光谱特征和热特征存在着一定的差异，这是采用植被指数、地表温度特征空间进行地物分类的基础。在实现冬小麦识别过程中，对于时间序列中的每一像对（EVI 和 LST）采用耦合 EVI 和 LST 的方法，以 EVI/LST 作为参数进行时间序列分析。利用时间序列遥感数据进行地物分类能够体现出地物在时间序列中的变化特征，但同时也带来了遥感数据的"冗余"问题，因此，在遥感图像分类前必须进行有效信息的选择和提取，主成分分析（Principal Component Analysis，PCA）是解决这类问题的理想方法之一。主成分分析在数学上称为 KL（Karhunen-Loveve）变换，是一种基于数据统计特征的多维正交线形变换，研究如何通过少数几个主成分来解释多变量的方差——协方差结构的分析方法，也就是求出少数几个主成分，使它们尽可能多地保留原始变量的信息，且彼此不相关。PCA 也是数字图像处理中常用的一种图像变换方法，在遥感上主要应用于数据压缩、图像信息的增强，以及对地表覆盖动态变化的监测。主成分分析基于波段内方差产生的新图像序列，将多元数据投影到一个正交坐标系统中产生的新变量（主成分），使图像按信息含量（或方差）由高到低排列，图像之间的相关性基本消除。对高维变量空间进行降维处理，导出少数几个主分量，用前几个主分量就可以表述原始数据中绝大多数信息含量，从而大大减少总的数据量并使图像信息得到增强，使图像更易于解译。

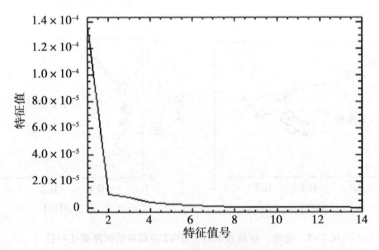

图 7-8　PCA 变换后各主分量特征值

在对时间序列图像进行地表覆盖类型分类方面，主成分分析法和监督分类的方法是较为常用的方法。在土地利用分类方面，Eastman 等（1993）对时间序列的遥感影像进行主成分分析后，利用第 1、第 2 个波段进行土地覆盖分类；喻锋等（2005）通过主成分分析、非监督分类和基于 DEM 的分类后处理等方法，利用 LST/NDVI 的二维空间关系对中国土地覆盖进行分类。在植被分类方面，李晓兵等（1999）和李俊祥等（2005）采用 NOAA 数据主成分分析的前 3 个主分量图像进行非监督分类的方法，对中国植被进行宏观分类，取得了较高的分类结果。本章采用已有的分类研究成果，利用主成分分析和非监督分类相结合的方法，对河北省冬小麦进行识别和分离提取。采用 2005 年 AQUA-MODIS（编号 057—161）共 14 幅计算处理后的河北省 EVI/LST 时间序列图像，运用协方差矩阵算法对图像进行主成分变化分析。

处理结果表明，PCA 变换后的第 1 主分量 PC1 的信息贡献率为 80.88%，PC2 的信息贡献率为 5.97%，PC3 的信息贡献率为 4.79%，PC4 的信息贡献率为 1.55%，前 4 个主分量累积贡献率为 94.10%。利用主成分分析后的前 4 个主分量，采用非监督分类方法的 ISODATA 算法，指定初始最大分类为 20 类，最大迭代次数为 60 次，迭代次数大于了分类数的 1 倍以上，形成 1 类所需的最少像元数为 1，设定循环收敛阈值为 0.998，对分类结果进行分类合并，分离提取出河北省 2005 年 3—6 月冬小麦分布结果（图 7-9）。如图所示，全省冬小麦主要分布于石家庄市、邯郸市、保定市 3 市，邢台市、衡水市和沧州市冬小麦也有一定的分布，张家口市和承德市西北部由于受到地形及气候条件的限制，冬小麦较少或者基本上没有冬小麦分布。

3. 冬小麦旱情胁迫时空差异

干旱胁迫对冬小麦的产量影响因素，包括生育时期、水分利用效率、棵间蒸发、蒸散等都有一定的影响，干旱胁迫可缩短冬小麦的生育期，对于冬小麦产量和水分利用效率有很重要的影响。在轻度干旱条件下，形成的叶片较短而窄，植株较矮，叶色深，分蘖少，穗子小；随着土壤水分胁迫加剧，小麦旗叶光合速率下降，气孔导度降低，籽粒灌浆速率下降，从而导致产量降低；遇严重干旱时，从小分蘖到大分蘖，从低位分蘖到高位分蘖，冬小麦叶片枯黄，最后导致主茎逐步死亡，使冬小麦减产甚至绝收。

国内外学者对冬小麦生育期内不同土壤水分状况对其形态变化和产量影响已进行了较多的研究，形成的共同看法是当冬小麦产量水平较低、耗水量较少时，产量与水分之间存在着线性关系；但当产量较高、耗水量超过某一阈值后，二者之间关系将变得复杂。程宪国等（1994）认为冬小麦产量高低与耗水量多少有着显著的二次回归关系，在产量水平较低时，随着耗水量的增加，冬小麦产量近似线性上升，当达到最高产量后，随着耗水量的增加，产量则呈下降趋势。这主要是因为供水过量，植株旺长，不仅消耗了养分而且造成郁蔽，不利通风透光，对提高穗粒数和千粒重都有影响而产量下降，结果降低了供水效率。因此，在冬小麦生长全过程中一直保持充分供水，虽然产量最高但耗水量也最多，水分利用率最低，不是科学的供水方法。同样，冬小麦生育过程中发生土壤水分适度亏缺也并不一定造成产量的降低，已有的研究表明作物生长过程中土壤水分适度亏缺可获得高产，甚至能使作物水分利用效率显著提高。张喜英等（1999）的研究也表明冬小麦从拔节至开花期间的轻度水分亏缺对其产量有明显影响，而灌浆和返青时间的轻度水分亏缺对产量无影响，并认为一定时期的有限亏缺还可能对增产和提高水分利用效率有利，这是因为作物对适度水分亏缺产生了补偿或超补偿效

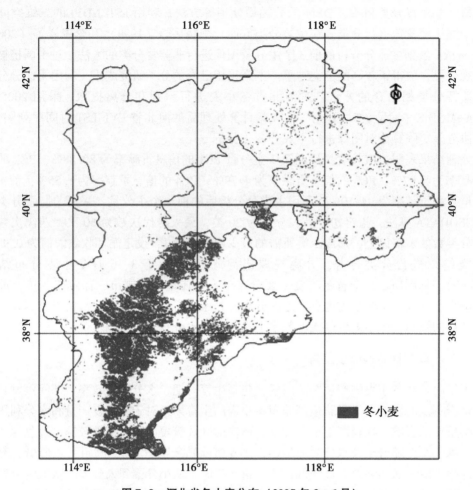

图7-9 河北省冬小麦分布（2005年3—6月）

应，这种补偿效应经常表现为作物干旱复水后若干生理功能超过了一直充足供水处理的功能，如光合、渗透调节能力等。另外，在适度干旱期间，虽然生长受到了一定的抑制，但强化了能量代谢和一系列生物合成，增加了光合产物向经济产量的转化，提高了经济系数。在实际应用中，对于容易发生旱情和农田灌溉条件较好的地区，应以节水农业的理念指导冬小麦生产管理，以在灌溉农业中如何节约大量用水的同时实现高产，在旱地农业中如何增加少量供水以达到显著增产目的。

对于冬小麦的整个生长过程来说，在不同的生育期，其地上部分的叶片面积、植株大小和干物质积累等的不同，使作物的蒸腾作用、光合作用等的需水量也不相同。地下部分则表现为冬小麦根部的长度、密度不同，对土壤中水分的吸收能力存在较大的差异。对于冬小麦不同生育阶段的水分需求以及不同水分胁迫对冬小麦产量影响方面，林琪等（1998）研究结果表明，耗水强度最大的时期是拔节至开花期间，平均日耗水量达到5.71mm；耗水强度最小的是越冬至返青期间，日耗水量不足0.25mm，主要是因为越冬至返青期间温度低，光照少，蒸发量小，蒸腾量也少，麦苗生长缓慢；而拔节至开花期，气温升高，日照长度增加，小麦植株生长加快，其生长速率亦进入高峰阶段，促进蒸腾，使耗水强度提高幅度较大。对于冬小麦在不同生育阶段发生旱情对产量的影响方面，张喜英等（1999）的研究认为冬小麦从拔节开始的各生育时期水分亏缺均减少了有效穗数，但规律不明显；拔节后的重度水分亏缺处理和孕穗开花期的各水分亏缺处理均显著降低了穗粒数，并随着水分亏缺程度的加剧，穗粒数不断减少；灌浆期轻度水分亏缺对穗粒数没有影响而对千粒重的影响明显，随着亏缺程度的增加，千粒重明显降低；孕穗、开花期的水分亏缺反而增加了千粒重，表明作物在经历一定程度的干旱后可以促进后期干物质向籽粒的转移而提高其经济产量。总之，拔节至孕穗时期的水分亏缺主要减少了有效穗数，孕穗至开花期间水分亏缺减少了穗粒数；灌浆期的水分亏缺使粒重显著降低。可见在不同生育阶段，同样的水分亏缺对冬小麦的生理和产量影响存在较大的差异，在具体的旱情分析中必须分别予以考虑。

在利用土壤含水量作为作物旱情评价指标的定义方面，已有的研究往往根据农业旱情等级划分标准进行确定。《气象干旱等级》（GB/T 20481—2017）土壤相对湿度等级划分标准以土壤相对含水量<40%为重旱，50%~60%为轻旱，60%~80%为正常，80%~100%为湿润。由于冬小麦在不同生育阶段对水分的需求并不相同，对于不同生育期若均以田间持水量的60%的标准进行旱情划分显然缺乏科学性。在冬小麦旱情监测和评估中，针对冬小麦不同的生育期，确定旱情发生的具体标准，并以此评价旱情发生、发展情况更具有科学性和指导意义。

对于冬小麦不同生育期的适宜土壤湿度确定问题，一般情况下，田间持水量低于60%时，作物生长和产量将受到明显影响。根据土壤水分有效性的变化规律及各地研究结果，以田间持水量60%作为开始限制作物正常生长的干旱界限，将土壤干旱指标分为4级：土壤含水量达田间持水量50%~60%时为微旱；40%~50%时为中旱；35%~40%时为大旱；土壤含水量降至凋萎湿度（约占田间持水量35%）以下时为极大干旱。从冬小麦生长机理出发，不同生育期适宜的土壤相对含水量有不同的标准：出苗期最适宜土壤相对含水量为85%~75%；苗期为75%~65%；越冬期为90%~80%；返青期为75%~65%；起身期为60%~50%；拔节期为75%~65%；开花期为75%~65%；灌浆期为70%~60%。石岩等（1997）对土壤水分胁迫对冬小麦耗水规律及产量的影响进行了研究，认为相对含水量60%可以作为正常生长并形成高产的一个重要指标下限；林琪等（1998）研究指出土壤相对含水量在60%~80%是冬小麦产量形成的最佳含水量，因而土壤相对含水量在全生育期保持在80%左右可视为经济产量形成的土壤含水量高点。张喜英等（1999）研究认为土壤含水量不低于田间持水量的60%时，土壤含水量的变化对冬小麦光合作用的影响也较小，把60%的土壤含水量可作为冬小麦适宜含水量的下限值。霍治国等（2001）通过位于河北省定兴县固城镇农业气象试验基地对冬小麦进行控水试验，结果表明当土壤含水量占田间持水量的50%~60%时，冬小麦生长发育性状和产量得到明显提高，具有明显的节水、增产作用且经济效益高，将冬小麦拔节期水分胁迫效应节水、增产的水分临界指标确定为土壤含水量占田间持水量的55%。朱成立等（2003）认为冬小麦各个生育期相应的水分胁迫指标分别为苗期占田间持水量的60%、返青期为60%、拔节至抽穗期为65%、抽穗至灌浆期为65%、灌浆至成熟期的 55%。由于冬小麦在施足底墒的前提下，拔节和开花是冬小麦对水分要求最高的时期，冬小麦从拔节至开花期间的轻度水分亏缺对其产量有明显影响（张喜英，1999；白莉萍等，2005），灌浆和返青阶段的轻度水分亏缺对产量无影响。苗期适度干旱，拔节期恢复充分供水，可以在产量和生物量等方面接近或超出一直充分供水的水平，达到高产和节水的目的，为理想的供水方式。

综合以上前人的研究成果，可以发现把冬小麦生育期内土壤含水量最适宜范围定为60%~80%基本成为共识。在冬小麦土壤湿度旱情等级定义方面，以冬小麦灌浆期为例，由于灌浆初期籽粒含水量达 70%以上，直到灌浆停止前籽粒含水量仍在 25%~30%，因此为了保证灌浆，茎叶含水量也必须保持在 70%以上，才能有较强的光合效率，以促进籽粒干物质的积累。所以在灌浆成粒过程中土壤田间持水量应保持在 60%~70%，>70%的为湿润，50%~60%为轻旱，40%~50%为中旱，<40%为重旱。从冬小麦的节水高产的角度出发，综合参考农业旱情等级划分等研究成果，可把冬小麦主要生育期的正常土壤水分指标定为：出苗期为 70%~80%；苗期 60%~70%；返青期为 60%~70%；起身期为 50%~60%；拔节期为 65%~75%；开花期为 65%~75%；灌浆期为60%~70%。在此基础上，参考《气象干旱等级（GB/T 20481—2017）》中土壤相对湿度的干旱等级划分，以 10%作为等级划分的步长，分别把不同生育期土壤相对含水量低于正常范围最低限 10%以内的定义为轻旱，低于 20%以内的为中旱，小于正常范围最低值 20%以上的定义为重旱，大于正常范围最大值的为湿润。由于冬小麦拔节和开花期对土壤水分的变化非常敏感，这个时候发生水分胁迫对产量具有很大影响，在旱情等级确定上没有采用 10%作为步长，而是以 5%作为划分的量级（表 7-8）。

表 7-8　冬小麦主要生育期土壤相对湿度旱情等级定义　（单位:%）

生育期	重旱	中旱	轻旱	正常	湿润
出苗	<50	50~60	60~70	70~80	80~100
苗期	<40	40~50	50~60	60~70	70~100
返青	<40	40~50	50~60	60~70	70~100
起身	<40	40~45	45~50	50~60	60~100
拔节	<55	55~60	60~65	65~75	75~100
抽穗	<55	55~60	60~65	65~75	75~100
灌浆	<40	40~50	50~60	60~70	70~100

4. 旱情指标的时空差异分析

由于冬小麦在不同生育阶段对土壤水分的需求不同，这也导致了不同生育期具有不同的旱情土壤含水量阈值。冬小麦生育期常规确定主要采用田间调查的方法，这在一定程度上表现为费时、费力，无法实现大面积的野外调查，同时对于历史时期没有观测的物候期无法实现准确差补。遥感技术的出现为冬小麦生育期的确定提供了新的思路与方法，其宏观性、动态性、经济性等特征成为冬小麦乃至其他作物物候期划分的重要补充。

国外对于利用遥感手段监测农作物生育期的方法研究较早。20 世纪 70 年代末，Tucker 等（1979）利用手持辐射仪光谱数据监测玉米、大豆的生长发育；Badhwar（1980）采用陆地卫星观测资料估测了小麦和大麦在春季的出苗日期。Gallo&Flesh（1989）利用 NOAA-AVHRR 周合成植被指数研究了玉米的吐丝日期。国内对于农作物生育期的遥感估算研究相对较晚，辛景峰等（2001）探索了利用 NOAA-NDVI 数据研究作物生育期的方法，对黄淮海冬麦区的返青、抽穗、成熟期进行了估测，并利用地面实测资料进行了验证，结果表明 NDVI 数据对于大范围农作物生育期监测具有较好的可行性。竞霞等（2005）利用多时相 NDVI 数据监测了京郊冬小麦种植信息，对冬小麦播种、返青、开花、收割过程中的 NDVI 变化进行了研究。本章拟采用 AQUA-MODIS 的 EVI 数据集，研究河北省冬小麦的关键生育期在空间上的分布规律，为冬小麦农业旱情指标的科学、合理应用提供理论依据（图 7-10）。

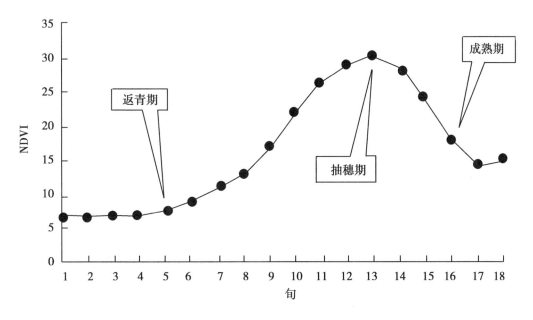

图 7-10　黄淮海平原平均的 NDVI 变化曲线

生育期确定的理论依据：在小麦的生长过程中，形态建成有两个明显的转折。一是幼穗开始花器分化，拔节开始；二是器官包括营养器官和结实器官全部建成，开花受精，植株转入下一代的种子形成。前者以起身为转折点；后者以开花为转折点。以此两个转折点为界，可以把小麦生长过程分为三个生育阶段：幼苗阶段、器官建成阶段和籽粒形成阶段。根据三个阶段在整个生育期中所占时间的长短差异划分，河北省冬小麦属于长短短（LSS）类型，即幼苗阶段长，其他两个阶段短的类型。植物生理研究表明，在营养生长阶段，作物植株生长速率表现出"慢—快—慢"的基本规律，即开始时生长缓慢，以后逐渐加快，达到最高点，然后生长速率又减慢以至停止。植株生长的这三个阶段总合起来叫生长大周期（grand period of growth），可以用倒"S"形描述其生长曲线。作物生长期内植被指数曲线上升过程中的两个拐点分别对应其生长季开始期和生殖生长转折期；下降过程中的两个拐点表示作物开始进入成熟期和收获期。辛景峰等（2001）利用 NDVI 数据对黄淮海冬小麦的生育期进行了研究，把返青期定义为最早可能出现日期后的两个连续 NDVI 增加，成熟期对应为最后两个连续的 NDVI 降低，抽穗期对应 NDVI 的最大值（图 7-11）。

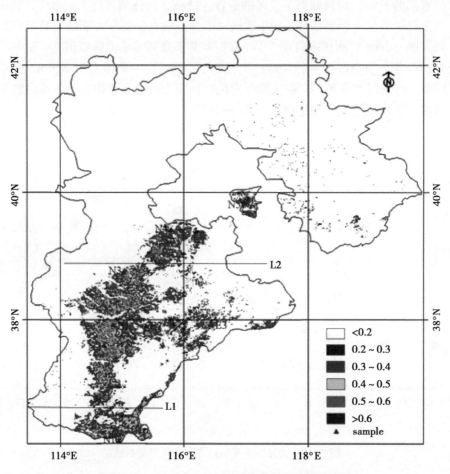

图 7-11　2005 年 5 月上旬河北省冬小麦 EVI 分级

在利用 EVI 指标进行冬小麦关键生育期遥感划分方面，参考前人的研究成果对越冬后返青期到成熟期进行定义。由于冬小麦返青后迅速生长，对应的叶面积指数迅速增大，因此采用两个 EVI 越冬后第 1 次连续增长来确定冬小麦的返青期 t。抽穗期冬小麦叶面积指数最大，对应的 EVI 也为冬小麦生育期内的最大值，采用 EVI 时间序列中最大值对应的时刻 t 定义冬小麦的抽穗期。成熟期冬小麦 EVI 急剧下降，尤其是冬小麦收割后地面裸露，对应的 EVI 达到相对最小值。即使是实行夏玉米、花生等高效轮作，在大面积的裸露地背景中，短期内这些作物的播种期、出苗期对应的 EVI 也处于最小值的水平。因此，可以定义冬小麦的成熟期 t 为生育期内最后两个连续的 EVI 降低，且后一个 EVI 处于图像波谷，为成熟期后对应的最小值。用公式表示为在确定了冬小麦三个关键生育期后，中间的生育期可以根据需要进行内插获得。

生育期的空间变化特征：冬小麦旱情遥感监测关键是要准确判断所处的生育期并结合相应的土壤水分干旱阈值，但是不同年份由于冬小麦播种日期、天气等原因，使冬小麦生育期往往发生改变。因此，准确掌握冬小麦生育期的时间和空间变化规律对于科学实现冬小麦旱情监测预警具有十分重要的意义。河北省冬小麦一般在 4 月下旬进入孕穗期，5 月中旬进入开花期，此时由于冬小麦快速生长，叶面积指数也迅速增加，反映在遥感影像上则具有较高的植被指数。为了研究冬小麦生育期在空间内部异质性变化，选取 2005 年 5 月上旬 EVI 图像进行密度分割，对 EVI 空间差异样点的生育期变化进行了分析。

（1）南北向差异　为了分析河北省冬小麦生育期在南北方向上的变化规律，在 5 月上旬河北省冬小麦 EVI 密度分级图上，选择具有同样 EVI 变化范围（这里取 0.3～0.4）内南北方向分布的 5 个样点：N1（36°05′01″N，114°57′38″E）、N2（37°35′23″N，114°42′50″E）、N3（38°44′22″N，115°02′00″E）、N4（39°24′21″N，115°48′00″E）、N5（39°50′05″N，116°58′39″E）进行研究。为了减少云、干旱等噪声对 EVI 时间序列变化的影响，分别对 24 幅 8d 合成的 2005 年 1 月 1 日至 7 月 11 日的 EVI 时间序列图像（编号：001—185）进行平滑处理，得出 2005 年 1 月以来冬小麦 EVI 时间序列变化曲线。根据上文 EVI 指标进行冬小麦关键生育期的定义，得出南北向样点 N1～N5 的关键生育期分布（图 7-12 和表 7-9）。

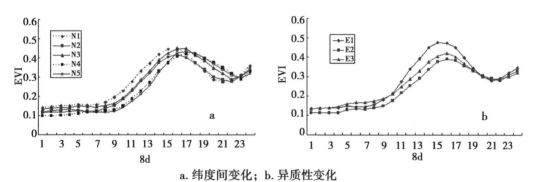

a. 纬度间变化；b. 异质性变化

图 7-12　2005 年河北省冬小麦 EVI 时间变化

表 7-9　2005 年河北省冬小麦南北向样点关键生育期

样点	返青期（8d）	抽穗期（8d）	成熟期（8d）
N1	8	15	20
N2	9	16	21
N3	9	16	21

（续表）

样点	返青期（8d）	抽穗期（8d）	成熟期（8d）
N4	10	17	22
N5	10	17	22

由于冬小麦分布南北纬度不同，其返青期、抽穗期和成熟期存在一定的差异，具体表现为纬度较低的样点 N1 返青期相对最早，大约对应于 3 月上旬开始返青；随着纬度的增高，从邢台 N2—石家庄—保定中部地区 N3 的冬小麦返青期与邯郸市南部地区相比相对推迟约 8d，大约对应于 3 月中旬进入返青期；保定北部 N4—廊坊 N5 的返青期进一步推迟，大约对应于 3 月下旬进入返青期。可见南北纬度不同造成热量的差异是产生冬小麦返青期不同的最重要原因。

分析南北向不同样点冬小麦的返青期—抽穗期—成熟期发现，3 个关键生育期的时间间隔基本稳定，这说明了采用同样的耕作制度和管理方式，在冬小麦品种差异不明显的情况下，相同 EVI 分布范围内的冬小麦从返青期—成熟期的时间间隔变化不大。这使在定义了冬小麦 3 个关键生育期的基础上，实现生育期的进一步细化提供了可能。冬小麦抽穗期和成熟期的变化趋势与返青期类似，仍以纬度较低的 N1 进入最早，抽穗期对应于 4 月下旬；成熟期对应于 6 月上旬；N2、N3 的抽穗期和成熟期大致相同，抽穗期对应于 5 月上旬，成熟期对应于 6 月中旬；N4、N5 的抽穗期和成熟期也基本一致，其抽穗期对应于 5 月中旬，成熟期对应于 6 月下旬。考虑到采用 8d 时间间隔可能会造成对部分生育期信息的掩盖，可以认为河北省冬小麦返青期南北推迟至少为 8d 以上。

（2）东西向差异　南北向变化造成地表获得热量的差异是造成冬小麦南北向生育期发生变化的最主要原因。不考虑地形、天气的影响，同一纬度的冬小麦获得的太阳辐射能相同，冬小麦的生育期应该大概一致。但是，在实际生产中，由于冬小麦品种、土地类型（高产田、低产田）、田间管理等存在一定的差异，也使相同纬度的冬小麦生育期产生一定的异质性差异。在冬小麦生长过程中，可以认为这些异质性将最终体现在冬小麦的形态上，而表现出具有不同的 EVI。

在 5 月上旬河北省冬小麦 EVI 密度分级图上，选择同一纬线附近东西向的具有不同 EVI 等级的 3 个样点：E1（37°55′05″N，114°52′09″E）、E2（37°54′00″N，115°23′55″E）、E3（37°55′05″N，116°26′20″E），分别对应的 EVI 等级为 E1（0.5~0.6）、E2（0.3~0.4）和 E3（0.4~0.5）。分析 E1、E2 和 E3 在 2005 年 1 月以来冬小麦 EVI 时间序列变化曲线（图 7-12b）。根据 EVI 变化指标对不同样点的冬小麦关键生育期进行定义，得出东西向异质性样点 E1~E3 的关键生育期分布（表 7-10）。

表 7-10　2005 年河北省冬小麦东西向样点关键生育期

样　点	返青期（8d）	抽穗期（8d）	成熟期（8d）
E1	9	15.5	20.5
E2	9	16	21

（续表）

样　点	返青期（8d）	抽穗期（8d）	成熟期（8d）
E3	9	16	21

　　分析东西向具有不同 EVI 等级的 3 个异质性样点 E1、E2 和 E3 的关键生育期，可以发现虽然 3 个样点后期 EVI 等级不同，但是返青期相对一致，对应于 3 月中旬。冬小麦在返青期之前经历了较长的越冬休眠期，其地面以上部分停止生长。翌年开春后，不同 EVI 水平的冬小麦具有相同的返青期，这也说明了外界温度（或冬小麦的活动积温）是促使冬小麦进入返青期的关键因素。在抽穗期，具有较高 EVI 等级（0.5~0.6）的 E1 样点进入抽穗期较早，EVI 最大值出现在第 15 个 8d 处（EVI = 0.476），但其第 16 个 8d 的 EVI 为 0.474，二者相差不大，分析 E1 样点的时间序列平滑折线图发现其 EVI 峰值介于 15 和 16 之间，因此对 E1 的抽穗期定义为第 15~16 个，近似为 15.5 个 8d，在时间上对应为 4 月下旬末至 5 月上旬初。E2 和 E3 的抽穗期相差不大，均在第 16 个 8d 左右，大致对应于 5 月上旬。生长条件较好的样点 E1 成熟期在第 16 个 8d 左右，大致对应于 6 月上旬末至中旬初。E2 和 E3 的成熟期在第 16 个 8d 左右，大致对应于 6 月中旬。可见，对于纬度相同、生长条件存在异质性的冬小麦，生长条件较好的冬小麦返青期和普通冬小麦差别不大，但是其抽穗期和成熟期却比普通冬小麦提前 4d 左右。

　　通过对河北省冬小麦关键生育期的南北向变化和东西向差异分析，发现对于冬小麦生育期的划分必须同时考虑南北向差异和东西向之间的异质性，针对不同生育期，选择恰当的旱情判断指标进行旱情监测才具有更好的科学性和合理性。其中保定市北部主要麦区至廊坊市的冬小麦关键生育期比保定市以南麦区推迟 8d 左右，生境条件较好的冬小麦比同纬度其他冬小麦返青期后的关键生育期提前 4d 左右。由于纬度间的热量差异是造成河北省冬小麦成熟期差异的最主要原因，根据河北省冬小麦的分布状况，在保持冬小麦大面积分布连续性的同时，采用与纬度平行的直线 L1、L2 把冬小麦分布分为 3 个地区，对冬小麦生育期差异问题的研究进行简化。

十二、作物旱情监测模型应用

　　利用遥感技术进行冬小麦旱情监测的关键是准确反映出土壤水分含量，在此基础上结合冬小麦不同生育期对应的土壤含水量干旱指标进行综合分析评价。一般情况下，河北省大部分地区冬小麦在 10 月下旬至翌年 2 月下旬为越冬期，冬小麦在越冬休眠期地面以上部分停止生长，对土壤水分的敏感程度达到最低状态。冬小麦成熟期（6 月），冬小麦植株开始发黄，光合作用基本停止，对土壤水分需求降低，适当的干旱反而对冬小麦田间收获有利。因此，对冬小麦旱情遥感监测主要针对越冬期后冬小麦生长的重要阶段（3—5 月）进行研究。本章研究时段内，河北省 2005 年 3 月中旬冬小麦分布区上空云量过多，无法有效监测冬小麦旱情，故主要采用 2005 年 3 月下旬至 5 月中旬的河北省冬小麦的旱情进行了遥感监测研究。

　　根据 TVDI 模型与 ATI 模型对不同时段土壤水分估算互补性研究，对于 2005 年 3 月下旬、4 月上旬的 AQUA-MODIS 图像采用 ATI 模型估算土壤相对含水量 RSM；对于 2005 年 4 月中旬、4 月下旬、5 月上旬和 5 月中旬则采用 TVDI 模型。由于 4 月下旬以后冬小麦的根部已经开始深入地下，但大部分根系仍集中分布在 0～20cm 深度的土壤中，因此对于 3 月下旬至 4 月上旬选用土壤深度 10cm 的 RSM 与 ATI 之间的关系模型，4 月中旬选用土壤深度 10cm 的 RSM 与 TVDI 的关系模型；对于 4 月下旬至 5 月中旬选用土壤深度 20cm 的 RSM 与 TVDI 之间的关系模型。2005 年 3 月下旬至 5 月中旬的土壤相对含水量 RSM 与 ATI、TVDI 之间的关系分别为

$$RSM = 815.31 \times ATI^{2.123\,1}$$
$$RSM = 20.622 \times ATI^{1.048\,9}$$
$$RSM = -0.963\,0 \times TVDI + 1.145\,6$$
$$RSM = -0.448\,8 \times TVDI + 0.969\,6$$
$$RSM = -0.777\,4 \times TVDI + 1.063\,5$$
$$RSM = -0.997\,9 \times TVDI + 1.407\,7$$

　　采用 2005 年 3 月下旬至 5 月中旬 AQUA-MODIS 遥感图像，分别计算出相应时段内的 ATI 和 TVDI，代入上面的对应方程，获得表层土壤相对含水量，叠加河北省冬小麦分布图，得到冬小麦表层土壤含水量分布图（图 7-13）。

　　对遥感估算的 2005 年 3—5 月河北省冬小麦表层土壤水分进行统计分析表明：河北省 2005 年 3 月下旬表层土壤相对含水量小于 60% 的冬小麦面积为 1 249 242hm²，4 月上旬表层土壤相对含水量小于 60% 的冬小麦面积为 565 165hm²，4 月中旬表层土壤相对含水量小于 60% 的冬小麦面积为 446 059hm²，4 月下旬、5 月上旬和 5 月中旬表层土壤相对含水量小于 60% 的冬小麦面积分别为 16 659hm²、254 385hm² 和 77 263hm²。上述统计的是根据传统的土壤墒情划分的干旱（RSM<60%）面积，但是由于冬小麦在不同生育期对土壤水分的敏感性存在差异，因此并不能以此作为冬小麦发生旱情的最终统计面积，必须充分考虑冬小麦生育期的空间变化的影响。

　　对 2005 年河北省冬小麦生育期空间分布特征的研究表明：邯郸市南部冬小麦 N1 最早进入返青期时（2005 年 3 月上旬），此时太行山、燕山山前冲积平原的中部和北部地区冬小麦 N2～N5 仍处于越冬期。3 月中旬，N1～N3 地区冬小麦处于返青期，N4～N5 仍处于越冬期末期阶段；到 2005 年 3 月下旬，保定市北部 N4 和廊坊市 N5 北部进入返青期，此时 N2～N3 仍处于返青期，N1 进入返青期的下一个阶段——起身期。4 月上旬，N1 进入拔节期，N2～N5 地区冬小麦进入起身期；4 月中旬，全省冬小麦均处于拔节期；4 月下旬，河北省南部麦区 N1 进入抽穗期，N2～N5 地区仍处于拔节期；5 月上旬，N1 地区冬小麦进入灌浆期，N2～N3 进入抽穗期，N4～N5 处于拔节期。5 月中旬，N1 地区冬小麦进入乳熟期，N2～N3 进入灌浆期，N4～N5 处于抽穗期。结合河北省冬小麦不同生育期旱情评价指标定义，把冬小麦的旱情指标、具体的生育期特征和土壤含水量 RSM 遥感估算结合起来，对 2005 年 3 月下旬至 2005 年 5 月中旬河北省冬小麦的旱情进行遥感监测，获得冬小麦旱情分布图（图 7-14）。

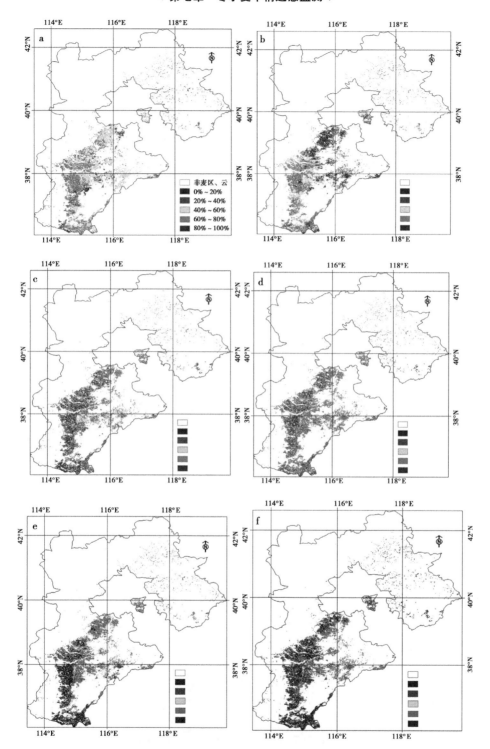

a. 3 月下旬；b. 4 月上旬；c. 4 月中旬；d. 4 月下旬；e. 5 月上旬；f. 5 月中旬

图 7-13　2005 年 3 月下旬至 5 月中旬河北省冬小麦表层土壤湿度分布

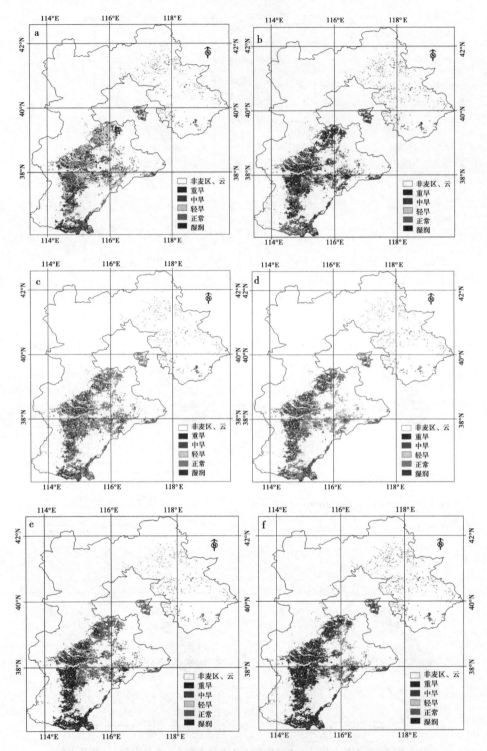

a. 3月下旬；b. 4月上旬；c. 4月中旬；d. 4月下旬；e. 5月上旬；f. 5月中旬

图 7-14　2005 年 3 月下旬至 5 月中旬河北省冬小麦旱情分布

十三、河北省冬小麦旱情分析

在不考虑云覆盖部分面积的前提下，对 2005 年 3 月下旬至 5 月中旬遥感估算的河北省冬小麦旱情结果进行统计（表 7-11）。

表 7-11　2005 年 3—5 月河北省冬小麦旱情发生面积　　　　（单位：hm²）

时　间	重　旱	中　旱	轻　旱	正　常	湿　润
3 月下旬	147 847	363 325	626 313	589 465	566 156
4 月上旬	39 204	57 827	72 764	539 794	1 601 967
4 月中旬	258 023	188 036	300 245	652 382	838 982
4 月下旬	766	15 893	194 259	1 220 033	826 632
5 月上旬	141 975	111 845	215 394	734 682	1 094 829
5 月中旬	3 095	12 142	78 501	323 799	1 911 938

通过 2005 年河北省冬小麦旱情遥感监测结果可以看出：2005 年 3 月下旬，河北省冬小麦发生旱情的面积为 1 137 484 hm²，而当年全省冬小麦总播种面积为 2 377 100hm²，冬小麦旱情面积占总播种面积的 47.85%，旱情十分严重；4 月上旬，全省冬小麦受旱面积为 169 795hm²，占冬小麦播种面积的 7.14%，大部分地区冬小麦旱情相对 3 月下旬得以解除；4 月中旬，冬小麦受旱面积为 746 304hm²，占冬小麦播种面积的 31.40%，旱情相对严重；4 月下旬，河北省冬小麦发生旱情面积为 210 918hm²，占冬小麦播种面积的 8.87%，旱情相对得到缓解；5 月上旬，全省冬小麦受旱面积为 469 214hm²，占冬小麦播种面积的 19.74%，旱情又开始逐渐发展且表现明显；5 月中旬，全省冬小麦受旱面积为 93 737hm²，占冬小麦播种面积的 3.94%，旱情得以缓解，大部分地区冬小麦旱情解除。

冬小麦旱情发生时，同一时间、不同等级的旱情所占比重也存在一定的差异。2005 年 3 月下旬，河北省冬小麦发生严重干旱面积为 147 847 hm²，占冬小麦总面积的 6.16%，中等干旱面积为 363 325hm²，占冬小麦总面积的 15.28%，轻度干旱面积为 626 313hm²，占冬小麦总面积的 26.35%。全旬冬小麦以轻度干旱为主，占总受旱面积的 55.06%；冬小麦中等受旱状况在发生的旱情中所占比重也较大，占总受旱面积的 31.94%，发生严重旱情的冬小麦面积占总受灾面积的 13.00%。可见 3 月下旬全省冬小麦整体上旱情比较严重，其中轻度干旱和中等干旱影响较为突出。

4 月上旬，全省冬小麦发生严重干旱面积为 39 204hm²，占冬小麦总面积的 1.65%，中等干旱面积为 57 827hm²，占冬小麦总面积的 2.43%，轻度干旱面积为 72 764hm²，占冬小麦总面积的 3.06%。全省冬小麦水分状况正常和湿润的面积为 2 141 761hm²，占冬小麦总面积的 90.10%，全旬冬小麦旱情较轻，主要以少量的轻度干旱和中等干旱为主。

4 月中旬，河北省冬小麦发生严重干旱面积为 258 023hm²，占冬小麦总面积的

10.85%，中等干旱面积为 188 036hm²，占冬小麦总面积的 7.91%，轻度干旱面积为 300 245hm²，占冬小麦总面积的 12.63%。全旬冬小麦发生的旱情以轻度干旱面积最大，占总受旱面积的 40.23%；冬小麦发生严重旱情的比重也较大，占总受旱面积的 34.57%，发生中等旱情的冬小麦面积占总受灾面积的 25.20%。全省冬小麦土壤水分状况正常和湿润面积为 1 491 364hm²，占冬小麦总播种面积的 62.74%，发生旱情的冬小麦中以轻度和严重受旱面积所占比重较大，全省旱情比较严重。

4月下旬，河北省冬小麦发生严重干旱面积为 766hm²，占冬小麦总面积的 0.03%，中等干旱面积为 15 893hm²，占冬小麦总面积的 0.67%，轻度干旱面积为 194 259hm²，占冬小麦总面积的 8.17%。4月下旬的冬小麦旱情中，以轻度干旱所占的比重最大，占总受旱面积的 92.10%；冬小麦土壤水分状况正常和湿润面积为 2 046 665hm²，占冬小麦总播种面积的 86.10%，该时期内冬小麦发生旱情面积相对较少，旱情中以轻度旱情为主。

5月上旬，河北省冬小麦发生严重干旱面积为 141 975hm²，占冬小麦总面积的 5.97%，中等干旱面积为 111 845hm²，占冬小麦总面积的 4.71%，轻度干旱面积为 215 394hm²，占冬小麦总面积的 9.06%。5月上旬的冬小麦旱情中，以轻度干旱所占的比重最大，占总受旱面积的 45.91%；中等干旱面积所占旱情的比重为 23.84%；发生严重旱情的冬小麦面积占总旱情面积的 30.26%。5月上旬的冬小麦总受旱面积比4月下旬增加了 258 296hm²，其中增加的主要为严重干旱和中等干旱面积。

5月中旬，河北省冬小麦旱情并不突出，发生严重干旱面积为 3 095hm²，占冬小麦总面积的 0.13%，中等干旱面积为 12 142hm²，占冬小麦总面积的 0.51%，轻度干旱面积为 78 501hm²，占冬小麦总面积的 3.30%。5月中旬的冬小麦旱情以轻度干旱所占的比重最大，占总受旱面积的 83.75%；中等干旱面积所占总受旱面积的 12.95%；发生严重旱情的冬小麦面积占总旱情面积的 3.30%。相对而言，5月中旬的冬小麦总受旱面积比5月上旬减少 375 477hm²，其中严重干旱、中等干旱和轻度干旱面积均有非常明显的降低。

在冬小麦的生长过程中，气温和降水量（尤其是降水量）是影响冬小麦旱情发生和发展的重要因素。气温的升高对于促进冬小麦新陈代谢并逐渐满足作物生长的积温条件具有重要作用，但是过高的气温必然加剧了作物植株的叶片蒸腾作用和植株颗间土壤水分的蒸发，作物田间蒸散作用的增强将使作物立地的土壤水分降低，严重的蒸散是诱发冬小麦发生旱情的重要因素。在不考虑人为灌溉的情况下，大气降水是土壤获取水分的最重要方式，大气降水量的多少必然在一定程度上引起土壤含水量的相应变化。一定时期内，大气降水的锐减必然造成作物立地土壤水分的减少并容易引发农业旱情。因此，本章主要以气温和降水量的角度分析河北省冬小麦发生旱情的主要原因。

对于 2005 年 3 月下旬至 5 月中旬冬小麦生长过程中每旬的站点实测气温和降水量资料，采用空间插值的方法把点状信息转化为面状分布的信息。在当前众多的空间插值法中，Kriging 法是应用较为广泛的插值方法。Kriging 法从统计意义上说，从变量相关性和变异性出发，在有限区域内对区域化变量的取值进行无偏、最优估计；从插值角度讲则是对空间分布的数据求线性最优、无偏内插估计的方法。采用 Kriging 空间差值法，对于已有的地面的旬平均气温和旬平均降水量资料进行空间插值处理，获得 2005 年 3 月下旬至 5 月中旬河北省旬平均气温和旬平均降水量的空间变化分布状况（图 7-15）。

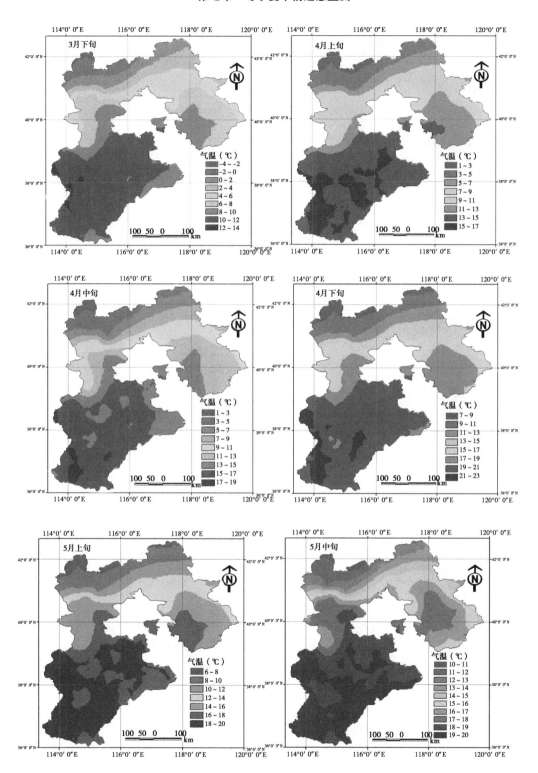

图 7-15　2005 年 3 月下旬至 5 月中旬河北省旬平均气温和降水分布

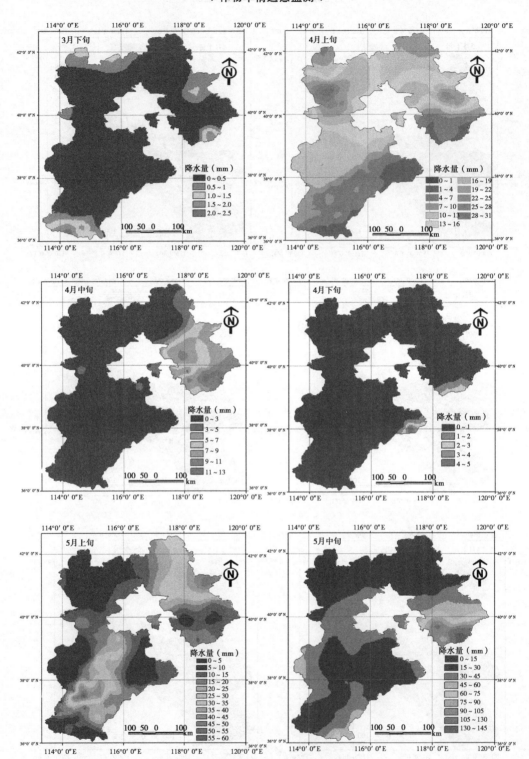

图7-15　2005年3月下旬至5月中旬河北省旬平均气温和降水分布（续）

从图7-15中可以发现：在2005年3月下旬，河北省北部的张家口市、承德市平均气温相对较低，大部分地区平均气温在4℃以下，燕山南麓、太行山以东的冲积平原地区旬平均气温相对较高，为6~12℃，冬小麦分布区大多在10℃以上，较高的气温促进了冬小麦越冬后返青、起身生长，但是也使冬小麦需水量开始提高。但在降水量空间分布上，全省降水普遍较少，大部分地区平均降水量在0.5mm以下。冬小麦分布区除了河北省南部的邯郸市部分地区有少量的降水（<2.5mm）外，大部分地区平均降水少于0.5mm，这对冬小麦返青、起身生长极为不利。此外，分析2005年河北省3月中旬的降水资料也发现河北省只有张家口北部和石家庄西部有1~2mm或微量降水，较常年偏少70%~90%，其他地区无降水；平均气温也较常年同期偏低1~2℃，是继2月上旬以来连续第5个旬偏低，使冬小麦返青期推迟。据中国气象局的气象资料分析，在气温分布方面，3月河北省的保定、石家庄、邢台市和邯郸市西部气温比多年同期气温偏高0~1℃。在降水量的分布方面，全省除张家口、承德市东南部、唐山、秦皇岛市降水比多年同期偏少50%~80%外，保定、廊坊、石家庄、沧州、衡水、邢台和邯郸等市降水比多年同期偏少80%以上，气温偏高造成了冬小麦返青、起身期需水量的增加和同期降水量偏少的矛盾更加突出，使河北省大部分冬小麦处于缺水的状态，旱情十分严重。

4月上旬，河北省冬小麦主要分布区平均气温为11~17℃，邯郸市冬小麦地区气温为13~17℃，邢台市冬小麦地区平均气温为13~15℃，衡水市为13~17℃，石家庄市、沧州市和廊坊市南部平均气温为13~17℃，唐山市和廊坊市北部为11~15℃，秦皇岛市气温相对较低，冬小麦分布区平均气温为9~13℃。此时冬小麦生长迅速，由北而南冬小麦分别进入起身期和拔节期。降水量在空间分布上，主要表现为平均降水量较3月下旬有了较大增加，邢台市、衡水市、唐山市的平均降水量为4~7mm，石家庄市和保定市南部平均降水量为10~13mm，保定市北部和廊坊市平均降水量为13~22mm，秦皇岛市西部地区平均降水量为13~25mm。对于河北省大部分地区，4月上旬的降水过程在一定程度上缓解了3月下旬形成冬小麦旱情。相对地，在河北省冬小麦分布区中，南部的邯郸市降水量最少，但其冬小麦正处拔节期需水量相对较高，造成邯郸市成为全省冬小麦旱情主要发生地区。

4月中旬，河北省冬小麦主要分布区平均气温为13~17℃，秦皇岛市冬小麦地区平均气温相对较低，为11~13℃，全省平均气温较4月上旬有了一定的增加，全省冬小麦均处于拔节期，对土壤水分要求相对较高。在平均降水量的空间分布方面，全省平均降水量普遍较少，冬小麦主要分布区除了唐山市和秦皇岛市平均降水量为7~15mm以及廊坊市北部地区平均降水量为3~5mm外，其他地区降水量为0~3mm。4月中旬，气温比上旬升高，冬小麦对土壤水分的敏感性和需水量均较前期增强，但是此时的降水量却明显低于前期而处于较低的水平，造成全省冬小麦出现了严重旱情。

4月下旬，河北省冬小麦主要分布区平均气温为17~23℃，全省除了沧州市东南部、廊坊市北部、唐山市平均气温为17~19℃以及秦皇岛市为15~17℃外，大部分地区冬小麦平均气温为19~23℃，全省平均气温稳定升高。全省冬小麦除南部邯郸市等地区进入抽穗期外，其他地区仍处于拔节期，对土壤水分状况十分敏感。在降水量的空间分布上，全省除沧州市东南部、唐山市东南部有少量的降水（1~5mm）外，其他地区平均降水量均为 0~1mm。气温的进一步上升和降水量的匮乏应使冬小麦旱情十分突出，但是分析 4 月下旬河北省冬小麦旱情遥感监测图像，可以发现其旱情并没有表现出比 4 月中旬更为严重的状况，大部分地区旱情反而比 4 月中旬得以缓解。4 月下旬，河北省冬小麦分布区虽然发生严重的气象干旱，但是并没有发生严重的作物干旱。经过实地调研发现河北省冬小麦播种地区的灌溉设施比较完备，期间冬小麦灌溉比较普遍，4 月下旬虽然降水较少，但是在冬小麦田间管理的过程中，由于人为地实施灌溉措施，一定程度减缓了当地的冬小麦旱情。

据中国气象局的气象资料分析，在气温分布方面，2005 年 4 月河北省气温比多年同期偏高，其中，张家口、承德、唐山、秦皇岛等市比多年同期偏高 1~2℃，保定、廊坊、石家庄、沧州、衡水、邢台、邯郸等市气温比多年同期偏高 2~3℃。在降水量分布方面，全省除张家口市降水比多年同期高 0~25%外，石家庄南部、衡水、邢台、邯郸等地区降水比多年同期偏少 50%~80%，石家庄北部、保定、沧州、廊坊等地区降水比多年偏少 25%~50%，承德市、唐山和秦皇岛市降水较同期偏少 0~25%。在忽略人为灌溉影响的前提下，2005 年 4 月河北省气温偏高、降水偏少是造成 4 月冬小麦发生旱情的主要原因。

5 月上旬，河北省冬小麦主要分布区除了秦皇岛市平均气温为 12~16℃ 和唐山市为 14~16℃ 外，其他冬小麦分布区平均气温为 16~20℃，由于降水等因素的影响，使 5 月上旬的平均气温较 4 月下旬有了一定的下降。此时，由北而南冬小麦处于拔节期和抽穗期，对水分要求仍处于较高的水平。在平均降水量的分布上，邯郸市平均降水量为 5~20mm；邢台市平均降水量为 20~60mm；石家庄市和衡水市平均降水为 15~45mm；沧州市大部分麦区平均降水为 5~10mm；廊坊市为 10~20mm；秦皇岛市和唐山市为 5~10mm。全省旬平均降水相对较多，气温又比 4 月下旬降低。沧州、邯郸和唐山市西部气温相对较高但降水相对较少，强烈的蒸发作用使沧州、唐山西部麦区出现旱情；相对邯郸市却没有旱情发生，这可能与当地麦区进行了田间灌溉有关。

5 月中旬，全省冬小麦主要分布区除秦皇岛市平均气温为 15~17℃ 和唐山市为 15~18℃ 外，其他冬小麦分布区平均气温为 18~20℃，与 5 月上旬相对持平。在平均降水量的分布方面，全省降水较 5 月上旬有较大增加。邯郸市南部地区降水量为 60~75mm；唐山市东部降水量最大，为 75~145mm，秦皇岛市平均降水量为 30~75mm；此外，从邯郸市北部到廊坊市的冬小麦主要分布区的降水量为 15~45mm。据中国气象局的气象资料分析，在气温分布方面，5 月河北省石家庄市、保定市和沧州市东部比多年同期高 0~1℃，张家口、承德、廊坊、唐山、秦皇岛、沧州西部、衡水、邢台和邯郸等地区的气温均比多年同期低 0~1℃。在降水方面，全省大部分降水量较同期偏多。衡水市大部、邢台和邯郸等地区降水比多年同期多 0%~25%，张家口、承德市北部、保定市南部、石家庄市和沧州等地区降水比多年同期多 25%~50%，张家口市南部、保定市北部、秦皇岛市、唐山市和廊坊市等地区的降水量比多年同期多 50%~100%。河北省 5 月中旬的普遍大规模降水充分满足了全省冬小麦的用水需要，全省冬小麦旱情得到解除。

总之，通过利用地面实测站点的降水、气温等实测气象数据对冬小麦旱情分析表明：气温和降水（尤其是降水）是形成农业旱情的重要因素，较高的气温和较低的降水结合形成的气象干旱往往是诱发农业旱情的最主要原因。但是，对于水利设施条件较好的地区，由于人为灌溉等措施的影响，有时却出现气象干旱严重，但农作物并没有旱情发生的情况。因此，完全以气象因素分析农业旱情容易带来较大的误差（如 2005 年 4 月下旬），利用遥感技术可以实时获取农作物的土壤水分状况，具有更好的科学意义。

十四、本章小结

地表温度和植被指数是农业旱情监测中的重要指示因子，利用 LST/EVI 构建的特征空间可以较好地反映作物立地土壤水分含量、地表温度、植被指数作为间接反映土壤水分状况分布变化的重要指标，对于实现农业旱情监测具有十分重要的意义。以简化的三角形特征空间为基础，建立 LST/EVI 特征空间，对特征空间中干边、湿边拟合方程的确定方法进行了研究，综合分析不同 EVI 像元的累计百分比变化状况，以保持最大有效信息量为前提，采用 EVI 变化范围内不同 EVI 值的两端夹逼法获得多个线性拟合方程，以保留较多有效信息为前提，使舍弃的 EVI 值对应像元占较低的像元累计百分比，同时又能保证拟合方程具有较高的相关性为原则，实现 LST/EVI 特征空间中干边、湿边方程参数的确定。利用实测不同土壤深度的 RSM 对 TVDI 的敏感性进行了分析评价。结果表明，表层土壤水分（10cm 和 20cm）与 TVDI 在 $\alpha = 0.001$ 水平的置信度上显著相关。对于同期不同土壤深度的 RSM 与 TVDI 的关系分析发现，4 月上旬、中旬以 10cm 深度的 RSM 与 TVDI 相关性最高，20cm 深度的 RSM 与 TVDI 相关性次之，50cm 深度的 RSM 与 TVDI 相关性最差；4 月下旬至 5 月下旬，以 20cm 深度的 RSM 与 TVDI 相关性最高，10cm 深度的 RSM 与 TVDI 相关性次之，50cm 深度的 RSM 与 TVDI 相关性最差。

土壤的表观热惯量与相对含水量之间存在着幂函数的关系。热惯量作为物体在热力学中的一个不变物理量，反映了土壤的热特征并与水分含量之间有很好的相关性。采用 2005 年 3 月下旬 57 个有效样本点不同土壤深度的 ATI 与相对含水量 RSM 数据，分别建立二者之间的线型、指数、幂函数、对数函数关系模型，分析不同土壤深度 RSM 与表观热惯量 ATI 的多种关系模型的拟合效果。结果表明二者之间众多的统计模型中以幂函数关系最优，对数、指数、线性效果逐渐降低。通过研究热惯量与不同的土壤深度的土壤含水量的关系，发现表观热惯量能够较好反映土壤表层（10cm）的土壤水分含量并指示农业旱情的发展情况，对于较深的土壤（20cm 和 50cm）处的土壤水分信息的反映能力较差。

表观热惯量和温度植被干旱指数模型在不同时期对土壤水分估算能力存在一定的差异。表观热惯量能够较好地应用于裸露地和植被稀疏地区，对于植被茂盛地区估算能力较差；温度植被干旱指数应用地区必须满足一定的植被和地表温度变化范围，对于低温、低植被指数地区实际应用能力受到限制。通过比较分析 2005 年河北省 3—5 月表观热惯量和温度植被干旱指数对土壤水分估算能力，3 月上旬至 4 月上旬应选取 ATI 模型；4 月中旬以后 TVDI 模型是比较适合的监测模型。结合 TVDI、ATI 对不同土壤深度处土壤水分的估算效果以及冬小麦根部主要分布深度，河北省冬小麦返青期至成熟期旱情遥感信息模型的选择结果为：在 3 月上旬至 4 月上旬选择土壤 10cm 深度处的 RSM－ATI 关系模型；4 月中旬至 5 月下旬选择 RSM－TVDI 关系模型，但 4 月中旬采用土壤 10cm 深度处的 RSM－TVDI 关系模型，4 月下旬至 5 月下旬选择土壤 20cm 深度处的 RSM－TVDI 关系模型。

河北省冬小麦生育期具有空间内部南北向和东西向异质性变化特征。冬小麦在不同生育阶段具有不同的叶面光谱特征，利用植被指数在不同生育阶段的变化规律，进行了冬小麦关键生育期遥感识别的定义。在此基础上，利用 24 幅 8d 合成的 2005 年 EVI 时间序列图像，确定了冬小麦返青期、抽穗期和成熟期等 3 个关键生育期，并对冬小麦关键生育期在不同纬度间以及同纬度的不同经度间的变化规律进行了研究。结果表明，河北省南部的冬小麦越冬后的关键生育期要比北部冬小麦至少提前 8~16d，热量辐射的差异是造成冬小麦生育期形成纬度间差异的主要原因。同纬度冬小麦返青期一致，但生长条件较好的冬小麦的抽穗、成熟期要比普通冬小麦提前约 4d。

冬小麦不同生育期旱情标准和土壤水分状况相结合的旱情遥感监测更具科学性。冬小麦在整个生长过程中可以分为不同的生育期，在不同的生育期对土壤含水量的需求存在一定的差异，把冬小麦不同生育期旱情标准和土壤水分状况相结合的旱情遥感监测才更具有科学性。在国内外已有研究成果的基础上，从冬小麦节水高产的角度出发，综合参考农业旱情等级划分等研究成果，对冬小麦主要生育期旱情的土壤水分指标进行了定义和划分。在遥感信息模型获取土壤含水量的基础上，结合冬小麦同一时间生育期的空间分布差异，采用旱情划分等级指标实现冬小麦旱情遥感监测。通过对 2005 年 3 月下旬至 5 月中旬河北省冬小麦旱情监测分析：3 月下旬，河北省冬小麦发生旱情的面积为 1 137 484hm²，冬小麦旱情面积占总播种面积的 47.85%，旱情十分严重；4 月上旬，全省冬小麦受旱面积为 169 795hm²，占冬小麦播种面积的 7.14%，大部分地区冬小麦旱情相对 3 月下旬得以解除；4 月中旬，冬小麦受旱面积为 746 304hm²，占冬小麦播种面积的 31.40%，旱情相对严重；4 月下旬，河北省冬小麦发生旱情面积为 210 918hm²，占冬小麦播种面积的 8.87%，旱情相对得到缓解；5 月上旬，全省冬小麦受旱面积为 469 214hm²，占冬小麦播种面积的 19.74%，旱情逐渐且表现明显；5 月中旬，全省冬小麦受旱面积为 93 737hm²，占冬小麦播种面积的 3.94%，旱情得以缓解，大部分地区冬小麦旱情解除。

第八章 农田蒸散遥感估算

农田蒸散发是影响农田土壤有效供水的重要因素，因而也是作物旱情监测的重要部分。本章将介绍农田蒸散发的遥感估算方法，为作物旱情遥感监测提供基础。

一、农田蒸散遥感估算框架

农田水分的耗失主要有四个组成部分：①作物蒸腾量，被作物根据吸收后参与作物生长的发育过程，最后在叶面光合作用下通过作物叶片气孔蒸腾到大气里；②土壤蒸发量，土壤水分在大气辐射作用下从地表面蒸发到空气里；③土壤下向渗流量，土壤水分在重力作用下从上层向下层渗透，最后进入到地下水里，从而减少根系层的土壤水分含量；④土壤侧向渗流量，土壤水分在压力差等作用下发生侧向渗流，可表示为：

$$\frac{d\theta}{dt} = TP + EV + VP + FP \tag{8-1}$$

式中，$d\theta/dt$ 是单位时间内的土壤水分耗失量，TP、EV、VP 和 FP 分别是单位时间内作物蒸散量、土壤蒸发量、土壤下向渗流量和土壤侧向渗流量。在不饱和情况下，土壤水分的侧向渗流量通常较小，因此，大多数情况下可以不考虑。自然状态下，土壤水分的下向渗流也会随着土壤水分含量的下降而达到均衡程度。因此，对于作物旱情监测来说，影响土壤水分耗失的最大因素是作物蒸腾量和土壤蒸发量，两者通常合并称为农田蒸散发（LE），是农田地表水热过程的重要参量。

传统方法对农田蒸散量的研究，通常是以点状观测数据为基础进行估算。由于点状观测通常比较准确，因此，基于观测点数据的农田蒸散发估算在站点上有很高的精度，但在大面积区域上推广应用时，由于气象条件（太阳辐射、风速、温度、空气湿度）以及下垫面条件（地表类型、土壤湿度、植被覆盖状况等）的水平非均匀性，一般很难取得准确结果。近30多年来，遥感技术的出现和发展为这个问题的解决带来了新的希望。多时相、多光谱及倾斜角度的遥感资料能够综合地反映出下垫面的几何结构和湿、热状况，特别是表面热红外温度与其他资料结合起来能够较客观地反映出近地层湍流热通量大小和下垫面干湿差异（即土壤含水量的水平非均匀状况），使得遥感方法比常规的微气象方法精度高，尤其在区域蒸散计算方面具有快速、准确、大区域尺度及地图可视化显示等优越性。因而这些年来遥感方法已广泛应用于蒸散发研究。

农田蒸散是植被及地面整体向大气输送的水汽总通量，包括土壤蒸发和植物蒸腾，是土壤—植物—大气连续系统中水分运动重要而复杂的过程，也是植被、土壤水分状况的重要指标，同时又与植物的生理活动以及生态系统生产力的形成有着密切的关系；作为水循环的重要环节，蒸散主导着局部与区域性的水平衡，全球约 60% 左右降水被蒸散所消耗，在农田系统中则有 99% 用水被蒸散消耗，使土壤变干，引发干旱的发生。若能获取整个地区大面积的水分蒸散发信息，将对认识和理解区域水循环规律、合理利用和分配水资源都有重大意义。

遥感数据具有能量平衡模型参数化和反演空间分布式蒸散值的优点。根据 MODIS 遥感数据产品提供的地—气界面物理参数以及相关气象资料，可逐像元地计算出研究区地面反照率、植被指数、比辐射率、地表温度和近地面气温等信息，反演出卫星过境时刻的净辐射、土壤热通量、感热通量，利用能量平衡方程求出瞬时蒸散值，并通过时间尺度扩展计算出一日的蒸散量。

按照此思路，遥感反演农田蒸散发的流程主要分为三个步骤：首先，根据地表辐射平衡方程，由太阳短波入射辐射和天空长波辐射分别减去被地表反射部分和地表自身发射部分，得到由短波净辐射和长波净辐射组成的净辐射通量；接着根据地表热量平衡方程，用净辐射通量减去土壤热通量和感热通量，得到瞬时蒸散值；然后根据一日内潜热与可利用能量之间的比例即蒸发比基本不变，将瞬时蒸散扩展到日尺度，得到日蒸散量。主要包括以下几个方面（图 8-1）。

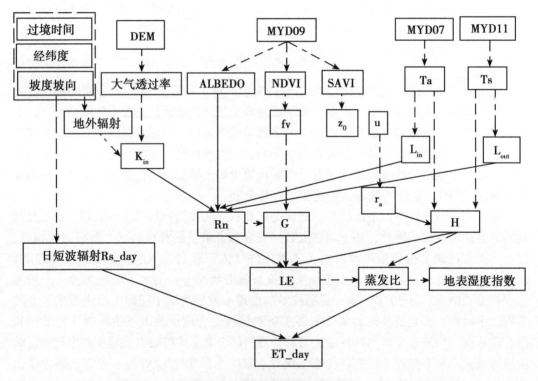

图 8-1　遥感蒸散反演流程图

（1）确定一系列地—气界面物理量，如反照度、植被指数、植被覆盖度、气温、气压等，作为模型输入的参数。

（2）根据气候模型计算地外辐射，利用热辐射模型计算地表辐射，通过辐射平衡方程获得地表净辐射。

（3）通过土壤热通量占净辐射的比例与反照度、植被指数等的经验关系，获得土壤热通量。

（4）利用中性、非中性层结下的稳定度系数和剩余阻抗修正空气动力学阻抗模型，用一维通量梯度表达式求出感热通量，这是遥感方法反演蒸散的关键。

（5）依据地表能量平衡模型，用"余项法"求出潜热通量，并计算蒸发比。

（6）根据气候模型计算日净辐射，结合蒸发比得到日蒸散量。

下面将对蒸散反演过程和其中相关参数的确定做详细介绍。

二、农田蒸散发关键参数遥感反演

参数获取的准确性是保证模型精度的必要条件。地—气界面参数是能量平衡方程中各分量参数化的基础，为了定量地描述地—气之间能量、动量和质量的交换过程，首先需要精确地反演出地表特征参数，NASA 提供了可供科学研究用的 MODIS 卫星数据产品，地表温度由 MYD11 温度产品直接提供，地表反照度和植被指数等需由 MYD09 反射率产品计算，近地面气温和近地面气压从 MYD07 大气温湿廓线产品推算得到。

1. 地表反照度

地表反照度是指地球表面向各个方向反射的全部太阳辐射通量与总入射太阳辐射通量的比值，决定了多少辐射能被下垫面所吸收，是地表能量平衡研究中的一个重要参数。它不仅依赖于地表物理性质，而且还与太阳光的入射方式（直射和散射）、太阳高度角以及太阳光光谱等因素有关，具有时空分异性。遥感数据是不连续波段光谱辐射能量的反映。从不连续的单波段反射率估算可见光到中红外连续光谱范围的反照率，在实际应用中一般是对不同波段反射率赋予不同的权重进行组合。Liang 等（2004）根据观测试验给出了 MODIS 宽带地表反照率与窄带反射率（谱反射率）之间的线性回归关系：

$$\alpha = 0.16\rho_1 + 0.291\rho_2 + 0.243\rho_3 + 0.116\rho_4 + 0.112\rho_5 + 0.081\rho_7 - 0.0015 \quad (8\text{-}2)$$

式中，ρ_i 是 MODIS 第 i 波段（$i=1$，2，3，4，5，7）的地表窄带反射率，可由 MYD09 产品提供。

2. 近地表气温

近地面大气温度是确定入射长波辐射的必要参数，也是计算感热通量的重要参数之一（张丽文，2014）。区域气温场的常规模拟一般采用气象观测数据结合 DEM 进行插值，结果仅考虑了高程因素，且忽略了其他环境参数对气温的影响。而近地面气温的遥感反演也一直是一个难点问题，有学者曾提出使用地表温度—植被指数三角特征空间法，选择高植被覆盖度像元的冠层温度作为气温的近似值，再结合 DEM 进行高程校正的区域外插，但这种方法在选点时具有一定的主观性，很难确定"锚点"的唯一性。MODIS 大气产品小组对现有的 NOAA 大气垂直探测系统 TOVS 和 ATOVS 研究成果进行改进，结合 MODIS 在多光谱和窄波段上的优势，利用其 12 个热红外通道的观测组合，联合统计回归算法和非线性物理迭代算法反演获得大气的温度和湿度廓线，Seemann 等（2003）利用无线电探空数据对 MOD07 大气廓线产品进行了验证，气温廓线的地面大气温度平均反演误差约为 1K。

Mendéz（2004）提出，根据空气的垂直分布特征、绝热温度递减率现象，1 000hPa 和 620hPa 气压层之间的绝热温度递减率可由下式确定。利用 MODIS 07 产品同时提供的近地表气压对底层（1 000hPa）和地表之间进行线性外插，近地表空气温度便可以用 1 000hPa 层的气温加上绝热温度递减率求得：

$$T_a = \frac{(P_{surf} - 1\ 000) \times \Delta T_{1\ 000-620}}{\Delta P_{1\ 000-620}} + T_{1\ 000} \qquad (8-3)$$

式中，T_a 为近地表（约 2m 处）的空气温度（K），P_{surf} 为近地表气压（hPa），$\Delta T_{1\ 000-620}$ 为 1 000 hPa 和 620hPa 两气压层间的气温差，$\Delta P_{1\ 000-620}$ 为气压差，等于 380hPa，$T_{1\ 000}$ 为 1 000hPa 处的气温（K）。Mendez（2004）的研究表明，这种方法估算的近地面气温能得到满意的结果，与实测值间的 R^2 达到了 0.84。

三、农田蒸散发遥感估算模型

农田蒸散发的估算，通常是基于地表的水热平衡方程，把地表蒸散发估计为地表水热平衡方程的余项。就水热过程来说，地表面实际上是土壤与大气的水热相互作用界面。其水热过程直接表现为一种水热动态均衡作用的连续过程。对于地表来说，它所接收的辐射通量，将等于地表面反射回大气的分量（反射率）、地表面向大气的显热分量，土壤蒸发量和作物蒸腾量，向地下土壤层的分量（进入土壤热量）以及地表面上作物生长的光合作用所需的能量，可用式 8-4 表示：

$$R_s = R_f + H + LE + G + B \qquad (8-4)$$

式中，R_s 表示到达地表面的大气辐射量（W/m²），主要包括太阳直射辐射和大气散射辐射；R_f 是地表对入射的大气辐射量的反射分量；H 是地表通过分子运动向大气传播的显热分量，LE 是地表的蒸散发量，在农田情况下，即农田蒸散发量；G 是土壤热分量，正值表示从地表面向下层土壤传导热量，导致土壤温度升高和土壤水分流动（蒸发等）；B 是地表植被（农田作物）的光合作用产物（生物量）所积累的能量，相对于前几部分而言，这部分通常很小，在大多数情况下可以忽略不考虑，即 B≈0。因此，根据上式，可以把农田蒸散发估计为如式 8-5：

$$LE = R_s - R_f - H - G \qquad (8-5)$$

因此，估计出农田地表蒸散发 LE，需要分别估计式（8-5）中的大气辐射通量 R_s，地表反射辐射通量 R_f，地表显热通量 H 和土壤热通量 G。如果把地表净辐射表示为地表面接收到的大气总辐射通量减去地表面向大气的反射辐射总通量，则有式 8-6：

$$LE = R_n - H - G \qquad (8-6)$$

式中，R_n 是地表净辐射通量，是指地面吸收的总辐射能与支出的总辐射能的差值。下面将分别对地表水热平衡方程的这三个分量进行详细的讨论，以明确这几个重要的农田水热过程参量的估计确定方法，也是农田蒸散发估算的关键所在。

1. 地表净辐射通量估计

地表净辐射通量 R_n 是指地面吸收的大气辐射通能减去地表面反射辐射通量。大气辐射通量主要由三部分组成：太阳直接辐射通量、大气散射通量和大气向下热辐射通量。实际上，太阳直接辐射通量和大气散射能量就是达到地表面的大气辐射通量 R_s。地表面反射通量 R_j 通常可以估计为地表反照率与大气辐射通量的乘积。因此，地表净辐射可以写成如下形式：

$$R_n = (1-\alpha) R_s + I^{\downarrow} - I^{\uparrow} \tag{8-7}$$

式中，R_n 是地表净辐射通量，α 是地表反照率（$0 \leqslant \alpha \leqslant 1$），等于地表反射通量与到达地表的大气辐射通量之比率，$I^{\downarrow}$ 是达到地表的大气热辐射净通量，$I^{\uparrow}$ 是地表的热辐射通量。根据 Stefan-Boltzman 辐射定律，地表热辐射可以用下式计算

$$I^{\uparrow} = \sigma \varepsilon T_s^4 \tag{8-8}$$

式中，σ 是 Stefan-Boltzmann 常量，$\sigma = 5.67 \times 10^{-8}$ W/ $(m^2 \cdot K^{-4})$，T_s 是地表温度（K），ε 是地表比辐射率，$\varepsilon \leqslant 1$。大气下行净热辐射 $I^{\downarrow}$，可以通过近似估计为：

$$I^{\downarrow} = \varepsilon (1-\tau) \sigma \varepsilon_a T_a^4 \tag{8-9}$$

式中，T_a 是大气柱平均作用温度（K），ε_a 是大气平均比辐射率，τ 是大气热辐射透过率。由于大气的下行净热辐射通常相对于热平衡方程中的其他项来说较小。因此，许多时候可以直接用近地表的气温 T_{a0} 来替代 T_a 来进行 $I^{\downarrow}$ 的估算。在中纬度夏季，这一近似估计，可能会导致 $I^{\downarrow}$ 被高估 8%~12%，高估通量约为 6~8W/m²。如果想较准确地估计，应该根据不同地区的近地表气温 T_0 进行估计：

对于亚热带地区，$T_a = 17.9769 + 0.91715 T_{a0}$

对于中纬度夏季地区，$T_a = 16.0110 + 0.92621 T_{a0}$

对于中纬度冬季地区，$T_a = 19.2704 + 0.91118 T_{a0}$

一般情况下，大气辐射通量 R_s 取决于大气顶的太阳辐射 R_{TOA} 强度和相应的大气状况，如云量、湿度、空气清洁度以及大气厚度等。所有的这些影响因素都可以用短波大气透过率 τ_{sw} 来表达。在晴空无云状况下，R_s（W/m²）可用式 8-10 计算：

$$R_s = \tau_{sw} R_{TOA} = \tau_{sw} G_{sc} \cos\theta \, dr \tag{8-10}$$

式中，G_{sc} 为太阳常数，$G_{sc} = 1367$W/m²；dr 为日地距离（m），θ 为太阳天顶角（rad），考虑到地形的效应，可根据翁笃鸣（1990）提出的公式进行估算：

$$\cos\theta = \sin\delta\sin\varphi\cos s - \sin\delta\cos\varphi\sin s\cos\gamma + \cos\delta\cos\varphi\cos s\cos\omega +$$
$$\cos\delta\sin\varphi\sin s\cos\gamma\cos\omega + \cos\delta\sin\varphi\sin s\sin\omega \tag{8-11}$$

纬度 φ、坡度 s 和坡向 γ 由 DEM 数据通过 GIS 地形分析获取，太阳时角 ω 和太阳赤纬 δ 分别由下列公式计算，这些参数的单位都是（rad）：

$$\omega = \arccos (-\tan\varphi\tan\delta) \tag{8-12}$$

$$\delta = [0.006918 - 0.399912\cos da + 0.070257\sin da - 0.006758 \times \cos(2da) +$$
$$0.000907 \times \sin(2da) - 0.002697 \times \cos(3da) + 0.00148 \times \sin(3da)] \tag{8-13}$$

$$da = 2\pi(DOY - 1)/365 \tag{8-14}$$

式中，DOY 指该日序，即该日为一年中的第几天，如 1 月 1 日是 1，1 月 2 日是 2，依次类推。由于地球绕太阳公转的轨道并不是圆而是椭圆，式（8-10）中的日地相对距离 dr 会随一年中的不同日期而略有变化，可用下式计算：

$$dr = 1 + 0.033 \times \cos(DOY \times 2\pi/365) \tag{8-15}$$

式（8-10）中，大气短波宽波段透过率 τ_{sw} 表示太阳辐射穿过大气时的衰减系数，受到许多因素的影响，包括大气中水汽含量、气溶胶厚度、各种粉尘等微型粒子的种类和大小、太阳高度角等。在很多情况下，由于受各种资料的限制，可以进行简单的估算，利用各像元的高程（DEM）来粗略的计算大气透射：

$$\tau_{sw} = 0.75 \times 2 \times 10^{-5} \times z \tag{8-16}$$

式中，z 为地表高程。此公式是将 Beer 辐射消减定律作为站点高程的函数进行线性化并假设平均太阳高度角约为 50° 得到的，经 6 000m 以下空气湍流较低的站点验证，效果通常较好。

热辐射的宽波段地表发射率 ε 可简单地通过地表的植被指数进行估算。也可以通过第 4 章中介绍有方法进行估计。可由其与 NDVI 的经验关系 $\varepsilon = 1.009 + 0.047\ln(NDVI)$ 得到（Van，1993），对于水体（NDVI<0）赋值为 0.995，裸土（0<NDVI<0.15）赋值为 0.93（Jiang，1999；2001）。地表温度 T_s 由 MYD11 地表温度产品提供。

卫星过境时刻的近地面气温 T_0 由 MYD07 大气产品推算得到。同时，研究表明，空气比辐射率 ε_a 与水汽压及气温满足以下条件：

$$\varepsilon_a = 1.24 \times (\frac{e_a}{T_a})1/7 \tag{8-17}$$

其中，ε_a 为气温为 T_a 时的水汽压（hPa）。由于水汽压和气温具有显著的相关性，ε_a 也可由以下经验公式给出：

$$\varepsilon_a = 0.92 \times 10^{-5} \times T_a^2 \tag{8-18}$$

在标准大气状况下，以及中纬度、0℃以上气温的状况下，对空气比辐射率经验公式进行验证，发现与实测的日平均值非常一致。

2. 土壤热通量遥感估计

土壤热通量是指土壤内部的热交换，是由于地表与土壤深层之间的温度差，一部分能量以热传导的方式到达地表深处，另一部分在夜晚以长波辐射的方式返回地面。土壤热通量对土壤蒸发、地表能量交换均有影响。它相对于净辐射通量、水热通量虽然比较小，但却是一个非常重要的量，是热量平衡方程中的重要组成部分，而且在地表植被覆盖稀疏时则占比例较大。通过遥感信息推算 G 的简便方法，是基于植被冠层和土壤中的热辐射和热传导相应随着土壤覆盖明显变化的现象，通过把 G/Rn 比值作为一个随植被指数或叶面积指数变化的变量，由它们之间的线性和非线性关系直接计算得到。

Bastiaanssen 等（1998）认为利用植被特征的比值关系估算稀疏植被覆盖区域的土壤热通量是不适宜的，因为如果土壤干燥裸露的情况下，进入土壤的热交换占净辐射通量的大部分比例，需进行区域校正，故提出 G/Rn 的比例系数由地表反照率、植被指数和地表温度确定：

$$G = \frac{R_n}{\alpha} \times (T_s - 273) \times (c_3\alpha^{avg} + c_4\alpha^{avg2}) \times (1 - 0.978 \times NDVI^4) \quad (8-19)$$

式中，α 是像元的地表反照率。这是半经验方法，以 NDVI 的函数关系估算植被冠层中净辐射通量的衰减。Timmermans（2004）基于 ASTER 影像进行几个能量通量模型的相互比较，发现利用这个方法计算的 G 的空间变异性不突出，因为它是从特定研究区域发展而来的半经验模型，而 Su（2001）的土壤热通量参数化方案物理机理充分，可行性强且操作简单，关系式如下：

$$G = R_n \times [\Gamma_c + (1 - f_c) \times (\Gamma_s - \Gamma_c)] \quad (8-20)$$

式中，$\Gamma_c = 0.05$，$\Gamma_s = 0.325$，分别代表植被完全覆盖和纯裸土的土壤热通量占净辐射的比例，处于中间状态情况下用植被覆盖率 f_c 进行订正，f_c 可根据与 NDVI 的关系式得到。

3. 显热通量估计

地表能量平衡方程中的显热通量 H 表征下垫面与大气间湍流形式的热交换，它是由于温差的作用，能量以湍流的方式传给地表上方的大气，即用于加热空气的那部分能量。先用地—气温度梯度和空气动力学阻抗计算感热通量，然后将地表水热通量作为能量平衡公式中的剩余项得出，可以避免潜热公式中表面阻抗的不确定性带来的误差。"余项法"的关键是感热通量的计算精度要高。

感热通量的计算是能量平衡四分量中最复杂最难计算的一部分，与地表类型、植被高度以及气象状况等参数密切相关，遥感蒸发模型基于地表（边界）和近地表环境之间的热量和动量传输理论，通常用一维通量梯度来模拟（W/m²）：

$$H = \frac{\rho C_p(T_s - T_{a0})}{r_a} \quad (8-21)$$

式中，ρ 为空气密度（kg/m³）；C_p 为空气定压比热，$C_p = 1\,004$J/（kg·K）；T_s 为蒸散面温度（K），即地表温度；T_{a0} 为参考高度处（约为2m 高）的气温（K）；r_a 为热量传输的空气动力学阻抗（s/m）。

4. 空气动力学阻抗

空气动力学阻抗 r_a 对显热通量 H 有重要的影响。因此，准确地估计农田地表的空气动力学阻抗，是准确估计地表显通量的关键。空气动力学阻抗 r_a 将随地表风速、地表粗糙度和大气层结（空气密度梯度）等因素的变化而变化。Liu 等（2007）详细介绍了国内外各种求解 r_a 的理论。参照 Morse（2000）和陈云浩（2001）的方法，用热量的层结稳定度修正系数和剩余阻抗对空气动力学阻抗进行订正。则中性层结下的空气动力学阻抗 r_{a0} 可计算如下

$$r_{a0} = \frac{\ln(z/z_0)}{u^* \times k} \quad (8-22)$$

式中，z 为参考高度（m），z＝2m；u^* 为摩擦速度（m/s）；k 为卡曼常数，一般取

$k = 0.4$；z_0 为动量传输粗糙度，与地表结构有关，可根据植被密度进行估算（Bastiaanssen，2000）：

$$z_o = \exp(-5.809 + 5.62 \times SAVI) \tag{8-23}$$

式 8-22 中，摩擦速度 u^* 是近地气层乱流特性的一个主要参量。为了计算 u^*，至少需要研究区当日的一个风速观测数据，而且该观测数据最好在研究区内部和接近卫星过境时刻。由于稳定地表面上的风速廓线具有如下的关系：

$$\frac{u}{u^*} = \frac{\ln(z/z_o)}{k} \tag{8-24}$$

式中，u 为参考高度 z 处的风速（m/s）。当已知某参考气象站点处的观测风速 u、高度 z 和 z_o 时，可根据上式计算出该气象站点处的 u^*；再次利用上式，就可以计算得到地上 200m 高度处的风速 u_{200}（一般认为该高度的风速不受地表粗糙度的影响，即整个影像上 200m 高度处的风速都被认为是固定值，不随地形的改变而改变），再将 u_{200} 代回，便可得到研究区范围内基于像元的 u^* 影像。为使模拟结果误差分布平均，选用靠近研究区中心位置的沭阳气象站的资料来推算 u^*。

对于非中性层结下的空气动力学阻抗 r_{ac}，引入稳定度修正系数 φ：

$$r_{ac} = r_{a0} \times \varphi \tag{8-25}$$

$$\varphi = 1 - \frac{\eta(z - d)g(T_s - T_a)}{T_0 u^2} \tag{8-26}$$

式中，g 为重力加速度；η 一般取 $\eta = 5$；d 为零平面位移（m），可根据植被高度 h 的经验公式估算，$d = 0.63h$，$h = z_0/0.123$；T_0 是地表温度 T_s 和空气温度 T_a 的平均值（K）；风速 u 在 u^* 得到后即可计算出来。

除上述空气阻抗外，陈镜明认为在植被覆盖区还存在"剩余阻抗" r_{bh}（陈镜明，1988），为植株对动量传输的平均边界层阻力，反映了叶温和冠层内气温差异，其量级与 r_a 相当：

$$r_{bh} = 4/u^* \tag{8-27}$$

综上所述，对于植被覆盖区，空气动力学阻抗为修正空气动力学阻抗和剩余阻抗之和，即 $r_a = r_{ac} + r_{bh}$；而对于裸露土壤区，空气动力学阻抗为修正空气动力学阻抗，即 $r_a = r_{ac}$。

5. 潜热通量估计

在土壤—植被—大气系统中，依据能量守恒与转换定律，地表接收能量以不同方式转换为其他运动形式，使能量保持平衡。潜热通量是下垫面与大气之间交换的水汽通量，是水分循环的重要组成部分，也是能量平衡的重要组成部分。通过上述参数化过程求得显热通量后，就可通过基于能量平衡的剩余项法求得潜热通量：

$$LE = R_n - G - H \tag{8-28}$$

式中，L 为水的汽化潜热，E 为水分蒸发量。L 表示在一定温度和压力下，单位质量的液态水加热转变为水汽所吸收的能量，在计算时一般取 L = 2.47 MJ/kg。

6. 蒸发比和日蒸散量估计

使用卫星影像的一个主要问题是时相分辨率。由于卫星围绕地球运行，无法进行连续的观测。即使每天卫星多次经过某个地区，拍摄的影像也可能因为云的出现而无法使用。因此，在没有卫星影像过境的时段内仍然需要有地面数据进行估算。遥感影像获得的数值是瞬时值，为达到应用的目的，必须拉伸到一日的尺度。通过假设实际蒸散速率与潜在蒸散速率的比值在一段时间内保持不变，研究区的卫星影像无法获得时，可从气象数据估算出某个时期的实际蒸散。

地表各通量在一天内变化极大，然而潜热通量与净辐射通量和土壤热通量之差（或潜热通量与感热通量之和）的比值（即蒸发比率）却相对稳定，大量研究证明蒸发比在一天之中基本保持不变。通过蒸发比表示潜热通量在地表与大气能量交换中所占的比例（地表与大气能量交换包括潜热通量和感热通量），可以将瞬时地表潜热通量转换为每日的值。

卫星过境时刻瞬时蒸发比按如下方程进行计算：

$$\Lambda = \frac{LE}{R_n - G} = \frac{R_n - G - H}{R_n - G} \tag{8-29}$$

通过计算影像中各像元点的蒸发比 Λ，并假定一天 24h 中蒸发比保持不变，便可对瞬时蒸散发进行时间尺度扩展得到卫星过境当日的蒸散发总量（mm）：

$$ET_a = 86\ 400\Lambda(R_{n\_day} - G_{day})/L \tag{8-30}$$

式中，G_{day} 表示一日总的土壤热通量（W/m²）；R_{n_day} 表示日蒸散发通量（W/m²）。由于白天储藏在土壤中的能量会在夜晚被释放到大气中，因此，一日总的土壤热通量 G_{day} 在地表为植被和土壤的情况下大约为 0，日蒸散只与日净辐射 R_{n_day}（W/m²）有关（在此需注意不同单位的换算）。

大气层外日短波入射辐射量 $K_{day}^{\downarrow exo}$（MJ/m²d）可用下式估计：

$$K_{day}^{\downarrow exo} = 24 \times G_{sc} \times E_0 \times \cos\varphi \times \cos\delta \times (\sin\omega - \omega \times \cos\omega)/\pi \tag{8-31}$$

式中，E_0 地球偏心率校正因子，由下式估计：

$$\begin{aligned} E_0 = 1.000\ 11 &+ 0.034\ 221 \times \cos da + 0.001\ 28 \times \sin da + \\ &0.000\ 719 \times \cos(2da) + 0.000\ 077 \times \sin(2da) \end{aligned} \tag{8-32}$$

到达地表面的大气短波辐射量 $K_{day\_g}^{\downarrow}$（W/m²），可用下式进行估计：

$$K_{day\_g}^{\downarrow} = 11.574\ 41 \times \tau_{day} \times K_{day}^{\downarrow exo} \tag{8-33}$$

式中，τ_{day} 是日平均大气辐射透过率，以 Angstrom 公式计算：

$$\tau_{day} = 0.25 + 0.5 \times \frac{n}{N} \tag{8-34}$$

其中，n 是当天实际日照时间，由气象站数据获得；N 是当天最大可能日照时间，可由气候模型估计，即

$$N = 24\omega/\pi \tag{8-35}$$

晴空条件下的日净辐射 R_{n_day}（W/m²）可以用此方程计算：

$$R_{n\_day} = (1 - 1.1\alpha) \times K_{day\_g}^{\downarrow} - 110 \times \tau_{day} \tag{8-36}$$

其中，反照率 α 的系数 1.1，是将瞬时反照度转换为日平均值，方程右边两项分别为短波辐射和长波辐射对日净辐射的贡献。汽化潜热 L = 2.47MJ/kg，折合 2.47 × 10^3MJ/m^3。因此，通过上述复杂的计算，得到日蒸散如下：

$$ET_a = \frac{\Lambda \times R_{n\_day}}{28.588} \qquad (8-37)$$

式中，ET_a 表示是蒸散发通量（mm）。

四、实例应用与结果分析

本研究立足能量平衡方程，利用 MODIS 数据产品，结合少量气象资料，建立了一整套完整的研究区农田蒸散估算的方法流程。据江苏省气象台发布的天气公报，2004年秋季淮北地区发生了较为严重的干旱，对当地的农业生产造成了一定的影响。为更好地了解该时段内水分蒸散和农业旱情的时空分布，我们收集了 2004 年秋季江苏省淮北地区晴空/少云日（9 月 21 日、10 月 12 日、11 月 6 日、11 月 15 日）的 MODIS 产品，对农田蒸散发时空分布和作物旱情发生发展进行了深入的分析。

1. 地表—大气关键参数分析

地表与大气间相互作用过程实质上是能量、动量和质量的相互交换过程。地表特征和下垫面物理性质在时空分布上的差异，对地表能量、动量和质量的分布产生极大的影响。了解地表特征参数的这种空间异质性分布，能为进一步分析区域地表能量通量的分布打下坚实的基础。

（1）归一化植被指数 NDVI　NDVI 植被指数综合反映了像元内植被的生长状态，能较客观地区分地面的植被覆盖情况，由于植被的存在改变地表的反射率，影响局部地区蒸发率以及地表能量和质量交换，因此研究 NDVI 具有重要的意义。

图 8-2 为 2004 年苏北地区 9 月下旬到 11 月中旬的植被指数 NDVI 随时间变化的分布图。可以看出：9 月的 NDVI 普遍偏高，大部分区域的 NDVI 大于 0.6，该月正是水稻抽穗灌浆期和棉花的吐絮前期，且前期降水充沛，农作物生长旺盛，植被覆盖度较大；进入 10 月中旬，苏北地区的水稻进入收割期，地表作物覆盖度下降，大多数耕地的 NDVI 也随之显著降低，沿海棉区因棉花处于吐絮后期，其他植被如阔叶林等仍处于生长状态，因而部分地区 NDVI 还维持在 0.6 以上；约三周之后，到 11 月上旬，小麦进入播种出苗期，油菜处于移栽期，种植小麦较多的徐州、宿迁、连云港大部分地区的 NDVI 呈现上升的势头，达到了 0.4，淮安、盐城一带、废黄河两岸的因小麦种植较晚或油菜移栽而使得 NDVI 偏低，只有 0.3 左右；进入 11 月中旬后，小麦和移栽后的油菜出苗成长，地表覆盖度增大，大部分地区的 NDVI 随之升高，达到 0.5 以上。

（2）地表温度　地表温度是决定地表长波辐射的基本参数，也是计算地表感热通量、潜热通量的重要参数，还影响土壤热通量的大小，因而对计算辐射平衡和热量平衡都很重要。

从图 8-3 可以看出，研究区 9 月下旬的地表温度主要分布在 297～300K，平均值为

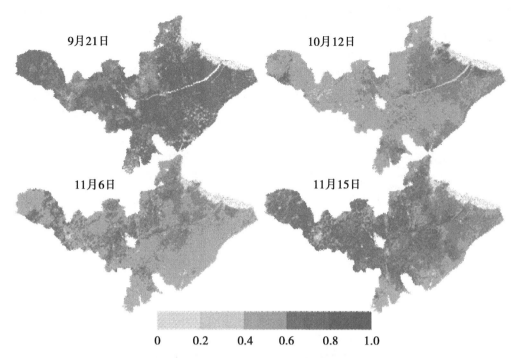

图8-2　苏北地区9月下旬至11月中旬归一化植被指数NDVI时空分布图

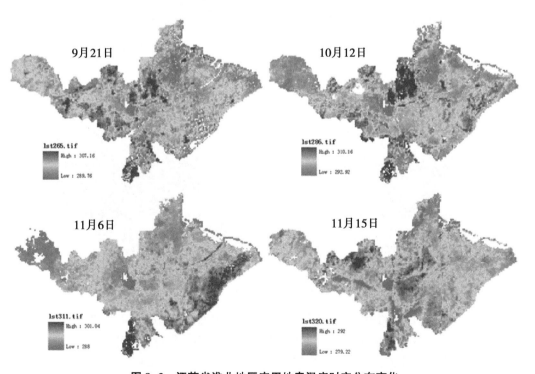

图8-3　江苏省淮北地区农田地表温度时空分布变化

299K，此时刚进入秋季，白天天气炎热，但由于地表植被覆盖度较高，且水稻种植面积大，土壤湿度好，地表温度总体并不高，最高温度出现在新沂、睢宁、泗洪西南一带的低岗丘陵区；10月中旬，尽管日平均气温相对有所下降，但由于秋收作物进入收割期，地表土壤裸露较多，植被荫蔽作用减小，加上土壤干燥，多数地区的地表温度仍达到298~303K；11月上旬，秋播作物开始出苗生长，作物生长地区的地表温度降低，平均值为294K，泗洪西南部和废黄河两岸因作物覆盖度低，呈现明显的高温；到了中旬，较之前有大幅度的降低，平均温度只有288K。从温度分布影像显示，洪泽湖西部、徐州东南部、新沂东部、东海北部的低山丘陵区为高温的集中分布区。

（3）近地表气温　气温是描述陆地环境条件的重要参数，也是全球变化研究中的一个重要研究对象。由于近地球表面气温控制着大部分陆地表面过程（如光合作用、呼吸作用及陆地表面蒸散过程等），因此气温是植物生理、水文、气象、环境等科学很关注的一个重要近地表气象参数，获取气温的时空分布对于更好地理解陆地表面过程和研究全球变化等都显得非常重要。

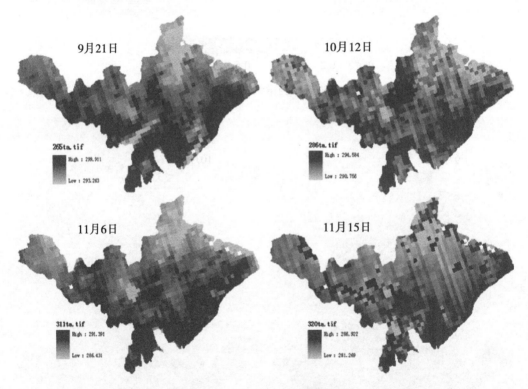

图 8-4　近地面气温时空分布

图 8-4 反映了由 MYD07 产品估算得到的瞬时近地面气温情况。MYD07 大气剖面产品的分辨率是 5km，重采样到 1km 分辨率后的影像有较明显的齿轮状纹理，由于气温范围分布在整个研究区均较为集中，在 6K 以内（293~299K、290~294K、286~291K、281~286K），实际邻近像元的气温差异并不大，本文在此忽略其影响。从 4 天的图像看出，低温区主要分布在骆马湖区及沿海、滩涂、盐场一带，高温区主要位于睢宁和泗洪地区，废

黄河两岸也是区域内气温较高的集中分布区。气温分布基本遵循从低纬到高纬逐渐降低的规律，但由于气温除了在大背景上跟地理纬度、海拔高程有关外，局部地区主要是受地表长波辐射影响，与地表覆盖状况关系密切，因此部分地区呈现出独特的空间异质性。

2. 参数敏感性分析

得到的最终结果是江苏淮北地区一日陆面实际蒸散量的分布图。区域大尺度研究由于面积远远大于生态系统尺度，有关参数空间变异很大，研究结果存在很多不确定性，同时在反演运算中又使用了许多不同类型的经验关系式，因此在利用模拟结果作相关分析之前进行参数敏感性检验，分析关键参数的变化对地表蒸散反演精度的影响程度，对最终得出准确结论是非常重要的。为此，先假定某一参数有一微小误差，其他参量不变或在指定的范围内变化，分析了不同情况下由这一误差带来的最终结果的变化。

（1）风速对蒸散发估计模型的影响　算法中的风速是根据位于研究区中心位置的沭阳气象站的观测值进行区域扩展推算的，在估算过程中借助了稳定表面上的风速廓线关系和200m高度处风速基本一致的假设。从图8-5可以发现，风速参数在日蒸散反演模型中并不敏感，当风速估计误差在10%时，日蒸散反演误差约为2%，当风速估计误差进一步增大到50%时，日蒸散反演误差为11%左右，可见卫星过境时刻风速估计误差对蒸散反演结果的影响很小。需要特别指出的是，敏感性分析的前提是假设感热梯度公式中的其他参数不发生变化。事实上，风速变大导致蒸发面上的空气流动加快，一方面蒸发面温度降低，另一方面，由于干空气代替湿空气使得气温升高，所以表面温差减小，感热通量会随之减小。因此尽管热通量计算式中的各参数看似较为独立，其实存在互相耦合的内在联系。

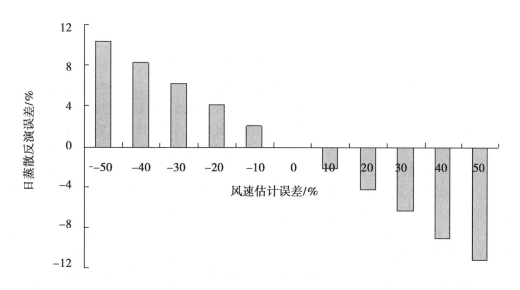

图8-5　日蒸散对风速估计误差的敏感性

（2）大气透过率对模型的影响　计算太阳短波净辐射的时候，由于受各种资料的限制只简单的利用各像元的高程（DEM）来粗略的计算大气透射率，而现实中大气透射率受众多因素的影响，包括大气中水汽含量、气溶胶厚度、各种粉尘等微型粒子的种类和大小、太阳高度角等。图 8-6、图 8-7 显示了短波大气透过率估算误差对瞬时净辐射通量以及当日蒸散量估算的影响。可以发现，大气透过率对两者均起正反馈的作用，尽管大气透过率对净辐射的影响较大，反演误差几乎与估计误差同步上升，但是由于在计算蒸发比时，比值运算式中可抵消一部分误差，因此对最后日蒸散的结果影响并不大。同时也发现，这种影响在大气透过率多估时并不明显，多估 30% 时，日蒸散的误差只有 7%，而少估时误差变动较为剧烈，如少估 30% 时，误差达到了 18%，可见大气透过率少估造成的影响比多估要大。一般情况下，我们选择的都是晴空影像，大气透过率的估计误差应在可接受的范围内，对最后结果的影响较小。

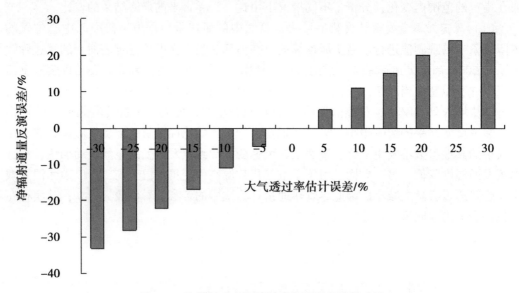

图 8-6　净辐射对大气透过率估计误差的敏感性

（3）反照度对模型的影响　宽波段反照度原则上应根据二向反射因子计算得到，本文采用的是 Liang（2003）利用各窄波段反射率线性组合的经验公式。由图 8-8 看出，日蒸散结果对反照度并不很敏感，反照度误差在 5% 时，日蒸散的估计误差在 5% 左右，而反照度误差上升到 40% 时，日蒸散的误差仍保持在 20% 左右。究其原因，发现，尽管瞬时净辐射对反照度相当敏感，但是和大气透过率类似，在计算蒸发比的过程中，比值运算使得误差有一部分抵消，因此，蒸发比的误差大大降低；而最后日蒸散的误差稍稍增大，是因为在计算日净辐射的时候又引入了部分误差。

（4）气温对模型的影响　近地面气温是采用 MYD07 大气剖面产品提供的 1 000hPa 和 620hPa 处的大气温度以及近地面气压进行垂直剖面上的插值估算的，在通量计算过程中，气温主要体现在长波入射辐射和感热通量的确定上，并进而影响净辐射和潜热通量。从图 8-8 至图 8-10 可以发现，气温对净辐射和日蒸散估算都起正反馈的作用，即两者均随气温的升高（降低）而增大（减小），但是对前者的影响远远小于后者——气温估计误差在±1%（3K 左右）时，净辐射的误差为±2.4%，而日蒸散的误差已达到±15%，而当气温估计误差在±2%（6K 左右）时，净辐射的影响不足 5%，而日蒸散的误差急剧升高到近 30%，会引起较大的误差。可见由于感热通量的梯度计算公式本身的特点，蒸散发估算对气温是相当敏感的，条件允许时，需要对区域气温场的推算尽可能详细的评估和验证。

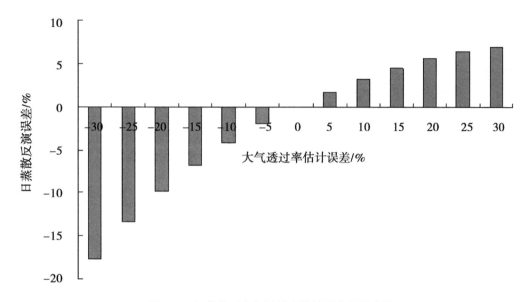

图 8-7　日蒸散对大气透过率估计误差的敏感性

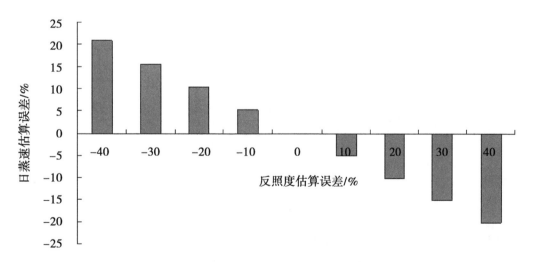

图 8-8　日蒸散对反照度估计误差的敏感性

3. 日蒸散通量的验证

从遥感数据确定地表能量平衡的难点在于从大得多的空间尺度上量化发生在地表附

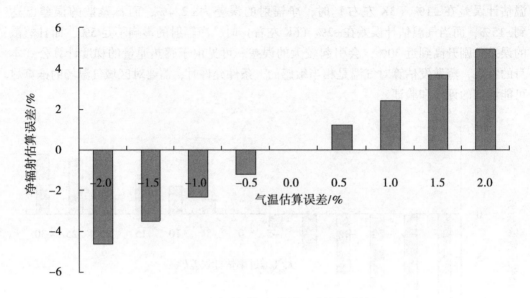

图 8-9　净辐射对气温估计误差的敏感性

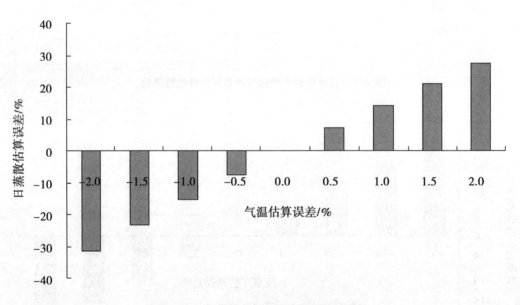

图 8-10　日蒸散对气温估计误差的敏感性

近的能量交换过程。对于 MODIS 数据反演的单像元蒸散值来说，它应该是不同覆盖类型地块蒸散值的一个平均表达，因此在较低空间分辨率条件下很难运用直接观测方法对遥感反演的像元蒸散值验证，而相对来说水面蒸发由于类型单一，可利用气象站实测水面蒸发值进行初步验证。本文利用研究区内有蒸发皿实测记录的 17 个气象站的资料（图 8-11），将蒸发皿观测值依据联合国粮农组织（FAO）方法折算为水面蒸发值，与从蒸散反演结果图像上提取出对应于气象站位置的蒸散量值进行对比，来初步检验结果的准确性。

图 8-11　蒸发皿观测站点分布图

从表 8-1 和表 8-2 中可以看出，利用能量平衡模型和 MODIS 数据计算的日蒸散量与气象站的观测数据在数量级上是一致的，有 83% 的估算值相对误差在 -30% 以内。同时发现，与测量值相比，估算值大部分偏小，这是因为气象站的测量数据是水面蒸发量，是供水充足的条件下得到的结果，而我们计算得到是有地表覆盖情况下受各种因素限制的陆面实际蒸散量。对于某些误差较大的地区，据分析主要有三个原因：一是可能由于前期降水偏少，天气干燥，空气湿度相对较小，有利于水面蒸发，因而造成测量值与计算值误差较大，这也是为什么前期相对较为湿润的 9 月 21 日比 11 月 15 日的总体估算误差要小的原因；二是由于 MODIS 数据的分辨率是 1km，混合像元中包含了水体、植被、土壤、建筑等地物，所计算的该像元的蒸散量是一个平均值，这就造成了一般估算值比测量值偏低；三是遥感估算区域蒸散量使用的是热量平衡方程，当有平流发生时，该方程并不成立，这是利用卫星遥感估算区域蒸散量的一个不易克服的问题。

表 8-1　2004 年 9 月 21 日蒸散计算值与气象站点实测值比较

台站号	台站名	实测值（mm）	估算值（mm）	相对误差（%）
58012	丰县	3.9	3.6	−7.7
58013	沛县	3.5	3.4	−2.9
58026	邳县	3.9	3.5	−10.3
58035	新沂	3.5	3.5	0.0
58036	东海	3.4	3.8	11.8
58038	沭阳	3.8	3.8	0.0

（续表）

台站号	台站名	实测值（mm）	估算值（mm）	相对误差（%）
58044	连云港	3.9	3.3	−15.4
58045	响水	4.4	4.0	−9.1
58047	灌云	4.3	3.5	−18.6
58048	灌南	4.0	3.0	−25.0
58049	滨海	4.2	3.1	−26.2
58130	睢宁	3.7	3.8	2.7
58131	宿迁	4.0	3.7	−7.5
58132	泗阳	3.6	3.9	8.3
58135	泗洪	4.3	3.8	−11.6
58140	涟水	3.3	3.2	−3.0
58145	淮安	4.1	3.0	−26.8

平均相对误差−8.3%

表8-2　2004年11月15日蒸散计算值与气象站点实测值比较

台站号	台站名	实测值（mm）	估算值（mm）	相对误差（%）
58012	丰县	1.3	1.4	7.7
58013	沛县	1.1	1.0	−9.1
58026	邳县	1.7	1.5	−11.8
58035	新沂	1.8	1.7	−5.6
58036	东海	2.0	2.0	0.0
58038	沭阳	2.2	1.7	−22.7
58044	连云港	2.3	1.7	−26.1
58045	响水	2.9	2.0	−31.0
58047	灌云	3.0	2.4	−20.0
58048	灌南	2.2	1.8	−18.2
58049	滨海	2.9	1.7	−41.4
58130	睢宁	2.0	1.6	−20.0
58131	宿迁	1.8	1.5	−16.7
58132	泗阳	1.7	1.6	−5.9

（续表）

台站号	台站名	实测值（mm）	估算值（mm）	相对误差（%）
58135	泗洪	1.8	1.7	-5.6
58140	涟水	2.1	1.8	-14.3
58145	淮安	2.4	1.9	-20.8
平均相对误差-15.4%				

4. 日蒸散发的时空分布

图 8-12 显示了反演得到的 2004 年秋季 4 天的实际蒸散空间分布结果。9 月 21 日，整个地区的农田蒸散发 ET 主要分布在 3.1~5.1mm，并且地区差异性不大，平均值为 4.1mm。10 月 12 日的 ET 主要分布在 1.0~3.0mm，多数在 2.1mm 附近，平均值为 2.0mm，空间分布上差异较为明显，滨海、灌南、灌云、新沂以及泗洪一带蒸散发较少，而宿迁、徐州大部分地区蒸散较高；11 月 6 日的 ET 主要分布在 1.5~2.0mm，多数值约为 1.6mm，平均值为 1.6mm，这个时期整个地区的 ET 普遍较低，究其原因，此时正值秋季作物播种和出苗期，地表植被覆盖度小，而且前期降水不足，土壤墒情低，蒸散量相对较低，高值区主要分布在徐州和宿迁一带；11 月 15 日的农田蒸散发 ET 主要分布在 0.6~2.2mm，多数值约为 1.3mm，平均值 1.4mm，空间分布上差异较为显著，高值区主要分布在洪泽湖周边、废黄河两岸，而徐州、宿迁北部以及连云港大部分地区的蒸散值都较小。对 4 幅影像对比可以发现，日蒸散与天气状况有一定联系，天气湿润时，各地的蒸散发差别不大，而天气干燥时，蒸散发的地区性差异比较明显，受地表状况的影响显著。

对这些 NDVI、地表温度和气温和日蒸散分布图进行综合分析，可以看到，NDVI 低的地方，由于植被覆盖度较少，一般来说地表温度和气温也相对较高；NDVI 高的地方，植被密度大，地表温度和气温较低，而日蒸散的分布与 NDVI 和地表温度等略有关系，但规律不及前三者之间明显，显示了蒸散是受植被、地形、气候、土壤湿度等多环境因素综合影响的结果。

五、基于农田蒸散发的作物旱情遥感监测

1. 蒸发比评价地表湿度

潜在蒸散（ET_p）是理想供水状况下的蒸散发量，指从不匮缺水分的植物群体在单位时间内的蒸腾量和土壤蒸发量总和。当理想供水状况下，有足够的水分用于地面蒸发，所以此时的感热通量非常小，可近似认为潜在蒸散条件下的潜热通量是地表净辐射和土壤热通量的差值，其表达式为：

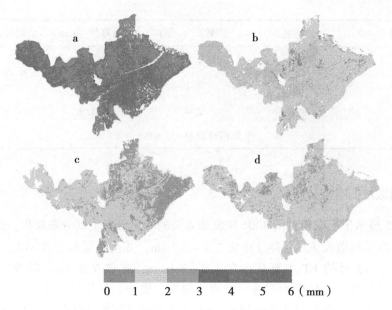

a. 9 月 21 日；b. 10 月 12 日；c. 11 月 6 日；d. 11 月 15 日

图 8-12　日蒸散时空分布

$$LE_p = R_n - G \qquad (8-38)$$

对于一日来说，$LE_{p\_day} = R_{n\_day}$（24 小时 G 为 0）

区域实际蒸散量（ET_a）和区域潜在蒸散量（ET_p）是大气、土壤和植被等各圈层蒸发和蒸腾的综合反映，其比值与土壤水分密切相关，当土壤水分小于临界状态的土壤水分，即当实际蒸散小于潜在蒸散时，表征区域缺水；反之则不缺水。因此，通过该比值反映大范围内地表水分状况是个有效途径。

由于 $ET_a / ET_p = \Lambda R_{n\_day} / R_{n\_day} = \Lambda$，通过蒸发比的概念及表达式，可以看出其正好代表了实际蒸散占潜在蒸散的比例，可以作为地表湿度状况的指数：Λ 的值介于 0-1 之间，值越接近于 1，说明农田土壤供水状况良好，实际蒸散接近于潜在蒸散；值越接近于 0，说明实际蒸散占潜在蒸散的比重越低，农田缺水情况越严重，旱情越突出。

2. 地表湿度时空动态

图 8-13 显示了利用蒸发比反映的地表湿度状况分布图，对照图 8-12 可以发现，蒸发比和日蒸散量在空间分布趋势上具有较好的一致性。9 月 21 日的农田地表湿度普遍良好，整个地区的蒸发比 0.5 以上，除邳州、新沂和连云港南部等零星地区在 0.8 以下外，其余地区均能达到 0.8 以上；10 月 12 日，农田地表湿度状况有所下降，除骆马湖、洪泽湖周边地区能达到 0.8 外，其余地区均在 0.8 以下，其中徐州、连云港以及宿迁南部在 0.6 以上，新沂、滨海东部和泗洪西部一带在 0.4 以下，显示旱情已有显现，局部地区土壤墒情较为严重；11 月 6 日的影像显示，滨海、泗洪南部一带出现较为严重的旱情，分析降水记录可知，这两个地区 11 月 1 日到 5 日的总降水不足 3mm，较其他地区显著偏少；11 月 15 日，苏北地区的旱情显著缓解，滨海、泗洪一带的旱情

已解除，部分地区甚至达到湿润状态，旱情像西北内陆蔓延，但只在灌云、东海、新沂和邳县部分地区轻微出现，据查询，11 月 9 日起，苏北大部分地区普降及时雨，改善了区域内降水偏少的状况，11—14 日的滨海、灌云的总降水量分别达到了 26.2mm 和 17.8mm，干旱比率明显降低。

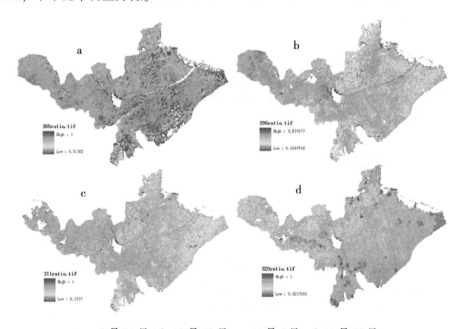

a. 9 月 21 日；b. 10 月 12 日；c. 11 月 6 日；d. 11 月 15 日

图 8-13 农田地表蒸发比（地表湿度）时空分布

第九章　区域作物旱情监测评价

江西省是我国长江中下游南岸的农业大省，干旱灾害发生频繁，已经成为制约农业生产持续稳定发展的重要因素之一。本章重点探讨以江西省为代表的我国亚热带农作区作物旱情监测评价方法。

一、作物旱情监测评价

1. 旱情评价期的确定

作物的旱情通常是以作物不同生育阶段或天数（旬、月）等作为评价期的依据。在以往不借助遥感而通过地面观测数据来进行旱情监测评价时，主要是依据作物生长环境即耕作层的水分情况，因为耕作层是作物根系的主要活动层，只要耕作层的土壤含水量能够保障作物的生长，就不会发生干旱缺水胁迫。如果土壤含水量很少，低于作物生理的最低需求，即土壤含水量在萎蔫系数以下，作物就进入旱情临界状态：受旱成灾。在生长季，耕作层的含水量由适宜状态降到萎蔫系数以下，一般最短只需 10d 左右的时间，这也就是在各此类研究中经常所取的最短评价期。

结合区域农业气象信息服务的实际需要，本研究将 10d 作为作物旱情预警监测评价的基准长度，因为在作物的主要生长季，即使前期土壤含水量是适中的，只要超过一旬的时间无雨，耕作层就会因强烈的蒸散作用而造成缺水，以至出现旱情。当然，有了旱情不一定出现旱灾，只要条件逆转或采取一定的措施，就有可能远离灾危临界点而脱离危险境地。这正是进行干旱监测和干旱预警的目的。

2. 干旱评价指标与旱情级别的确定

研究干旱，或对干旱进行预测预报，进行减灾措施的制定和进行农业发展规划时，必须对干旱进行客观、精确物理意义明确的定量刻画、划分成等级表示干旱程度。这种反映干旱成因和程度的量度即称为干旱指标。

因研究的侧重点不同，研究人员采用多种参数来描述其所关心的干旱过程的严重程度，因而在干旱指标及分级问题上提出了许多方法和指标体系。从不同干旱类型来看，气象干旱主要以降水为指标划分干旱等级；作物干旱主要以土壤水分和作物指标划分；水文干旱主要以地表径流和地下水为指标；社会经济干旱主要以供水和人类需水为划分指标。

干旱在农业方面的反映表现在土壤干旱与作物生理干旱两方面。土壤干旱指数通常有土壤相对有效水分贮存量、土壤墒情指标、Palmer 干旱指标等，从植被生长角度常用的指标包括作物产量水分指数、植物水分亏缺指数以及植被供水指数等。在实际应用中，因气象干旱是导致各种干旱的基础，故也常常将气象资料考虑进去，以降水距平，连续无雨日等为指标，进行辅助划分。

由于干旱的复杂性以及地域之间的差别，各地区之间的干旱指标也存在差异，至今还没有一个统一的标准。对于适用于江西省的干旱指标，许多学者都做了这方面的研究工作，目前主要是应用气象数据来划分江西省干旱程度。对于江西省伏秋干旱而言，降水是作物生育期水的主要来源，降水的多少及其时间上的分布与某一地区土壤干湿状况的关系极为密切，它在一定程度上反映了作物对水的满足程度。作物干旱主要是由气象条件即降水与蒸发的失衡引起的，降水是影响作物干旱的重要因素。因此，长时间缺乏充足的降水是作物干旱形成的基本条件。所以考虑近期降水量的变化具有重要的参照和基础意义，可以作为作物干旱的研究背景和参考依据。

张超美（2000）分析了近 30 年来江西地区气象数据，通过对逐日降水量大小及降水时间分布两方面做出限定，并通过对伏秋期干旱时段的划定和计算，定量得出单站的干旱程度即干旱指数 K。干旱指数越大，表示干旱程度越重。为了反映连续干旱长度对干旱程度的影响，在实际计算时对最长干旱日数加了权重。当 $0 < K \leq 0.4$ 为无干旱，$0.4 < K \leq 0.65$ 为轻度干旱，$0.65 < K \leq 0.95$ 为中度干旱，$0.95 < K \leq 2.0$ 为重度干旱。这一干旱指标较好地反映江西省的干旱情况。上文中已给出遥感监测的条件植被供水指数的计算，将两者通过对比分析，结合气象资料与江西旱情统计资料，最终将条件植被供水指数 VWSCI 划分为：0~15 为重旱，15~30 为中旱，30~40 为轻旱，40~70 为正常，70~100 为湿润。

二、作物旱情监测评价模型

作物旱情的遥感监测一般基于土壤水分和植被状况，对于裸地而言卫星遥感重点是土壤的含水量，对于有植被覆盖的区域重点则是植被指数的变化及植被冠层蒸腾状况的变化。前文已经从植被覆盖度的角度对有关模型和方法进行分类综述，就本研究区而言，江西省伏秋干旱的监测属于高植被覆盖的区域，故可以从中选择合适的模型，并针对江西实际情况加以改进。

高植被覆盖地区遥感监测方法主要可以分为两类，一是单纯依据植被指数的变化来监测干旱，如距平植被指数法和条件植被指数法等，二是通过温度与植被指数的组合来监测干旱（柳钦火等，2007；牟伶俐等，2007），如温度植被干旱指数法、条件温度植被指数、作物供水指数法等。对于第一类方法而言，仅采用植被指数一个指标，会存在某种不足，如植被指数具有滞后性，使得植物在受到水分胁迫时仍能保持其原有绿色，需要通过一段时间才能有所反映，故 NDVI 是一个比较保守的植被水分胁迫指标，把它作为单一指标监测土壤水分供应状况时缺少时效性；另外，植被指数法需要长期的，能代表正常年的遥感数据，以往都是采用长期积累的 NOAA/AVHRR 数据，MODIS 数据由于受到年份的限制，积累时期较短，故江西地区目前不易采用植被指数法来监测干旱。

对第二类方法而言，通过温度与植被指数的组合来监测干旱的方法充分发挥了植被指数与地表温度的信息互补特性，能够较好地反映出地表土壤水分缺信息。这类方法包括温度植被干旱指数法（TVDI）、条件温度植被指数（VTCI）、植被供水指数法（VSWI）等，从模型的应用程度来考虑，这几种方法各有优缺点，本研究选取植被供水指数法（VSWI），是植被指数的监测值与冠层温度的比值，公式表示为：

$$VSWI = \frac{NDVI}{LST} \tag{9-1}$$

式中，VSWI 是作物供水指数，表示作物干旱胁迫程度；NDVI 是农田作物的归一化植被指数，通过遥感数据的红光波段和近红外波段计算；LST 是农田地表温度，通过热红外遥感波段进行反演。因此，VSWI 越小，作物受到的干旱胁迫程度就越严重，即旱情强度大。相反，VSWI 越大，表示干旱胁迫程度相对较低。

运用 VSWI 来进行作物旱情监测评价，主要原理是，当作物供水正常时，卫星遥感的植被指数在一定的生长期内保持在一定的范围内，而卫星遥感的作物冠层温度也保持在一定的范围。如果遇到干旱情况，作物在缺水情况下，由于供水不足，生长必然受到影响，卫星测得的植被指数将降低。同时，作物吸收的水分不足，作物没有足够的水分供给叶子表面的蒸腾，作物叶片的气孔将自卫性关闭，气孔阻力增大，蒸腾减小，叶面温度增高，致使植被冠层温度升高。正是植物体在受到干旱胁迫下，表现出来的这些生理和生长发育的非正常变化特性，成为作物受到干旱胁迫的指示器。植被供水指数法通过植被指数和植被冠层温度两种干旱监测因子的比值来计算作物的供水状况，可以在一定的程度上反映有植被情况下的土壤含水量情况。

归一化植被指数容易出现高植被覆盖区植被指数被压缩的现象，为了解决这一问题，本研究尝试采用增强型植被指数 EVI 来替代 NDVI。增强型植被指数 MODIS-EVI 是在 AVHRR-NDVI 基础上进行了改进，在对所有输入波段进行了全面的大气校正的基础上，采用"大气阻抗植被指数（Atmospherically Resistant Vegetation Index，ARVI）"，对残留气溶胶做了进一步校正。ARVI 由 Kaufman 和 Tanre 在 1992 年提出，基本原理是大气气溶胶对 Blue 和 Red 散射程度不同，气溶胶越厚，二者差别越大，因此可以通过 Blue 和 Red 的差别反过来补偿气溶胶对 Red 的影响。大气抵抗植被指数的基本公式为：

$$ARVI = \frac{\rho_{NIR} - \rho_{rb}}{\rho_{NIR} + \rho_{rb}} \tag{9-2}$$

式中，ARVI 是大气阻抗植被指数，ρ_{NIR} 是近红外波段地表反射率，ρ_{rb} 是经过大气阻抗校正的红光波段地表反射率，由下式计算：

$$\rho_{rb} = \rho_{RED} - \gamma(\rho_{BLUE} - \rho_{RED}) \tag{9-3}$$

式中，ρ_{rb} 为经过大气阻抗校正的红光波段地表反射率，ρ_{RED} 和 ρ_{BLUE} 分别是红光和蓝光波段地表反射率，γ 为光路辐射订正系数。

同时，MODIS-EVI 采用"抗土壤植被指数"对土壤背景影响做了校正，对土壤背景干扰的处理，采用了 Huete 提出的抗土壤植被指数（Soil Adjusted Vegetation Index，SAVI）：

$$SAVI = \frac{(\rho_{NIR} - \rho_{red})(1 + L)}{\rho_{NIR} + \rho_{red} + L} \tag{9-4}$$

其中，L 为土壤调节参数，可取 L=0.5。

这样将前面两个公式综合在一起，通过参数构建了一个同时校正土壤和大气的影响反馈机制，即"增强型植被指数" EVI：

$$EVI = 2.5 \times \frac{\rho_{NIR} - \rho_{red}}{\rho_{NIR} + C_1\rho_{red} - C_2\rho_{BLUE} + L} \tag{9-5}$$

式中，ρ_{NIR}、ρ_{red} 和 ρ_{BLUE} 分别为经过大气阻抗校正的近红外波段、红光波段和蓝光波段地表反射率；L 为土壤调节参数，取 L=1；C_1 和 C_2 分别是调节参数，取 C_1=6.0 和 C_2=7.5。

将 EVI 与 NDVI 进行比较发现，NDVI 对原始数据大气噪音处理有限，采用可以部分消除大气噪音但有明显缺陷的比值算式，使得 NDVI 在高植被覆盖区容易饱和。此外，NDVI 也没有考虑背景土壤噪音的影响。而增强型植被指数 MODIS-EVI 对原始数据经过较好的大气校正，所以 EVI 的设计避免了基于比值的植被指数的饱和问题。同时，利用蓝光和红光对气溶胶的差异，采用"抗大气植被指数"进一步减小了气溶胶的影响，采用"土壤调节植被指数"减少了土壤背景的影响。

在实际应用中，为了直观说明 MODIS-EVI 与 MODIS-NDVI 的差异，本研究选择覆盖江西地区的 MODIS 数据，分别计算 MODIS-NDVI 与 MODIS-EVI，并对其像元进行统计，做出反演对比图与直方图：选取的数据为 2003 年 8 月 1 日的遥感数据，此时正式作物生长，植被覆盖率较高的时刻，研究区内处于晴空少云状态，通过几何校正等处理，最终获取江西地区 MODIS-NDVI 与 MODIS-EVI（图9-1）。从图9-1 可以清楚地看到，EVI 能够更加真实地反映地表植被分布状况，NDVI 在很多高密度植被地区存在低估现象，而在那些低植被地区则表现出高估情况。相反，EVI 的空间分布更加接近实际，江西省存在许多高植被密度分布区，有些植被密度较低的地区也能够更加清楚地体现了出来。

通过图9-2 可以看出，8 月江西省高植被覆盖率较高，大部分地区的 NDVI 值与 EVI 值均在 0.5 以上，两幅图像在植被覆盖空间分布上表现较一致，只是在高植被覆盖区域，EVI 值比 NDVI 值高。通过直方图可以看出，NDVI 的峰值处在 0.7 附近，在高于 0.7 的部分像元值分布非常少，而 EVI 的峰值出现在 0.75 附近，并且在高于 0.75 部分仍有较多像元值。这也说明了在高植被覆盖区域，EVI 比 NDVI 有更好的植被监测能力，这与许多学者的研究结果是一致的。可见在高植被覆盖区域，采用 EVI 来反映植被长势，能够取得更好的效果。故最终本研究选用的干旱监测指标如下：

$$VSWI = \frac{EVI}{LST} \times B \tag{9-6}$$

式中，EVI 为增强型植被指数，LST 为地表温度，B 为常量系数，本研究取 100。

植被供水指数能较好地反映研究区干旱状况，但并未考虑环境差异造成的影响，大区域范围旱情的监测不能采用同一指标。为了反映江西省干旱的实际情况，同时便于将植被供水指数与江西干旱指数进行对照，依据条件植被指数的原理将植被供水指数进行

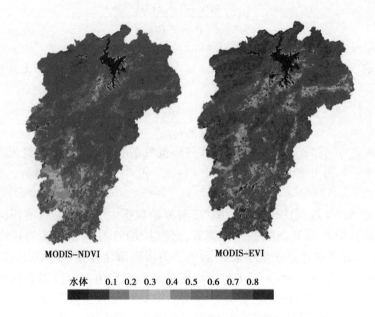

MODIS-NDVI   MODIS-EVI

水体   0.1 0.2 0.3 0.4 0.5 0.6 0.7 0.8

图 9-1 江西省 MODIS-EVI 与 MODIS-NDVI 反演结果比较

MOSIS-EVI与MODIS-NDVI直方图

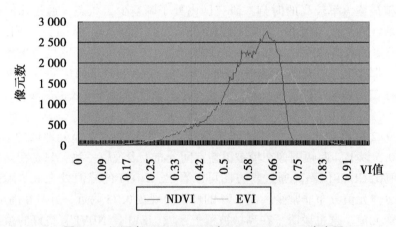

图 9-2 江西省 MODIS-EVI 与 MODIS-NDVI 直方图

改进，提出了条件植被供水指数（Vegetation Supply Water Condition Index，VSWCI）通过对研究区植被供水指数历史最大值与最小值的计算，消除或减弱地理位置，土壤条件等对植被供水指数的影响，可以反映江西地区实际干旱情况，计算公式如下：

$$VSWCI(\%) = \frac{VSWI_i - VSWI_{min}}{VSWI_{max} - VSWI_{min}} \times 100 \qquad (9-7)$$

式中，$VSWI_i$ 为研究时期内植被供水指数；$VSWI_{max}$ 和 $VSWI_{min}$ 分别 j 研究期内植被供水指数最大值和最小值。式（9-7）中的分母部分体现了 VSWI 的最大变化范围，可以有效反映了当地干旱状况，具有一定的地域性；分子部分表示了研究时期内 VSWI 与最干旱时期植被供水指数的差值，若两者之间差值小，表示该时段作物长势很差。比值大小反映了当前的干旱状况，若 $VSWI_i$ 和 $VSWI_{min}$ 比较接近时，一般就是灾情出现时。

$VSWI_{max}$ 和 $VSWI_{min}$ 反映了研究区内植被供水指数的变化情况，但由于江西干旱发生的时期较短（通常年份仅有 2~3 个月出现旱情），并且缺少长期遥感资料，因此可以根据研究区植被与温度的分布情况，计算某一特定条件下 VSWI 的理论最大值与最小值。对本研究区而言，旱情主要发生在 7—10 月，此时正式在农作物生长季节，通过对这一时期遥感数据的分析，增强型植被指数 EVI 的值一般是在 0.05~0.87 的范围内变动，而冠层温度值的分布则主要集中在 20~45℃。对于实际农业生产来说，当温度超过 45℃ 时，农作物生长严重受阻，是极度高温胁迫，这时农业作物的生长会受到抑制，就是表现出比较严重的旱情。而地表温度在 20℃ 附近时，是作物比较适宜的生长环境。这样，可以将两种情况分别定义为作物生长环境良好与否的两个临界状态。通过这两个临界值，可以计算出 VSWI 的最大值与最小值。

在实际应用中，由于植被指数的惰性，可能造成在一定时间内其值相对稳定，变动不是很大，而地表温度 LST 的变化则是动态的，不同时间的观测获得的地表温度往往有较大差距，在有植被覆盖条件下，遥感获取的温度必然受植被覆盖度的影响，所以在植被覆盖度差别很大时，所计算出来的旱情指数将会降低敏感性。因此对于大区域范围遥感干旱监测而言，$VSWI_{max}$ 和 $VSWI_{min}$ 的取值需要考虑植被覆盖度的影响。本研究通过对江西省遥感资料的分析，根据不同的植被覆盖条件，在温度空间 20~45℃ 范围内，给出了 $VSWI_{max}$ 和 $VSWI_{min}$ 的取值范围，如表 9-1 所示。

表 9-1　$VSWI_{max}$ 和 $VSWI_{min}$ 的取值

EVI	$VSWI_{min}$	$VSWI_{max}$
<0.05	0.11	0.25
0.05~0.25	0.11	1.25
0.25~0.45	0.56	2.25
0.45~0.65	1	3.25
0.65~0.85	1.44	4.25
>0.85	1.89	5

综上所述，本研究根据江西省实际情况，建立了适用于江西地区的作物旱情监测模型，应用条件植被供水指数（VSWCI）来反映干旱状况。其中，根据研究区高植被覆盖的特点，应用 EVI 代替 NDVI 来监测研究区植被长势；在 $VSWI_{max}$ 和 $VSWI_{min}$ 的取值上，根据不同的植被覆盖条件，分别计算其值，使其能够较准确地反映江西省作物干旱状况。

三、区域旱情遥感监测应用

2003 年夏季，中国南方地区遭受了历史罕见的大范围高温干旱袭击，江西地区出现了持续的高温天气，此时正是作物需水之时，干旱严重影响了作物生长。按有关规定，伏旱的发生时段主要在 6 月下旬至 8 月 20 日，为了验证本模型的有效性，本研究选用 MODIS 2003 年 6—8 月的数据，对江西省 2003 年伏旱进行监测。

江西地区夏季多云天气较密集，云层极大地阻碍了遥感旱情监测。为了更好地获取监测结果，在数据选取上尽量挑选了少云的图像。通过大气校正以及几何校正后，分别计算江西地区 EVI 与 LST 值。在旬合成上，EVI 采用最大值合成法，消弱云影响，通过图 9-3 所示，可以直观地了解江西地区夏季 EVI 值分布情况，江西大部分地区 EVI 值较高，表明植被覆盖率较高，而由于旱情的出现，部分地区的 EVI 值较低。尽管采用了最大值合成，但是江西地区云覆盖严重，不能完全消除云的影响。LST 采用平均值合成，通过地表温度反演合成图可以看出，7 月与 8 月江西省温度较高，大部分地区平均温度在 30℃ 以上，通过平均值合成，较好地反映了旬内地表温度分布情况。本项目采用增强型植被指数 EVI 来进行作物旱情监测，因此按照式（9-5）计算 EVI，并进行多景合成得到 2003 年江西省夏季 6—8 月作物生长期各旬的农田作物植被指数分布图。

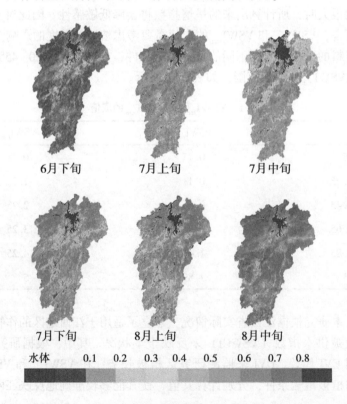

图 9-3　江西省 2003 年的增强型植被指数 EVI 遥感反演结果合成图

　　作物旱情监测把需要的农田地表温度 LST 是根据本书第四章的两因素分裂窗算法，用 MODIS 数据的热红外波段 31 和 32 进行遥感反演而得，同样对每天的 MODIS 数据进行 LST 反演后，也按照均值合成，计算作物生长期 6—8 月各旬的地表温度均值分布图（图 9-4），以便利用也植被指数进行作物旱情指数即作物供水指数 VSWI 计算。计算得 VWSI 之后，再根据旱情评价模型，用式（9-7）估计各旬的作物旱情指数。

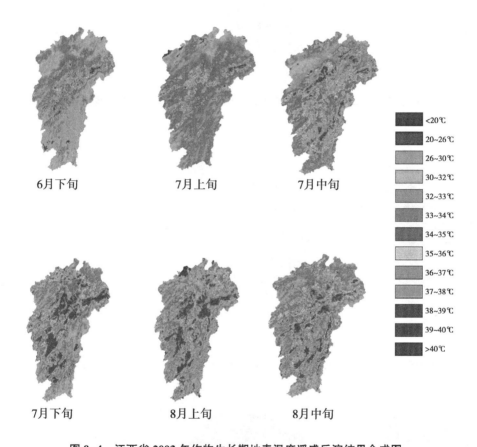

6月下旬　　　　　　　7月上旬　　　　　　　7月中旬

	<20℃
	20~26℃
	26~30℃
	30~32℃
	32~33℃
	33~34℃
	34~35℃
	35~36℃
	36~37℃
	37~38℃
	38~39℃
	39~40℃
	>40℃

7月下旬　　　　　　　8月上旬　　　　　　　8月中旬

图 9-4　江西省 2003 年作物生长期地表温度遥感反演结果合成图

　　在旱情级别划分上，本研究按照以往江西干旱监测的惯例，根据江西干旱指数，将条件植被供水指数与其进行对比分析，结合气象资料与江西旱情统计资料，最终对监测结果共分了五级：重旱、中旱、轻旱、正常、湿润。其结果是按照条件植被供水指数 VWSCI 进行划分：0~15 为重旱，15~30 为中旱，30~40 为轻旱，40~70 为正常，70~100 为湿润。本研究对作物旱情级别的划分主要参照了对应时段的气象资料、干旱指数和旱情统计等综合资料。通过上述各步计算，并进行旱情分级后，获得江西省 2003 年夏季作物生长期 6—8 月各旬旱情监测结果（图 9-5 至图 9-8）。

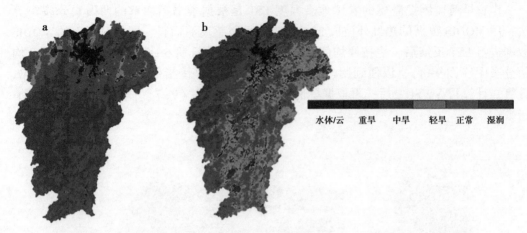

图9-5 江西省2003年6月下旬（a）和7月上旬（b）作物旱情遥感监测结果

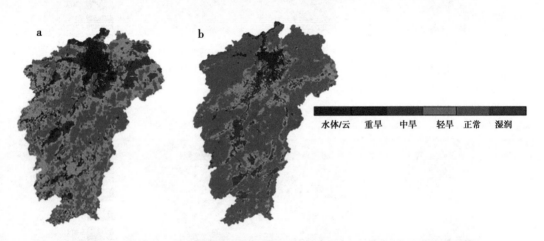

图9-6 江西省2003年7月中旬（a）和7月下旬（b）作物旱情遥感监测结果

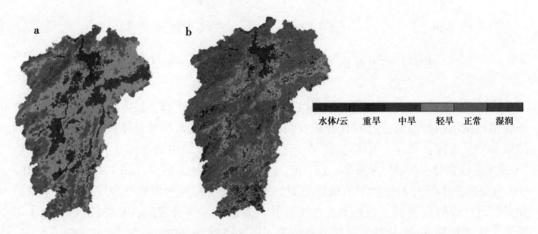

图9-7 江西省2003年8月上旬（a）和8月中旬（b）作物旱情遥感监测结果

（单位：%）

图9-8　江西省2003年7—8月降水距平百分率分布图

四、区域旱情监测结果分析

1. 旱情监测结果分析

　　农田作物旱情监测通常是利用农气站点的观测资料（土壤湿度）以及各气象站点的观测资料（降水量、蒸发量等），进行综合分析，最终对干旱结果进行判定。对于江西省干旱监测而言，作物干旱主要是由气象条件即降水与蒸发的失衡引起的，温度条件直接影响地表蒸发状况，降水是农作物供水的主要来源之一，是影响作物干旱缺水的重要因素。因此，在作物旱情监测中，气象资料具有重要的参照和基础意义，可以作为作物旱情监测评价的参考依据。

　　从温度数据来看，气象观测的是气温，而遥感反演的是地表温度，两者存在一定差距，但是气温升高主要是与下垫面进行热交换的结果，地表温度与气温关联密切，因此可以通过气温资料来反映地表温度。在干旱监测研究中，在一定时间内，若降水条件不变，温度越高，持续时间越长，则土壤蒸发与植被蒸腾作用越强烈，极可能导致旱情的发生，故温度是反映干旱的一个重要指标。通过对气象资料的分析，2003年江西全省大范围≥35℃的高温时段，主要集中在6月29日至9月2日。期间6月29日至8月12日期间≥35℃的高温一直没有间断，持续日数长达45天，且高温强度大；≥40℃的酷热天气集中在7月中旬至8月上旬，其中，7月31日至8月2日≥40℃的酷热范围最大。另外，由于受高空低槽和台风外围的影响，7月6日、7月18日、8月5日分别出现了3个高温相对缓和日，但缓和程度一次比一次轻；在空间分布上，江西省东部温度较西部温度高，高温中心主要是在上饶东部和抚州南部。由于赣南南部地处山区，温度明显低于其他地区。从地表温度反演图可以看出，江西省2003年夏季的高温主要出现在7月下旬与8月上旬，期间江西中部吉安与抚州地区，以及东北上饶地区均出现极高温度，此结果与地面气象资料一致。

从降水量数据与蒸发量数据来看，作物干旱主要是由降水与蒸发的失衡引起的，降水过少而蒸发量过大最终导致了旱情的发生。图9-8是2003年7—8月江西省降水距平百分率分布图，图9-9是江西省2003年7—8月地表蒸发距平分布图。江西省2003年夏季面临干旱缺水影响，7—8月雨量严重偏低，全省降水分布极不平衡，降水少的地区仅为35mm，而降水多的地区也只有316mm，全省平均降水146mm，其中有2个降水偏少中心，一是南昌地区及周边一带，二是吉安地区中部、抚州地区东部，赣州地区东北部一带。这些地区降水一般较正常年份偏少6~8.6成，尤以安义地区、南丰地区降水量偏少最为明显。而此时江西省日平均蒸发量为6.8~11.8mm，其中，吉安、抚州南部和赣州北部是大值区，为10~11mm；与常年相比，全省日平均蒸发量偏多1~3成，其中吉安、抚州南部和赣州北部偏多3~4.7成，赣北北部偏多1成左右。通过江西省降水量与蒸发量距平百分率图（图9-8），可以间接反映出江西地区干旱情况。其中吉安地区、抚州地区以及赣州地区降水量过少而蒸发量过多，是旱情最为严重的地区。

图9-5，图9-6和图9-7是江西省2003年夏季作物旱情遥感监测结果。从这些旱情监测结果分布图可以看出，江西省2003年7月上旬开始出现旱情，7月中旬至8月中旬江西地区大部分地区均有旱情发生，旱情发生区域主要包括江西中部吉安、抚州、南昌地区、东北上饶、景德镇地区以及赣州北部地区，其中吉安、赣州、上饶部分地区旱情最为严重。这一监测结果与气象资料和各地区灾害统计资料结果较为一致。证实了该模型在江西省作物旱情监测中的适用性。运用这一方法开展农田旱情监测，将能快速及时地获得江西省区域范围的作物旱情时空动态变化信息，可为有关部门抗旱减灾决策提供依据。

2. 旱情的时空分布与农业生产影响

从各月份的遥感旱情监测结果图中，可以较直观地获得旱情的时空分布规律。旱情的发生对农业生产也造成了重大的影响。

6月下旬，干旱监测图反映出本研究区大部分地区为正常和湿润状态，没有出现明显的旱情。从气象资料来看，全省光温条件基本适宜，此时正是早稻孕穗、抽穗扬花和棉花的现蕾阶段，良好的温度光着条件对其十分有利。但是6月24—28日赣北北部，尤其是南昌地区出现历史罕见的连续暴雨过程，由于连续降水，造成暴雨洗花，导致空秕粒增加，对早稻产量的形成不利。江西南部温度适宜，降水较少，有利于早稻生长发育。

7月上旬，从监测结果图（图9-9）可以看出，江西东北与南部旱情开始露头。江西东北上饶、鹰潭等地均有轻度与中度旱情出现，而南部赣州大部分地区与吉安南部地

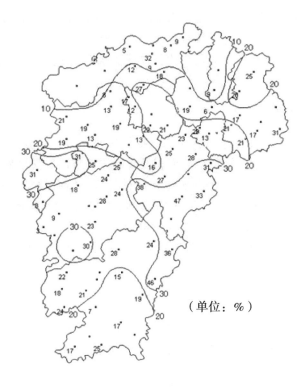

（单位：%）

图 9-9 江西省 2003 年 7—8 月地表蒸发距平百分率分布图

区也出现不同程度的旱情。7 月上旬平均气温较常年同期明显偏高，降水显著偏少，全省出现了超历史的高温炎热少雨天气。由于持续高温少雨，使早稻灌浆期缩短，造成灌浆不足，千粒重下降，从而对早稻产量、质量均有明显的影响。

7 月中旬，江西地区旱情较严重，大部分地区均出现旱情，而江西东北，西部与南部部分地区出现了重旱。上饶、鹰潭、九江、吉安等地受干旱影响最重。本时段江西地区高温少雨，尤其是赣中、赣南降水普遍 <10mm，旱情日趋严重，此时晚稻处出苗—分蘖期，由于旱情严重，晚稻移栽期普遍推迟，已移栽的晚稻，秧苗素质差，分蘖迟缓，叶片发黄，甚至出现作物枯黄现象。

7 月下旬，旱情依旧严重，全省仍处于高温少雨状态，江西东北地区旱情有所缓解，而南部旱情严重，吉安、赣州出现了大范围的干旱。对于农业生产来说，此时棉花处开花结铃期，需水较多，高温干旱导致蕾铃脱落，高温干旱对柑橘果实膨大也影响巨大，赣南大部分橘树出现叶片发黄、卷曲、异常落花落果及幼果灼伤现象，部分新植橘树因旱枯死。

8 月上旬，是旱情发展最为严重的阶段，江西绝大部分地区都出现了干旱，部分地区旱情严重。江西的东北、中部和南部干旱面积广阔，其中部分地区出现了重旱。干旱缺水对二季晚稻返青、分蘖及棉花开花结铃极为不利，特别是对正处抽穗扬花的中稻影响明显，高温使中稻受精率明显下降，部分田块受精率低于 50%，从而形成大量空粒，导致中稻严重减产。

8月中旬，由于降水的影响和温度的降低，旱情得到缓解，部分地区旱情基本解除。全省大部分地区处于正常状态，仅有小部分地区出现轻旱。适宜的温度与降水对晚稻分蘖、孕穗较为有利，也有利于棉花结铃、甘蔗茎伸长、柑橘果实膨大、大豆的旁枝形成和开花。

3. 受旱程度统计分析

在实际应用中，为了更直观地向有关部门提供旱情结果，需要对旱情结果进行统计，通过计算各地区不同旱情等级的受旱面积及受旱比例来评价受旱程度，以图表的形式再现出来。具体实现过程如下：为便于进行统计计算，给各旱情等级重新赋予属性值，水体区域为"0"，重旱区域为"1"，中旱区域为"2"，轻旱区域为"3"正常区域为"4"，湿润区域为"5"。对各地区进行各旱情级别的像元数量统计，并依据像元1KM 的分辨率可以计算出不同旱情等级的受旱面积及受旱比例。对于某一地区的各类旱情面积的一般计算公式如下：

$$S(j) = \sum_{i=1}^{n} T(i) \tag{9-7}$$

式中，n 为本区域像元总数，j 为旱情类别，$T(i)$ 为任一像元的面积，等于像元在某一纬度方向的距离与在某一经度方向上的距离，其大小与所使用的投影类型有关，本研究采用是等积投影，每一像元面积可看为 $1\mathrm{km}^2$。

可见用遥感方法监测旱情，不仅可以快速准确地监测出旱情，还可以迅速地计算出各地市的受灾面积及受旱情比例，依据需要还可以精确到县级单位，可见在实际应用中可操作性强，这样可以更好地评价各地区的农业生产因受干旱影响而造成的损失，同时也可以作为作物估产及灾情评价的参考资料，为政府职能部门抓好防旱抗旱工作提供详细的数据参考，做好灾情服务。

表 9-2　江西省 2003 年夏季作物旱情遥感监测结果　　　　（单位:%）

时　间	重　旱	中　旱	轻　旱	正　常	湿　润
6 月下旬	0.84	3.75	8.16	27.51	59.74
7 月上旬	1.50	12.08	35.72	29.94	20.76
7 月中旬	6.39	15.97	37.23	39.93	0.48
7 月下旬	1.75	9.73	34.77	48.43	5.32
8 月上旬	3.80	16.40	52.68	22.84	4.28
8 月中旬	2.40	9.79	30.17	38.96	18.68

注：水体未参与计算

通过表 9-2 可以看出，江西省 2003 年 6 月下旬尚未出现大面积干旱，大部分地区处于湿润状态，这与江西地区 6 月降水有很大关系。7 月上旬由于降水以及高温天气的出现，江西地区旱情开始出现，其中轻旱与中旱面积达 45%以上，重旱面积较小；旱情最重时段发生在 7 月中旬与 8 月上旬，根据统计表可以看出，超过 50%地区出现了轻旱与中旱，而重旱面积也有所增加，分别达到 6% 与 4% 左右；7 月下旬是旱情发展阶段，旱情出现面积较旱情最重时期少，但轻旱与中旱的面积也达到了全省的 40% 以上。8 月中旬随着降水的增多，旱情也有所缓解，出现干旱的面积占全省面积的 40% 左右。需要注意的是，应用遥感技术进行干旱监测主要是起到作物旱情预警的目的。作物旱情并不等于农业旱灾，作物旱情是一个动态发展的过程，旱情的出现不一定会导致旱灾，在旱情发生时，如果遇上降水或采取人工灌溉或人工降水等措施，就有可能缓解旱情，避免旱灾的发生，这也正是进行遥感旱情监测的目的所在。

第十章　作物干旱风险评价

作物干旱风险表示一个地区的农作物面临干旱风险程度。通常认为降水较少的地区，其干旱风险也较大，而降水相对频繁并且雨量相对较多的地区，其干旱风险则相对较低。但是，一个地区的农作物种植干旱风险，还受到所种植的作物及其生长期、作物品种的抗旱性，农业灌溉保证程度等因素的影响。综合分析评价区域农作物种植的干旱风险，是作物旱情监测的重要组成部分。

一、作物干旱风险评价研究进展

1. 自然灾害风险评估研究进展

20 世纪 70 年代 "风险" 的概念被引入灾害学领域，认为灾害风险是灾害发生的可能性或因灾害导致损失的可能性。国际减灾战略（2004）中则认为是自然灾害与承受灾害的客体之间相互作用而导致的危险。其中黄崇福等（2010）给出的自然灾害定义的认可度较高，认为自然灾害风险是 "由自然事件或力量为主因导致的未来不利事件情景"。

国外关于自然灾害风险评估方面的研究起步较早，初期研究主要侧重致灾因子论的研究，致灾因子是发生灾害的基本条件（史培军，1996），致灾因子论主要研究致灾因子的重现期、强度、频率、风险评价等方面。这个阶段有几个被广泛应用的干旱指标，如 Mckee（1993）提出的标准化降水指数、Palmer（1965）提出的 PDSI 干旱指数等。20 世纪 70 年代以后自然灾害风险评价中不仅考虑灾害危险性，还意识到社会经济因素对灾害风险评估的影响（周寅康，1995），这个阶段人们开始关注灾害危险性与承灾体脆弱性之间的关系（Hao et al.，2011）。承灾体论便应运而生，承灾体论认为只有致灾因子作用于客体的时候灾害才真正形成，如干旱作用于一定的客体之后才形成旱灾。承灾体既可能是人类，亦可能是资源或财产，承灾体具有脆弱性属性，表示承灾体在灾害胁迫下的易损性质（Adger，2006；Smit，2006）。

在此基础上，理论研究方面还有孕灾环境论与灾害系统论之说。孕灾环境论是研究不同孕灾环境下致灾因子的响应程度，探讨两者之间的关系模型。而灾害系统论则认为是以上三种情况相互作用下导致最终的灾情（Burton，1994；Blaikei，1994）。Blaikei（1994）等将灾害风险表达为危险性与脆弱性的加和，认为在一定的致灾因子条件下，灾害胁迫下的承灾体越脆弱，受灾的可能性增加。Burton（1994）等认为最终的灾情是致灾因子与人类活动耦合的产物，人类既是承灾体亦是可以减轻灾害损失的客体。

21 世纪初期，美国、英国、日本、澳大利亚等国家以区域系统理论为基础，研发了大量的自然灾害评估软件，如具有代表性的是美洲计划、Hospots、欧洲多重风险评估，主要应用于国家或全球尺度的海啸、洪水、飓风、地震等自然灾害的风险评估，探索自然灾害风险对国家发展的影响，定量评价灾害损失，提高国家灾害防御、灾害管理水平。

我国在自然灾害风险评价研究主要分为两个阶段，20 世纪 80 年代之前，主要研究致灾因子的形成机制和指标。20 世纪 80 年代进入快速发展阶段，其中具有代表性的有史培军（1996；2002；2005）提出的自然灾害系统理论和张继权（2005；2006）提出的自然灾害风险理论，这两种理论在相关研究中的应用非常广泛（屈艳萍等，2015；王理萍，2017）。史培军认为致灾因子危险性、承灾体脆弱性和孕灾环境的敏感性是导致最终损失的三要素，其中致灾因子是前提条件、承灾体是决定灾情大小的关键，而孕灾环境是致灾因子与承灾体的背景条件，缺其中任何一个都不能反映出最终的灾害风险程度。张继权则将灾害风险的自然属性与社会属性区分开，认为自然灾害风险评价应包括致灾因子危险性、承灾体脆弱性、承灾体暴露性与防灾减灾能力四要素，将史培军理论中的广义的脆弱性中的社会经济指标区分出来，使分类更加清晰。其中暴露性指在致灾因子下人、财或资源的个数、大小、面积等。防灾减灾能力是表征人类通过自身主观能动性，对灾情结果起到减轻、缓解作用，主要包括灾害发生时投入的人力、物力及财力，最能体现自然灾害风险评估的社会经济属性。因此可将自然灾害风险评价总结为通过对致灾因子强度、频率的识别，在不同强度灾害胁迫下承灾体的敏感性、脆弱性的分析以及人类在灾害过程中减轻灾害损失的能力分析，综合评价一个区域的灾害风险程度。

2. 农业干旱风险评价研究进展

农业风险主要集中在农业生产与农业经营两个阶段，其中农业生产风险表示农作物生产过程中受各类因素的影响而导致作物实际产量偏离预期产量的程度（张峭等，2007）。农业生产风险主要来源于自然灾害，同时与选用的作物种类、作物自身的抗灾性能、农户的生产投入程度、有效灌溉程度等人类社会经济活动紧密相关。

干旱灾害是自然灾害中不可忽视的灾害之一，20 世纪 80 年代开始国内外开始重视干旱灾害对农业的影响，相关研究取得了丰硕的成果。现有农业干旱风险评价大体可分为两类。

一类是以气象干旱造成的粮食损失概率来评估农业干旱风险模式，侧重于气象干旱形成机理和干旱指标的分析，更加关注致灾因子的危险性与最终作物受灾结果之间的相互关系（王素艳，2003），数据容易获取，主要适用于雨养农业地区的干旱风险评估，对其他影响农业的指标考虑较少，具有一定的片面性。由于农业系统中的承灾体多，可研究的侧重点多，因而这个阶段出现了多种干旱识别评估指标，Dalezios 等（1991）采用 Palmer 指数分析了希腊干旱时空分布特征。Yamoaha 等（2000）利用标准化降水指数与玉米因旱减产率评价了内布拉斯州的干旱风险。Hong 等（2004）结合标准化降水指标与作物干旱指标，构建了作物生育期内需水量与气象干旱之间的相关性模型，评价了美国内布拉斯加州玉米和大豆两种作物的干旱风险。Sonmez（2005）采用 SPI（标准化降水指数）分析了土耳其地区月尺度、季尺度及年尺度的气象干旱，并评价了不同强度干旱的时空分布情况。陈晓艺等（2008）采用累计湿润度识别干旱强度及频率，对安徽省小麦不同生育期的干旱风险进行评价。刘义花等（2013）利用降水距平百分数 P 与牧草相对产量指标建立干旱模型，确定了青海省牧区牧草干旱风险等级阈值。许凯（2013）等利用分布式水文模型识别气象干旱程度，结合作物因旱减产率，采用概率统计方法得出两者之间的曲线关系，分析评价了承德市农业干旱风险。

另一类是以自然灾害系统理论或风险理论为基础，利用成灾综合评价法评估农业干旱风险，从致灾因子危险性、孕灾环境敏感性、承灾体脆弱性、承灾体暴露性和抗旱减灾能力等方面选取指标，确定指标体系，充分考虑了在干旱胁迫下承灾体的易损性质及人类活动对农业干旱风险的影响，强调农业干旱风险是多种因素共同作用下的结果。灾害风险理论认为（张继权，2005），灾害的发展，虽然受多个因素影响，但大体可以归结为如下四个方面：一是导致灾害发生的直接因素，即致灾因子的危险性，这是灾害发生导火索。二是受灾体暴露在致灾因素作用范围内，即承灾体的暴露性。在致灾因素的作用下，如果没有承灾体的存在，如沙漠地区，虽然非常干旱但没有生产，因而也就无从旱灾发生。三是承灾体本身抵抗致灾因子作用的能力，即承灾体的脆弱性。在致灾因子作用下，承灾体虽然暴露于致灾因子的作用，但如果其对致灾因子的抵抗能力很强，如耐旱植被在干旱地区的抗旱减灾能力就非常强，因此在干旱条件下其仍然能够正常生长而不易成灾。四是人类对自然灾害的抗灾减灾能力。在致灾因子的作用下，如果区域人类活动能够有效地抗灾减灾，其灾害发生的风险自然也就较低。因此，灾害的发生及其危害程度，实际上，就是一个作用力（致灾因子的危险性）与反作用力（敏感性、脆弱性和抗灾减灾能力）彼此消长的过程。Zhang Dan 等（2011）利用黄崇福（2010）提出的模糊综合评价法，从危险性、脆弱性、暴露性、抗旱减灾能力四个方面选取若干个指标，建立了评价指标体系，对研究区农业干旱风险进行综合评价。秦越（2013）等采用层次分析法和模糊评判综合评价了河北省承德市农业干旱灾害风险，结果表明承德市上游区县风险较高，抗旱减灾能力是农业干旱风险的主要影响因子。何斌（2017）等采用主成分分析建立了农业干旱风险评价指标体系，评估结果表明陕西省农业干旱风险空间分布呈从南向北逐渐增加的趋势。基于两种灾害理论的成灾综合评价法能更加全面地评估作物干旱风险，较符合实际情况，也代表了目前灾害风险评价的发展方向（Liu，2018）。

二、作物干旱风险评价指标体系

作物旱情风险评价指标体系的确定，是监测评价作物干旱风险的核心内容。只有全面分析作物成灾过程的前提下，选取符合研究区作物的指标体系，准确量化指标信息，并给出合理的评价标准，才能综合反映研究区作物的干旱风险程度。影响作物干旱风险的因素主要有气象因素、作物种类、社会经济因素等，但由于不同领域的研究者出发点、侧重面和研究区等不尽相同，因此选取的指标各不相同。

1. 指标体系构建原则

作物干旱风险评价指标的选取，不是越多越能反映问题，而是既能全面的反映出研究区的作物干旱程度，又能使指标体系简单明了。因此，建立指标体系应遵守几个原则：指标体系应能综合客观地反映研究区的作物干旱风险水平；其次选取的指标应具有代表性，避免重复选择，能在不同区域之间相互对比；选取易于量化的指标，有利于区域之间进行比较；必须考虑研究区自身特点，选取的指标应因地制宜，选择能反映所研究的区域的指标，而不是直接沿用其他研究区的评价指标；最后应避免指标体系的冗余，尽量简单易算。

2. 作物干旱风险评价过程

区域作物干旱风险评价，需要针对研究区实际情况，以及指标选取原则，充分考虑研究区作物成灾过程，从致灾因子危险性、承灾体脆弱性、孕灾环境敏感性及抗旱减灾能力四方面，选择若干个适于研究区作物干旱风险评价的指标，并采用适当的干旱风险评价模型进行定量分析，计算各评价单元的干旱风险，进而划分不同等级的干旱风险区，分析各干旱风险区关键作用因子及其作用过程，为抗旱减灾提供科学依据。图10-1显示作物干旱风险评价过程。

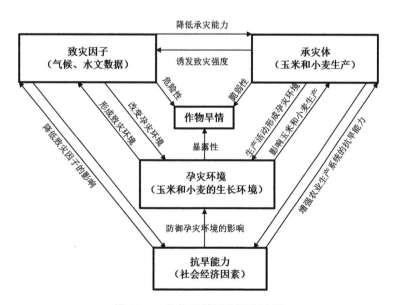

图10-1 作物干旱风险评价过程

根据自然灾害系统理论，作物干旱是由致灾因子、作物种植对干旱的脆弱性、作物生长对孕灾环境的敏感性和抗旱减灾能力的相互作用下发生的，如图10-1所示。致灾因子是作物发生干旱最直接的原因，承灾体对干旱的脆弱性是作物发生干旱的根本原因，而孕灾环境是承灾体所生长的环境条件，具体指标分析如下：

致灾因子危险性是作物发生干旱的强度与各等级干旱发生的频率所决定的，其中作物发生干旱的强度主要受降水量、作物生育期内的潜在蒸发量、灌溉量等因素的影响，从一年的作物发生干旱的强度无法判定一个县的作物干旱强度，而是通过多年作物干旱强度序列，从中计算出不同等级干旱发生的频率，从而判定某县作物发生干旱的实际情况。

农业干旱的孕灾环境主要指作物生长发育期内的气象系统、地形地貌、水文情况以及社会经济条件以及现有防灾减灾能力等，本研究根据数据的可获取性，选择作物种植面积比、坡度、土壤类型作为评价宁夏玉米和小麦对干旱的敏感性指标，其中作物种植面积比重是长时间序列数据，而坡度、土壤类型数据较难量化，因此采用层次分析法确定作物敏感性评价指标的权重，再经 ArcGIS 中栅格转矢量之后图层叠加分析得到作物干旱敏感性区划图。

农业系统对干旱的脆弱性所包含的内容多而复杂，且评价指标因承灾体的不同而变化。农业系统中有两大主要的承灾体，分别为农户与农作物。农户是既是承担干旱灾害最终损失的主体，又是导致作物最终减产的因素之一。农作物是遭受干旱过程的主体，因此不同承灾体对于干旱的脆弱性应采取不同的评价指标。指标选取随着承灾主体的不同而有较大差异，又有一定的统一性，不论是作物还是农户对于干旱的脆弱性表示农户、农作物由于致灾因子的威胁而导致最终的损失程度。因而选取表示承灾体因旱损失的指标，如作物种植对干旱的脆弱性应包括农作物全生育期内由于干旱而导致的减产程度、农作物单产变异程度以及不同土地利用类型和有效灌溉面积等作物生育期内对干旱的承受能力指标。

对于农业系统而言，抗旱减灾能力指农业经济、技术发展水平、人力的投入水平对干旱的缓解、减轻程度。抗旱减灾能力指标对以上致灾因子危险性、承灾体脆弱性与孕灾环境的敏感性有一定的抑制作用。

三、作物干旱风险评价方法

1. 作物干旱风险模型

从灾害风险的发生及其危害过程角度构建灾害风险模型，是正确评价区域灾害风险程度的最佳选择。就农业旱灾风险评估而言，就必须考虑干旱致灾因子危险性、农业生产对干旱致灾因子的敏感性、农业生产本身的脆弱性及社会经济的抗旱减灾能力等这四个方面的综合作用。因此，根据灾害风险理论构建农业旱灾风险评估模型，可以把这四个灾害风险因素视为叠加作用，通过不同的权重进行指数相加，具体形式如下：

$$ADRI = W_h \cdot H + W_s \cdot S + W_v \cdot V + W_r \cdot R \qquad (10-1)$$

式中，ADRI 表示评价区域单元（本研究指县域）的农业干旱风险指数，H、S、V 和 R 分别是干旱致灾因子危险性指数、农业生产的敏感性指数、农业生产的脆弱性指数和区域抗旱减灾能力指数，W_h、W_s、W_v 和 W_r 分别为干旱致灾因子危险性指数、敏感性指数、脆弱性指数和抗旱减灾能力指数的权重。为了比较各因素的作用大小，我们把各个指数的取值范围限制在 0~1，而各指数的权重之和为 1，因此 ADRI 实际取值范围也在 0~1，并且 $ADRI$ 值越大，表明该评价区域单元的干旱风险程度越大。

（1）危险性指数　致灾因子危险性是指气象灾害的异常程度（王春乙，2016），主要由干旱发生的强度及频率决定。因此农业干旱危险性指数是作物发生干旱的强度与其生育期内干旱发生频率的乘积，计算公式如下：

$$H_{ci} = \sum_{j=1}^{4} DF_{cj} \cdot DI_{ci} \tag{10-2}$$

式中，H_{ci} 是第 c 个县、第 i 种作物干旱危险性指数；DF_{cj} 为第 j 种干旱等级发生的频率，其中干旱等级分为无旱、轻旱、中旱、重旱四级；DI_{ci} 为作物全生育期内的干旱强度。

研究区作物的干旱强度主要受蒸发量、降水量、灌溉量等因素影响，为了计算作物干旱强度，利用作物全生育期内的潜在蒸发量、有效降水量、灌溉量作为指标计算研究区作物的干旱强度，计算公式如下：

$$DI_{ci} = \begin{cases} 1 - \dfrac{(P_e + M_e + G_e)}{ET_c} & ET_c \geqslant P_e + M_e + G_e \\ 0 & ET_c \prec P_e + M_e + G_e \end{cases} \tag{10-3}$$

式中，

$$P_e = \sigma \cdot P \tag{10-4}$$
$$M_e = \tau \cdot M \tag{10-5}$$
$$G_e = f\ (H)\ \cdot ET_c \tag{10-6}$$
$$ET_c = k_c \cdot ET_0 \tag{10-7}$$

式中，DI_{ci} 是第 c 个县、第 i 种作物的干旱强度；P_e 为全生育期有效降水量（mm）；P 代表日降水量（mm/d）；σ 为降水有效系数，采用研究区农业用水定额编制报告中的推荐值；M_e 代表全生育期灌溉量；M 代表作物灌溉定额；τ 表示不同降水频率下的灌溉保证率，不同降水频率采用水文频率分布曲线软件 Curve fitting 计算；G_e 表示地下水利用量；ET_c 为全生育期作物潜在蒸发量（mm），采用 FAO 推荐的 Penman-Monteith 公式计算；ET_0 为逐日参考蒸散量（mm），使用联合国粮农组织发布的 ET_0 calculator 软件计算；k_c 为作物系数，采用联合国粮农组织的推荐值。

研究区作物干旱频率 DF_{cj} 可以计算如下：

$$DF_{cj} = \frac{DN_{cj}}{n} \tag{10-8}$$

式中，DF_{cj} 为第 c 县、第 j 种干旱等级发生的频率；DN_{cj} 为第 c 县、第 j 种干旱等级发生的次数；n 为 1981—2016 年。

（2）暴露性指数　作物在孕灾环境下的暴露性程度是指农作物接触致灾因子的面积，选取研究区最小评价单元（市/县级）作物的播种面积与其实际耕地面积之比表征暴露性评价指标。公式如下：

$$E_{ci} = A_{ci}/A_{cf} \tag{10-9}$$

式中，E_{ci} 表示第 c 个县、第 i 种作物的暴露性指数；A_{ci} 为第 c 个县、第 i 种作物种植面积（hm^2）；A_{cf} 表示第 c 个县耕地面积（hm^2）。

（3）脆弱性指数　脆弱性（Vulnerability）表示承灾体易于遭受干旱威胁并造成损失的性质和状态，是自然与人为因素在特定的时空条件下耦合的结果。作物产量波动性是直接反映农作物损失程度的指标，产量波动越大，农作物脆弱性越强。有效灌溉面积越大，雨养农业面积越小，作物干旱脆弱性减小。因此选取各市县玉米和小麦减产率、单产变异系数、有效灌溉面积占总耕地面积比为脆弱性评价指标，计算脆弱性指数公式如下：

$$V_{ci} = \sum_{p=1}^{n} y_{cip} \cdot W_{cip} \tag{10-10}$$

式中，V_{ci} 表示第 c 个县、第 i 种作物种植对干旱的脆弱性指数；y_{cip} 为第 c 个县、第 i 种作物、第 p 个指标的标准化值；w_{cip} 为第 c 个县、第 i 种作物、第 p 个指标的权重。

为消除量纲的影响，使指标之间具有可比性，在计算前需要对每个指标进行标准化处理，首先将指标分为正向指标与反向指标 2 类，然后对各类指标进行标准化数据处理，获得各评价指标的无量纲。对于正向指标，如作物单产变异系数越大，作物种植对干旱的脆弱性指数越大，其数据变化与作物旱情风险呈正向相关，即数值越大，表示干旱风险越大。因此，其无量纲的标准化数据处理，可采用如下公式：

$$y_p = \frac{X_{max} - X_p}{X_{max} - X_{min}} \tag{10-11}$$

对于负向指标，如有效灌溉面积占比越大，作物种植对干旱的脆弱性指数越小，其数值越小，作物干旱越大，呈现出数值与干旱风险的相反关系。其标准化无量纲可采用如下公式：

$$y_p = \frac{X_p - X_{min}}{X_{max} - X_{min}} \tag{10-12}$$

式中，y_p 为标准化后的指标值；x_{max} 与 x_{min} 分别表示指标 y_p 中最大值与最小值。

（4）抗旱减灾能力指数　抗旱减灾能力（Re）表示人类防御、减轻、承受干旱灾害风险的能力（江和文，2011）。农业抗旱减灾能力主要体现在农业物质装备水平、农业技术发展水平、农民收入水平以及农业劳动力投入水平等四个方面，主要选取农业机械总动力、农业化肥施用量、农民人均收入及农林牧渔业劳动力作为评价防灾减灾能力的指标。为确保所选指标的合理性，采用产量波动差异参数作为评价标准，C 越小，表明粮食产量波动大，抗旱减灾能力差，反之则抗灾能力越强。具体公式如下：

$$C = \frac{1}{\frac{1}{\bar{Y}} \sqrt{\frac{\sum_{i}^{n} (Y_{ci} - \bar{Y})^2}{n}}} \tag{10-13}$$

式中，C 表示产量波动差异参数；Y_{ci} 表示某年作物实际产量，c 表示各市/县，i 表示作物种类；$\bar{y}$ 表示 n 年平均产量。计算各县（市）抗旱减灾能力指数步骤与脆弱性指数一样，首先对各指标进行标准化处理，在此基础上采用灰色关联度方法得出各县各指标的权重，再计算出指数值。

2. 权重的确定

指标的赋权方法很多，有层次分析法、专家打分法等主观赋权方法，熵权法、灰色关联度分析方法等客观赋权法，具体选择哪种赋权方法主要取决于选择指标的性质，如一些指标不能量化（土壤类型、土地利用类型等），而客观赋权方法对数据的依赖性较高，因此这时应采取主观赋权方法。本研究根据选取指标的不同，结合层次分析法与灰色关联度分析法，计算危险性指数、敏感性指数、脆弱性指数和抗旱减灾能力指数权重。层次分析法是通过专家的经验进行打分，构造判断矩阵，计算指标的重要程度并排序，再经过一致性检验，从而确定各评价指标的权重系数。该方法不依赖数据，定性与定量相结合，主要用于难以量化指标权重的确定。

作物干旱风险公式（10-1）中的权重可以用灰色关联度方法确定，即是根据因素之间的发展态势的相似或者差异程度来衡量因素间关联程度（杜栋，2008）。危险性指数、敏感性指数、脆弱性指数和抗旱减灾能力指数的权重需要计算其灰色关联度。计算灰色关联度首先要确定一个参考序列，参考序列采用最小研究单元作物多年的减产率，通过指数与参考序列之间的关联系数式（10-13），计算出灰色关联系数之后再根据公式（10-14）计算出各指数的权重，计算公式如下：

$$\xi_{lk} = \frac{\min\limits_{l}\min\limits_{k}|y_0(k) - y_l(k)| + \rho \max\limits_{l}\max\limits_{k}|y_0(k) - y_l(k)|}{|y_0(k) - y_l(k)| + \rho \max\limits_{l}\max\limits_{k}|y_0(k) - y_l(k)|} \tag{10-14}$$

式中，y_0 为各县的玉米和小麦的 1981—2016 年减产率序列；y_l 为第 l 个指标序列；ξ_{lk} 为第 l 个指标序列第 k 项与参考序列的关联度；ρ 为常数，取 0.5。

根据灰色关联度矩阵可以求出各指标序列的平均关联度 r_k，再根据平均关联度计算 n 个指标序列对应的权重 w_i：

$$r_k = \frac{\sum_{l=1}^{n}\xi_{lk}}{n} \tag{10-15}$$

$$w_i = \frac{r_k}{\sum_{k=1}^{n}r_k} \tag{10-16}$$

3. 加权综合评价法

作物干旱风险模型包括危险性、敏感性、脆弱性与抗旱减灾能力等四个指数，分别将各要素标准化后的指标值 y_i 与其权重 w_i 相乘相加，各指数对农业干旱风险的影响程度采用加权综合评价法计算，计算公式如下：

$$X = \sum_{i=1}^{n} y'_p W_i \tag{10-17}$$

式中，X 表示作物干旱风险四项指数的分项综合指标值，$y_{p'}$ 表示标准化后的指标值，w_i 表示指标权重，n 表示各指数中指标的个数。

四、应用实例分析

宁夏是常年干旱的省份，粮食因旱减产率逐年增加，因此有效评价作物受旱风险可为研究区的防灾减灾工作以及保障粮食安全提供科学程度依据。本案例以宁夏各县为最小研究单元，以宁夏玉米和小麦为承灾体，因此，可以把式（10-1）表示为如下各县不同主要农作物的干旱风险评价模型：

$$ADRI_{ci} = W_h \cdot H_{ci} + W_e \cdot E_{ci} + W_v \cdot V_{ci} + W_r \cdot R_{ci} \qquad (10-18)$$

式中，$ADRI_{ci}$ 表示第 c 个县的第 i 种作物（$i=1$ 为玉米，$i=2$ 为小麦）干旱风险指数，H_{ci}、S_{ci}、V_{ci} 和 R_{ci} 分别是干旱致灾因子危险性指数、作物种植的暴露性指数、作物生产的脆弱性指数和县域社会经济的抗旱减灾能力指数。

1. 作物干旱危险性评价

结合宁夏地区实际情况分别确定了作物干旱风险评价中的各个相关参数。对于作物干旱风险评价式（10-4），根据宁夏地方标准 DB64/T 182—2014 来确定各评价单元的降水有效利用系数 σ。实际上，降水有效利用系数与降水量有相应的关系，表 10-1 列出了宁夏标准中推荐的降水有效利用系数 σ 的数值。

表 10-1　宁夏降水量有效利用系数表

日降水量（mm）P	<5	5~30	30~50	50~100	100~150	>150
有效利用系数 σ	0	0.85	0.8	0.75	0.65	0.55

宁夏是一个干旱区，降水对于缓解干旱有重要的影响。不同的降水还可以有效降低作物的灌溉保证率。为利用式（10-5）来估计各评价单元的灌溉需水量，先将根据不同的降水频率 τ 来进行确定。由于降水越多，灌溉需水量就相对降低。因此，不同的降水频率将有不同的灌溉保证率。为此，假设北部引黄灌区的灌溉保证率 τ 为 100%。对于中南部地区，参考刘学军等（2013）的研究成果（表 10-2）进行灌溉保证率的确定。

作物实际蒸散发估计式（10-7）中的参数 k_c 为作物蒸发系数，表示作物在各生长发育阶段的实际蒸散量与潜在蒸散量的比率。研究表明，玉米初始生长期（从播种至地表覆盖率达到 10%）到快速发育期（从地表作物覆盖率 10% 到 70%~80%），可以把 k_c 确定为 0.7，即 $k_{c1} = 0.7$。作物在快速发育期至生育中期（从充分覆盖到成熟期开始），叶冠较密厚，实际蒸散量较大，因此，实际蒸散比率 k_{c2} 可确定为 1.2。作物在生育中期到成熟期，叶片变黄到生理成熟或收获，这里作物已经生长达到后期，作物叶片发黄，蒸散量相对较弱，可确定 $k_{c3} = 0.45$。对于小麦，根据现有研究，取 $k_{c1} = 0.3$，$k_{c2} = 1.15$，$k_{c3} = 0.3$。为了确定玉米和小麦的干旱程度，利用计算玉米和小麦的干旱强度，通过聚类分析确定干旱强度与干旱等级之间的关系（表 10-3，

表 10-4）。

表 10-2　宁夏中南部地区不同降水频率时的灌溉保证率 τ

地　区	τ（5%）	τ（25%）	τ（50%）	τ（75%）	τ（95%）
中卫 53705	0.34	0.28	0.24	0.21	0.19
中宁 53706	0.43	0.31	0.25	0.22	0.2
盐池 53723	0.49	0.47	0.29	0.28	0.23
麻黄山 53727	0.48	0.45	0.28	0.27	0.23
兴仁堡 53707	0.47	0.56	0.41	0.28	0.26
海原 53806	0.48	0.57	0.42	0.3	0.27
同心 53810	0.73	0.35	0.3	0.26	0.21
韦州 53881	0.71	0.37	0.32	0.25	0.2
西吉 53903	0.8	0.69	0.5	0.45	0.3
隆德 53914	0.83	0.74	0.55	0.47	0.3
泾源 53916	0.85	0.73	0.57	0.48	0.3
固原 53817	0.86	0.76	0.57	0.49	0.3

注：τ（5%）指降水频率为 5% 下的灌溉保证率

表 10-3　不同地下水埋深地下水利用系数

作　物	埋深（m）			
	0≤f（H）<1	1≤f（H）<1.5	1.5≤f（H）<2	2≤f（H）<2.5
小麦	0.28	0.2	0.12	0.07
玉米	0.3	0.24	0.14	0.08

表 10-4　基于作物水分平衡指数的玉米、小麦干旱等级划分

干旱等级 j	玉米干旱指标	小麦干旱指标
无旱	DI≤0.2	DI≤0.15
轻旱	0.2<DI≤0.35	0.15<DI≤0.3
中旱	0.35<DI≤0.6	0.3<DI≤0.5
重旱	DI>0.6	DI>0.5

（1）宁夏玉米和小麦干旱危险性评价　根据式（10-3）至式（10-8）计算宁夏玉米和小麦干旱强度，图 11-3 为宁夏玉米和小麦发生不同等级干旱强度的时间序列分布。从图 10-2（a）可知，北部引黄灌区小麦干旱程度最低，1981—2016 年均在 0.15 以下的无旱等级。中部各县小麦干旱强度较高，36a（1981—2016 年）间有 15 年达到

重旱等级，除了 1985 年、1996 年、1998 年以外均达到中旱以上干旱等级，小麦旱情较重。南部各县相比中部小麦干旱较轻，多数年份在轻旱至中旱水平。

图 10-2（b）表明宁夏玉米干旱强度排序从高到低为中部干旱带>南部山区>北部引黄灌区。中部各县玉米干旱强度在中旱至重旱水平，36a 间有 10a 达到重旱强度，多数年份在中旱水平。南部各县玉米干旱强度时间序列分布波动最大，最高达到中旱水平，一般在轻旱至中旱，而北部引黄灌区各县多年玉米干旱强度值均在轻旱以下水平，基本不发生干旱。

对比宁夏北部引黄灌区各县、中部干旱带各县以及南部山区各县的玉米和小麦干旱强度时间序列分布，北部小麦和玉米的干旱强度差距较大，中部及南部差距较小。主要原因是北部引黄灌区玉米全生育期内的潜在蒸散量高于小麦 160.85mm，因而干旱强度差距较中南部地区较大。

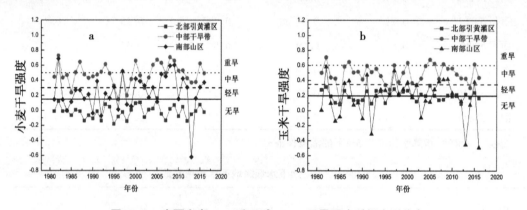

图 10-2 宁夏小麦（a）和玉米（b）干旱强度时间序列分布

根据式（10-8）计算出各站点所在县（市）小麦发生各等级干旱的频率（表 10-5），从表可知，引黄灌区陶乐、青铜峡、永宁、灵武、吴忠、银川等县（市）小麦 36a（1981—2016）内基本没有发生干旱，无旱频率接近 1；石炭井、惠农、大武口、平罗小麦发生轻度干旱的频率达到 0.4 以上。中部干旱带中旱至重旱发生的频率很高，其中中卫、同心韦州、兴仁、麻黄山小麦发生重旱的频率高达 50%，中宁、海源发生中旱的频率约为 20%。南部山区固原市重旱频率较高，约为 50%。西吉县小麦各等级干旱频率分布均匀，各等级干旱频率均在 25% 左右。隆德、泾源县发生无旱、轻度干旱频率占比较高。

从玉米各等级干旱发生频率来看，北部引黄灌区青铜峡、永宁、惠农、大武口、石炭井、平罗发生轻度干旱的频率达到 56% 以上，其中大武口、惠农中度干旱频率也较高，中旱频率超过 20%。陶乐、灵武、吴忠等县（市）基本无旱，无旱频率高于 85%。中部各县玉发生干旱的频率主要以中旱、重旱为主，玉米中旱频率高达 39% 以上。除了海源县，其他县重旱频率在 20% 以上。固原市、西吉县玉米发生中旱的频率较高，隆德县、泾源县玉米不发生干旱的频率占 50% 以上。

表 10-5　玉米和小麦发生不同强度干旱的频率

玉米干旱频率	气象站点	无旱频率		轻旱频率		中旱频率		重旱频率	
		玉米	小麦	玉米	小麦	玉米	小麦	玉米	小麦
引黄灌区	陶乐	0.89	1	0.11	0	0	0	0	0
	青铜峡	0.39	1	0.56	0	0.06	0	0	0
	永宁	0.31	1	0.64	0	0.06	0	0	0
	灵武	0.89	1	0.11	0	0	0	0	0
	石炭井	0.11	1	0.64	0	0.25	0	0	0
	惠农	0.17	0.97	0.67	0.03	0.17	0	0	0
	大武口	0.28	0.72	0.61	0.28	0.11	0	0	0
	平罗	0.31	0.6	0.64	0.4	0.06	0	0	0
	吴忠	0.89	0.53	0.11	0.44	0	0.03	0	0
	银川	0.42	0.42	0.56	0.53	0.03	0.06	0	0
中部干旱带	中卫	0	0	0	0	0.58	0.31	0.42	0.69
	中宁	0.06	0.06	0.03	0.06	0.67	0.19	0.25	0.69
	兴仁	0.03	0.03	0.17	0.03	0.39	0.31	0.42	0.64
	盐池	0	0.03	0.19	0.19	0.56	0.25	0.25	0.53
	麻黄山	0.22	0.14	0.1	0.08	0.47	0.28	0.2	0.5
	海原	0.17	0.03	0.36	0.06	0.44	0.47	0.03	0.44
	韦州	0.06	0	0.06	0.14	0.47	0.42	0.42	0.44
	同心	0.06	0.06	0	0.31	0.5	0.5	0.44	0.14
南部山区	固原	0.28	0.19	0.22	0.17	0.44	0.39	0.06	0.53
	西吉	0.25	0.17	0.25	0.25	0.36	0.33	0.11	0.25
	隆德	0.53	0.36	0.22	0.33	0.25	0.19	0	0.11
	泾源	0.75	0.64	0.17	0.17	0.08	0.11	0	0.08

　　通过分析宁夏各县（市）玉米和小麦干旱强度及各等级干旱强度发生的频率，计算出玉米和小麦种植对干旱的危险性指数，利用式（10-3）及 Kringing 插值法，对宁夏小麦和玉米对干旱的危险性指数进行区划（图 10-3）。从图 10-3a 来看，小麦干旱危险性指数以同心、中卫两县为高危险区，盐池大部、中卫南部、海源东北部、固原北部为中危险区，海源西南部、固原南部、惠农北部、西吉县为低危险区，泾源、隆德、青铜峡、吴忠、永宁、灵武、银川、陶乐等县为无风险区。从图 10-3b 可看出，玉米干旱高危险区主要以同心、中卫为中心，周边中宁、海源、盐池为中危险区，低危险区主要分布在银北河西灌区（吴忠、永宁、平罗）以及西吉与固原北部等县市，而玉米

无干旱危险的地区主要有南部泾源、隆德、北部陶乐、银川、灵武、青铜峡等地，宁夏玉米干旱危险性呈中部高南北低的空间分布格局。

从宁夏玉米和小麦干旱危险性指数整体空间分布来看（图10-3），玉米和小麦对于干旱的危险性均呈中部高、南北低的空间分布格局。以同心、中卫为高值中心，北部引黄灌区各县、南部泾源、隆德两县为低值区。但局部地区有一定的区别，以高值区分布来看，玉米干旱危险性高值区具有一定的连片性，在中部地区的西北部（中卫、中宁、同心），而小麦高值区集中在同心大部和中卫局部。中南部小麦危险性高于玉米危险性，其中同心小麦危险性高于玉米 6.5%、中卫 4.8%、韦州 7.4%、麻黄山 5%、盐池 2%，海源、兴仁持平，固原小麦危险性高于玉米 4%、西吉持平、隆德 5%、泾源 5%，其主要原因是中南部地区属于雨养农业区，灌溉保证率低，作物全生育期内的有效降水量是决定其危险性高低的主要因素，而宁夏雨季在 6—9 月，与玉米生育期（4—9 月）大部分重合，因此玉米干旱危险性相对小麦较低。

北部引黄灌区的小麦干旱危险性低，而玉米无危险性范围减小，低危险、中危险范围（惠农、石炭井、平罗、吴忠）有所增加，其主要原因是北部引黄灌区玉米全生育期内的潜在蒸散量是小麦的 1.37 倍，有效降水量、灌溉量无法满足玉米生育期内的需水量，因此北部引黄灌区玉米干旱危险性较小麦较高。

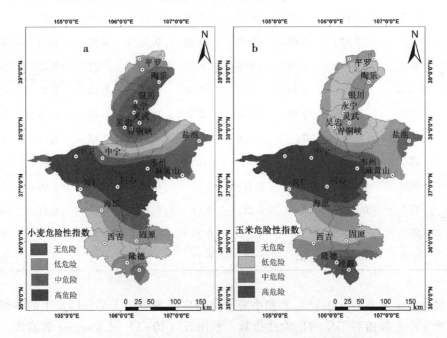

图 10-3 小麦（a）和玉米（b）危险性指数空间分布

（2）评价结果验证 为检验作物干旱指标的准确性，将得出结果与《中国气象灾害大典》中记载的灾害年份进行对比，除了个别年份记载较粗略外，本方法判定的结果与历史记载基本吻合，如表 10-6 所示。

表 10-6 宁夏 1981—2000 年旱情记录

年 份	宁夏干旱灾情
1981	海源、兴仁、盐池 1—5 月降水量仅 21.8mm，12.6mm，6.4mm，全区因旱绝产面积 2.77 万 hm²，海源、同心、盐池人畜用水紧缺
1982	严重干旱年，其中同心、海原、西吉、固原、盐池干旱严重，中卫、灵武的山区干旱更为严重。盐池、海原秋粮减产 50% 以上；同心 4.33 万 hm² 有 1.2 万 hm² 绝产
1983	盐池、海原秋作物减产达到 5 成以上；同心秋作物绝产 3 成以上
1984	9—11 月发生干旱，冬小麦播种面积较往年少了 0.6 万 hm²
1985	旱情最严重的是同心、海原、盐池和固原北部，夏粮播种面积比上年减少 2.87 万 hm²
1986	山区秋旱严重，15 万眼水窖中 13 万没收上水而枯竭，共 38 万人 105 万头牲畜吃水困难
1987	出现四季连旱，海原、同心两县、盐池南、彭阳东北部、固原北部、西吉北部持续干旱 14~15 个月。宁夏中南部 8 县农作物受旱面积 40.27 万 hm²，成灾面积 36.97 万 hm²，夏粮比 1986 年减产 42.2%，秋粮减产 28.5%。干旱特别严重的海原、固原、盐池，全年减产 40%~68%
1988	全区受旱面积 5.76 万 hm²，成灾 4.73 万 hm²
1989	中南大部分出现夏末初秋连旱，严重旱区有西吉、海原、固原、盐池、同心，农作物受灾面积 11.97 万 hm²，成灾 10.87 万 hm²，减产粮食 3 100 万 kg
1990	6 月干旱较严重的有盐池、同心、彭阳、西吉、海原、固原、灵武、中卫，受旱面积 23.16hm²，夏粮 15.03hm²，其中绝产 1.32 万 hm²
1991	6—10 月宁南山区有 108 个乡镇受灾面积 32 万 hm²，成灾 9.2，减产 8 280 万 kg，直接经济损失 9 000 多万元。因土壤表层墒情不好，使宁南山区冬小麦播种面积减少，原计划 5.56 万 hm²，实际完成 4.65 万 hm²，占计划的 82.3%
1993	受灾严重的有盐池、同心、海原、西吉、固原、彭阳因旱农作物受灾面积 18.71 万 hm²，成灾 17.4hm²，承载人口 107 万；夏粮作物生长发育受到影响，晚秋作物无法下种和出苗不齐。盐池、同心、海原受旱严重
1994	宁南山区干旱加重蔓延夏粮大幅度减产，宁南山区夏粮计划种植 26.78 万 hm²，完成计划的 95%；人畜饮水十分困难，5 月底宁南山区 30 多条大小河道已有 26 条断流；10.7 万眼水窖无存水的达到 9.3 万
1995	南部春夏连旱，盐池、同心仅为 8~8.4mm，普遍比历年同期减少 58%~86%；宁南山区春季干旱非常严重，盐池、同心的降水距平达到重旱标准春季 3—5 月同心、固原、西吉、隆德、泾源有气象数据以来的最低值，盐池、海原有记录以来的第三个低值年干旱造成的影响：夏粮作物大幅减产；全区干旱夏粮受灾面积 23.2 万 hm²，成灾 21.53 万 hm²，受灾人口 170 万；南部山区夏粮总产约 1.8 亿 kg，比正常年景减产 1.5 亿 kg；海原、同心、彭阳、盐池、固原、西吉、隆德夏粮基本绝产。秋粮下种困难，秋波难以完成。西海固盐同秋波计划完成不足 80%
1997	特大干旱尤其是秋波陷入困境，8 月下旬至 9 月上旬，除了隆德、泾源两地有少量降水外，大部分地区滴雨未降，使秋作物受旱明显。彭阳大部、固原北部、海原大部秋播困难
1998	6 月宁南山区降水较少，比往年少 3~7 成，小麦轻度受害。冬小麦也不同程度受害

（续表）

年　份	宁夏干旱灾情
1999	旱情严重，集中在宁南山区；全区累计农田受旱面积 15 万 hm²，成灾 8.83，绝收 3.3，与常年相比属于偏重。冬小麦，隆德泾源最严重。3 月宁夏中南大部降水显著减少，造成春波困难；7 月下旬以来，宁南山区温度偏高，降水少。除盐池外其他地区降水为 4~31mm，偏少 67%~96%。对灌浆期玉米威胁很大
2000	2—5 月灌区大部及同心重旱，西吉、泾源轻度干旱，固原、隆德正常偏旱，其他地区中度干旱。7 月宁夏中南部地区持续高温少雨，除盐池、泾源外，其他地区的夏粮灌浆受到严重影响，同时不利于秋粮生长 8—9 月大部地区降水偏少，宁夏中南部地区秋季土壤水分状况较差，除泾源、隆德南部与历年持平外，其余大部地区低于历年平均，尤其是固原北部、同心，比历年同期少 4%。据了解，山区冬麦区因旱播种面积有所减小

2. 玉米和小麦种植对干旱的暴露性分析

作物种植比例越大，作物接触干旱的暴露性越大，遭受干旱风险的可能性增加。而种植比例小，接触干旱的面积减少，发生作物干旱风险的可能性降低。从图 10-4a 小麦暴露性指数时间分布来看，1995—2005 年小麦暴露性指数逐渐增加，2005—2015 年暴露性指数呈快速下降趋势。2005 年各地小麦种植面积达到峰值，暴露性指数最高达到了 50%，如泾源、彭阳、隆德三个县。2005 年之后宁夏小麦暴露性指数呈直线下降趋势，至 2015 年最低暴露性指数仅为 1% 左右，主要集中在盐池县、灵武市和中宁县。从图 10-4a 小麦暴露性指数空间分布来看，小麦暴露性指数呈由南向北转移的趋势，北部种植小麦的比重缓慢增加，1995 年小麦主要种植在泾源、隆德、彭阳、西吉、固原、海原等地，暴露性指数达到 45% 左右，至 2005 年同心、贺兰以北等中北部地区小麦暴露性明显增加，达到 30% 左右。直至 2015 年宁夏小麦种植比例整体呈锐减趋势时，同心、青铜峡、永宁、贺兰以北等地区种植比例保持 10%~20% 的种植比例。

从图 10-4b 宁夏玉米暴露性指数时空分布结果来看，1995—2015 年玉米种植面积逐渐增加，从 1995 年最低 1.5% 的种植比到 2015 年最低种植比例达到 10% 左右，全区玉米暴露性指数呈逐年增加的趋势，最高暴露性指数达到 45% 左右，主要集中在宁夏北部引黄灌区与同心县、南部彭阳县。

3. 玉米和小麦种植在干旱胁迫下的脆弱性分析

在对指标量化的基础上，采用灰色关联度方法，以 1981—2016 年各市县玉米和小麦的减产率参考序列，计算三个指标在脆弱性评价中的权重，再根据综合加权方法得出各县玉米和小麦种植对干旱的脆弱性指数。从图 10-5 来看，宁夏玉米和小麦种植在干旱胁迫下的脆弱性指数整体呈下降趋势，两种作物脆弱度发展趋势基本相同，玉米脆弱度相对较高，至 2015 年均达到历史最低 0.280 3 和 0.302 2。脆弱度降低是由于宁夏各县（市）玉米和小麦的减产率逐年降低、单产变异系数波动趋于平缓，有效灌溉面积逐年增加的结果。

两种作物在干旱胁迫下的脆弱性指数时间序列分布差别较小，而空间分布有明显的

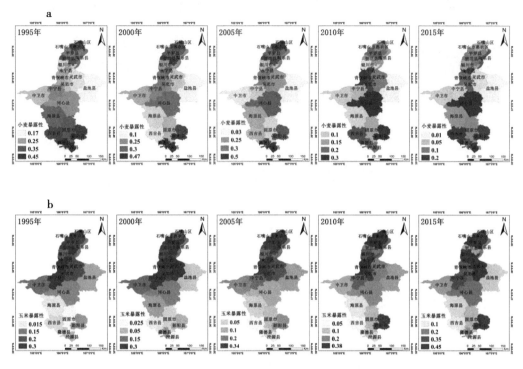

图 10-4 小麦 (a) 和玉米 (b) 暴露性指数时空分布

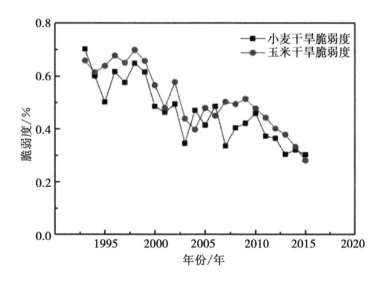

图 10-5 小麦和玉米干旱脆弱度时间序列分布

区别，图 10-6a 中可知，小麦在干旱胁迫下损失较高的地区主要分布在中宁南部、海原、西吉、隆德和泾源等县，小麦多年平均减产率分别达到 23%、43.5%、25.02%、40.53%、43.7%，干旱脆弱性指数高于 0.540 9。其次是固原、彭阳、同心、中卫南部、吴忠、灵武等地，平均脆弱性指数达到 0.470 2，脆弱性指数低值区主要分布在北部惠农、平罗、贺兰、盐池东北部等地区，该地区灌溉条件好，是宁夏主要的粮食种植地，脆弱性指数在0.379 8以下。较小麦而言，玉米种植对干旱的脆弱性指数低值区范围增加，主要包括中宁东北部以北地区，有天然的灌溉条件，大大降低了该区各县玉米减产率，也说明北部地区农业发展水平较高，对作物干旱的人为防御能力较强。玉米干旱脆弱性指数高值区在海原中南部以南所有地区，最低减产率在23.1%以上。

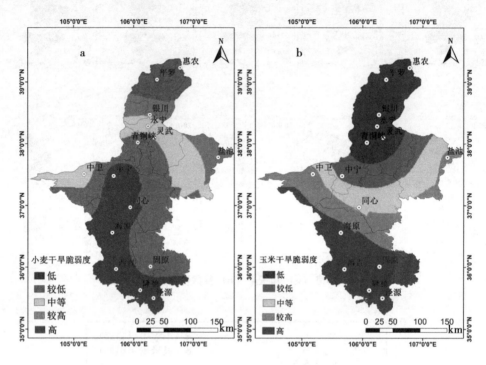

图10-6 玉米和小麦干旱脆弱度空间分布

4. 农业抗旱减灾能力分析

本研究统计宁夏各县（市）1993—2015年统计年鉴中的农业经济数据，选取了农业劳动力、农业机械总动力、农业化肥施用量、农民人均纯收入作为评价各地区农业抗旱减灾能力的指标，其中农业劳动力是作物种植生产的直接参与者，劳动力人数的多少在一定程度上决定了作物种植生产的质量。农业机械总动力是反映各地区农业机械化水平的指标，包括耕种、灌溉、收割、运输作物的多种机械，机械化水平越高抗旱减灾能力越强。农业化肥施用量是指一个周期内（一般为一年）用于农业生产的所有肥料的总和，增强作物生命力，可提升作物抗旱抗灾能力。农民人均纯收入表示农户是否有治理干旱灾害的经济能力。

为检验所选指标的合理性，将以上四个抗旱减灾能力指标与玉米和小麦产量差异系数进行灰色关联分析，产量波动的大小可以反映作物的抗灾性能，因此以产量变异系数为参考序列，计算四个指标序列与参考序列的灰色关联系数，在此基础上得出各指标的权重。结果表明，各县（市）四个指标与参考指标间的关联度均在0.53以上，关联度高说明所选指标可以反映当地的抗旱减灾能力水平。从宁夏农业抗旱减灾能力指数时间序列分布图 10-7 来看，整体农业抗旱减灾能力提升速度较快，至 2016 年各县市抗旱减灾能力指数平均值已经达到 0.8 左右，说明宁夏整体农业经济水平、农业机械化水平及农民收入均有大幅度提高。

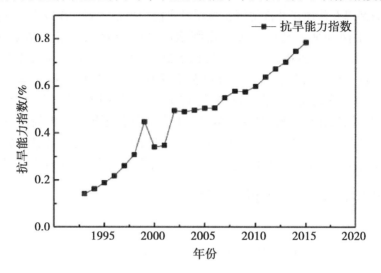

图 10-7　宁夏农业抗旱减灾能力指数时间序列分布

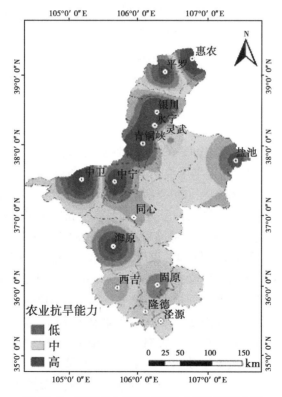

图 10-8　宁夏农业抗旱减灾能力指数空间分布

结合四个抗旱减灾能力指标，经加权求和后得到宁夏各地区农业抗旱减灾能力指数，计算其多年平均值后利用 GIS 克里金插值进行区划，结果如下图 10-8 所示。农业抗旱减灾能力较强的地区主要分布在引黄灌区周边县市，包括青铜峡、永宁、银川、吴忠北部、惠农区以及盐池东北部地区，抗旱减灾能力指数达到 0.5 以上，该区农业经济发展水平相较中南部地区较好，农业化肥施用量在 74 000t 以上，农民人均收入在 10 500~11 700 元，农业机械总动力高达 55 万 kW，因而抗旱减灾能力较高。抗旱减灾能力较低的地区有中卫大部、西吉中部以及平罗西北部等地区，抗旱减灾能力指数在 0.4~0.45，农民人均纯收入仅为北部各县的 53%，农业机械总动力仅达到 40 万 kW 左右、农业化肥施用量在 53 000t 左右，相较于北部各县差距较大，因而农业抗旱减灾能力较弱。宁夏各县（市）农业抗旱减灾能力指数时间分布呈逐年增加趋势，空间分布呈北部高中南部低的格局，但总体上各县（市）抗旱减灾能力指数值相差不大。

5. 宁夏玉米和小麦干旱风险评价与区划

采用聚类分析方法，对各县多年玉米和小麦干旱风险值进行聚类分析，将研究区分为无风险区、低风险区、中风险区及高风险区，如表 10-7 所示。

表 10-7　宁夏玉米和小麦干旱风险等级

风险等级	玉米干旱风险指数	小麦干旱风险指数
无风险区	DI≤0.2	DI≤0.25
低风险区	0.2<DI≤0.35	0.25<DI≤0.4
中风险区	0.35<DI≤0.5	0.4<DI≤0.5
高风险区	DI>0.5	DI>0.5

利用 GIS 中克里金插值法对 1993—2016 年各县玉米和小麦干旱风险平均值进行区划。图 10-9 为宁夏小麦和玉米干旱风险空间分布。由图可知，小麦全生育期干旱风险高值区主要分布在宁夏中南部山区（同心南部、海原东北部、西吉、隆德），风险值均达到 0.5 以上，这些地区不仅气候条件恶劣，而且农业技术水平及农民收入水平较北部灌区差距较大，农民人均收入仅为北部灌区人均收入的 60% 左右。盐池、固原、海原西部位于中等风险区，风险值达到 0.4，该区农业经济发展水平较低，常年干旱且小麦种植暴露度较高。北部引黄灌区风险指数较低，其中中宁、中卫两地小麦干旱风险较低的主要原因是小麦种植暴露度低，种植面积较小，因而受旱风险低。

同时，玉米生育期干旱高风险区主要分布在盐池东北部、同心西南及海源东北部，多年平均风险指数分别为 0.52、0.54、0.51，西吉南部、海原大部、固原、同心北部、惠农位于玉米中等风险区，风险指数达到 0.4 以上，宁夏南部（泾源、隆德）、北部引黄灌区（银川、永宁、中卫、平罗）属于低风险区，风险指数在 0.25~0.35，其中南部两县玉米干旱风险较小的原因是降水量较多且与玉米生育期重合，玉米干旱暴露度低于 0.15。

对比宁夏玉米和小麦干旱风险空间分布可知，小麦干旱风险高值区分布范围较大，呈中南部高北部低的空间分布格局，中南部各县是雨养农业区，作物水分主要依靠降水量的补给，而小麦生育期在雨季初期，降水量较少，且种植面积比重较大，因而受旱面积较大。玉米干旱风险低值区不仅包括北部引黄灌区大部分县市，还包括南部泾源、隆德两县，主要原因是该区玉米种植面积较小，雨季降水充沛，可以满足玉米生长需要的水分。

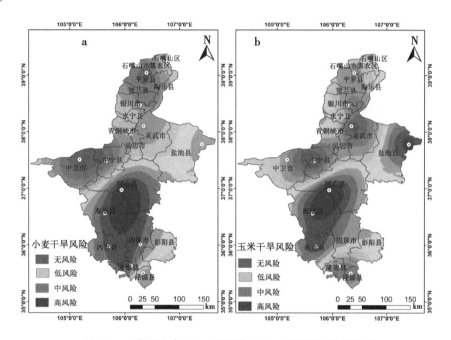

图 10-9　宁夏小麦（a）和玉米（b）干旱风险空间分布

从宁夏玉米和小麦干旱风险时间序列分布来看（图 10-10），1993—2016 年玉米干旱风险呈逐步上升趋势，从 30% 上升至 45%，整体达到了中度风险水平。其主要原因是玉米干旱暴露度明显增加，至 2016 年玉米种植面积最高达到了 45% 以上。而宁夏小麦干旱风险趋势较平缓，干旱风险水平在 0.3～0.4，主要原因是各县（市）小麦的种植面积比例逐年减少，多数县小麦种植比例低于 10%。相对而言，玉米干旱风险更大，产生品种差异的原因在于两者干旱危险性指数和暴露性指数间的差异较大，玉米干旱暴露度高，接触致灾因子的面积大，且生育期较长，虽然玉米生育期与宁夏雨季重合，但其潜在蒸散量是小麦的 1.37 倍，降水量无法满足玉米生长所需的水分。

为了检验作物干旱风险评估模型的可靠性，将各站 23 年玉米和小麦减产率与评价模型得到的农业干旱风险指数做相关分析。结果表明多数站点 Pearson 相关性达到了 0.01、0.05 显著性水平（图 10-11），说明该模型及选取的评价指标可较好反映宁夏玉米和小麦的干旱风险程度。

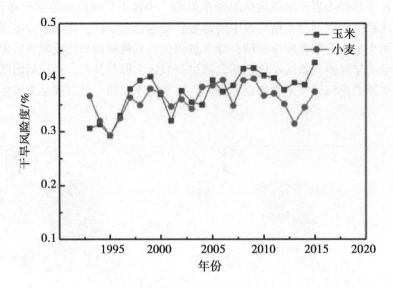

图 10-10　宁夏玉米和小麦干旱风险时间序列分布

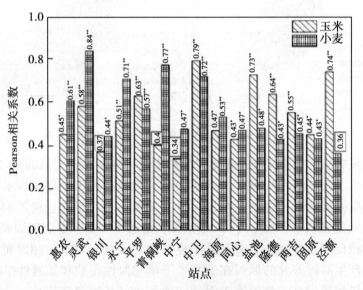

图 10-11　作物干旱风险模型检验

注："＊"表示显著性水平为 0.05；"＊＊"表示显著性水平为 0.01

第十一章　农业抗旱能力评价

　　农业是高度依赖自然环境的风险性产业，农业抗旱能力的增强能有效降低旱灾风险，降低干旱事件造成的农业损失大小。随着社会经济发展，水利设施建设不断完善，作物品种不断改良和生产技术日益提升，我国的农业抗旱能力不断加强，抗旱工作也取得显著的成果。农业抗旱能力综合反映了地区农业的防旱减灾水平，对其研究是开展抗旱减灾战略的基础性工作之一（梁忠民等，2013）。当前的抗旱工作正沿着科学、增效和可持续方向发展，农业抗旱能力评价有利于认清地区农业抗旱的优劣势，明确农业抗旱工作的努力方向，使农业抗旱从单一到全面、被动向主动转变，进而能加强农业旱灾风险管理，提升抵御旱灾能力（水利部，2008）。

一、农业抗旱减灾管理发展与研究进展

1. 农业抗旱减灾管理的发展

　　新中国成立以来，国家对抗旱工作的监督和管理一直没有松懈，先后出台了一系列的法规制度来规范和管理抗旱工作。在早期，我国应对旱灾所采取的都是旱灾处置管理模式，即在干旱灾害发生之后，着手研究和拟定应急管理计划，减轻旱灾损失，部署执行灾后恢复重建工作，以干旱识别、干旱应急响应和灾后恢复重建为主要工作内容。随着发展，抗旱管理向更加综合化、系统化、社会化和法制化方向发展。为了适应新时期的水旱灾害管理，国务院成立国家防汛抗旱总指挥部办公室统筹全国抗旱工作，实行各级人民政府行政首长负责制，统一指挥、部门协作、分级负责，先后出台一系列与抗旱相关的制度和办法，主要包括：旱情统计和报告制度、旱情会商制度、抗旱总结制度和灾情核实制度。国务院办公厅、国家防汛抗旱总指挥部、农业部等相关部门还陆续出台了《特大防汛抗旱补助费用使用管理暂行办法》《抗旱预案编制大纲》《气象干旱等级》《旱情等级标准》和《土壤墒情检测规范》等相关法律法规，国务院在 2009 年颁布实施《中华人民共和国抗旱条例》，明确各级政府、有关部门的抗旱职责，建立抗旱规划、水量调度等一系列工作制度和保障机制（周嵘等，2013；罗小锋，2015）。

2. 农业抗旱能力研究进展

　　随着科学技术的不断发展，人类社会对自然灾害的形成原因、发生和发展过程、时空分布规律以及灾害应急响应与风险管理等方面都有了长足的进展（胡俊锋等，2014）。20 世纪 60 年代以前，自然灾害的研究多着重于灾害机理及预测，主要分析灾

害的形成和活动过程。70 年代开始进行灾害评估的工作，在 1989 年联合国大会通过《国际减轻自然灾害十年的行动纲领》，我国响应号召，开启全国重大自然灾害调查、研究与对策科研项目，原国家科委计委经贸委自然灾害组在 2009 年首先提出了灾害调查与综合研究、减灾能力调查与评估和减灾系统工程等成果。高庆华等（2006）将直接减灾能力分为工程性减灾能力和非工程性减灾能力，还有一些学者把灾后重建能力也作为抗灾减灾能力而包括在其中。

需要说明的是，目前的抗灾减灾能力评价多集中在城市地震灾害以及煤矿安全、洪涝灾害、电网应急和城市暴雨应对等方面，专门针对抗旱能力评价研究的还比较少。金菊良等（2013）基于干旱期水量供需变化建立抗旱能力水平指数从而定量计算抗旱能力；周利敏（2012）、罗小锋（2015）以微观视角从农户调适行为来研究农业抗旱能力的变化，强调人类的学习能力能提升灾害因应能力以及政策、制度等社会因素的积极作用。而对农业抗旱能力进行综合评价，是目前研究农业抗旱能力广泛使用的方法（罗小锋，2015；杨奇勇，2007）。如顾颖（2005）应用数学模糊聚类方法对中国各省市农业抗旱能力进行评价；杨奇勇（2007）、李树岩（2009）和康蕾（2014）等运用不同的方法对不同区域农业抗旱能力进行了评价；综合评价的方法很多，概括起来主要是基于决策者给出偏好信息的主观赋权法和基于决策矩阵信息的客观赋权法两类（郭显光，1995；钟赛香等，2015），德尔菲法、层次分析法和专家排序法等主观赋权例如方法充分利用专家经验值，但是不可避免的带有主观因素；客观赋权法例如灰色关联分析法、变异系数法、熵值法、因子分析法和主成分分析法等方法避免了人为因素带来的偏差，但由于忽略了指标本身的重要程度，有时确定的指标权数与实际有较大差距。

二、农业抗旱能力影响因素分析

顾颖等（2005）认为农业抗旱能力是指人类在农业生产区内，通过自身的活动来防御和抗拒自然或人为因素造成的干旱缺水对农作物生长可能带来的危害以及减轻农业干旱灾害的能力，对其评价是地区在特定自然、技术和经济社会背景下，根据旱灾成因和脆弱性分析从而建立相应的评价指标和标准，用系统综合评价方法对各地区的抗旱能力进行评定。

影响农业抗旱能力的因素很多，既有自然因素，又有社会因素。自然因素可视为水资源系统满足农业生产活动的能力，取决于天然来水条件、下垫面地形地貌、土壤特性等因素。社会因素则为人类社会积极抗御农区干旱缺水影响的能力，水利工程布局和调度运用、作物特性（如种植结构、耐旱性）、社会经济发展水平、抗旱组织管理水平、生产技术及产业布局等。通常将影响因素分为两大类：一种是工程措施的抗旱活动，为长期抗旱措施，主要满足农作物生长需水而进行的长期性、持续性的抗旱活动，主要包括水利工程建设，推广抗旱作物品种，发展节水灌溉和提升农业生产能力等；另一种是非工程措施的抗旱活动，为应急抗旱措施，主要包括物资调配、水资源应急调配等。农业抗旱能力正是通过这两种抗旱活动的形式体现出来的。在分析农业抗旱能力影响因素时，本研究从如下几个方面考虑。

1. 水利工程建设

水利工程包括农田水利工程中的蓄水、引水、调水和提水以及灌溉、田间供电等工程和设施的总称。其工程数量、规模和标准等级等综合因素共同决定其抗旱能力的强弱。在抗旱中作用关键，多年实践表明，越是干旱年份灌溉效益越是突出。

2. 农业生产水平

农业生产水平是反映地区农业抗旱能力的重要指标，主要体现在实施节水型农业战略、灌溉效率、作物栽培技术和应用推广等方面。节水型农业的发展对于提高农业抗旱能力有着重要的作用，而推广抗旱性能强的作物品种，改善作物种植结构能直接减少农业生产需水量，此外，在加强了农业抗旱能力的同时，还有助于缓解城市用水和生态需水的压力，实现可持续发展。

3. 社会经济支撑

社会经济支撑是保障其他抗旱措施实施的基础。从水利工程建设到节水技术的推广，从抗旱人力、物资调配到旱灾损失的救助，抗旱作物的研发和推广，以及旱灾监测、预报、预警，无一不需要经济社会的强力支撑。从农户微观视角来看经济收入的提高使农户有了抗旱减灾的物质基础和经济保障，在抗旱作物的选择、种植结构的调整以及农业保险购买等方面选择更多元化，也增加了旱灾损失的承受能力，为灾后重建和再生产提供保障。

4. 应急抗旱能力

旱灾发生后，仅仅依靠技术、资金和人力是不够的，还需要有组织、有应急预案。农户自身力量往往难以抵御旱灾，需要政府和组织加以帮助和扶持，既需要水利服务体系，也需要农业社会化服务体系支撑，把各种力量合理组织和有效协调起来，共同应对。抗旱服务组织的建设与健全的应急抗旱物资储备体系有利于快速、直接和有针对性的做好抗旱服务，从而渡过困难时期。

三、农业抗旱能力综合评价方法

农业抗旱能力综合评价的核心问题是确定评价指标体系和选取评价方法。农业抗旱能力是一个复杂的系统，要建立一套科学合理的农业抗旱能力评价指标体系会面临许多难题，需要有一定的原则去分析和判断，明确评价的依据。评价指标体系是否能够多方面、多层次和多角度地对地区农业抗旱能力进行科学反映，直接关系到综合评价的质量。因此，指标体系必须科学、全面和客观合理，尽可能全面系统地反应农业抗旱能力各方面的影响因素。

1. 评价指标选取原则

（1）科学性 评价指标应意义明确，具有较强的代表性、可以反映它所代表的人类防御和抗拒干旱灾害上所作的努力。综合运用灾害学、社会学、经济学、工程学及有关科学理论解释指标体系的内在联系，以保证评价指标的可信度。

（2）全面性与独立性 农业抗旱减灾受到多方面的因素影响，涉及灾前、灾中和灾后一系列的过程，既包括工程性措施也包括非工程性措施，指标的选取全面地反映影响农业抗旱能力各因素的涵盖内容、主要特征和作用机制，同时要评价指标有独立性，避免相互交叉和重叠。

（3）可定量化 评价指标除了完整，还应该可定量化表示，可通过相关渠道获取资料，便于选取计算。同一层级，能够进行量化或者归一化处理，具有较强的可比性。

（4）动态性 评价指标的选取应尽可能反映抗旱能力影响因子系统与研究区域整个社会经济系统交互作用的动态变化过程，便于从动态的角度对区域抗旱能力的发展过程进行跟踪和评估。

2. 评价指标体系构建

综合考虑农业抗旱能力的综合影响和农业抗旱能力的不同表征，依据抗旱指标的选取原则，建立农业抗旱能力评价指标体系。从水利工程建设、农业生产水平、社会经济支撑和应急抗旱能力四个方面来探讨，其中前三个方面侧重长期抗旱因素，最后一方面侧重应急抗旱因素。选取蓄水工程调蓄率、耕地有效灌溉率、旱涝保收率、每千克粮食耗水量、节水灌溉率、单位耕地面积灌水量、地均财政预算收入、农民人均纯收入、单位耕地面积农业从业人员和单位耕地面积机电井共计十个指标因子。农业抗旱能力指标体系和各指标涵义解释如表 11-1 所示。

表 11-1　农业抗旱能力综合评价指标体系

目标层 A	准则层 B	指标层 X	指标属性	指标涵义
农业抗旱能力 A	水利工程建设 B_1	蓄水工程调蓄率 X_1	正向	蓄水工程库容/年均地表径流量
		耕地有效灌溉率 X_2	正向	有效灌溉面积/耕地面积
		旱涝保收率 X_3	正向	旱涝保收面积/有效灌溉面积
	农业生产水平 B_2	每千克粮食耗水量 X_4	逆向	灌溉用水量/粮食产量
		节水灌溉率 X_5	正向	节水灌溉面积/有效灌溉面积
		单位耕地面积灌水量 X_6	逆向	灌溉用水量/耕地面积
	社会经济支撑 B_3	地均财政预算收入 X_7	正向	财政预算收入/行政区面积
		农民人均纯收入 X_8	正向	反映收入、消费与再生产能力
	应急抗旱能力 B_4	单位耕地面积农业从业人员 X_9	正向	农业从业人员数量/耕地面积
		单位耕地面积机电井 X_{10}	正向	机电井数量/耕地面积

3. 数据的标准化和农业抗旱能力分类

为了统一量纲必须对数据无量纲化，进行数据的标准化处理，还需要区分指标的正逆向。本研究采用极差标准化法进行数据的标准化处理，处理的方法如下：

对于正向指标

$$X_i = \frac{x_i - min\ (x_i)}{max(x_i) - min\ (x_i)} \tag{11-1}$$

对于逆向指标

$$X_i = \frac{max(x_i) - x_i}{max(x_i) - min(x_i)} \tag{11-2}$$

式中，x_i 为指标实际值，X_i 为该项指标的评价值。聚类分析是为了对各地区农业抗旱能力进行相似性度量和分类分析，可采用基于标准化后的数据集对农业抗旱能力进行层次聚类分析，确定各类农业抗旱能力的异同，在分类的基础上对各地区农业抗旱能力进行评价，可使抗旱能力评价工作更加综合、客观和定量化。具体实现可在 R 软件中采用 ward 离差平方和法等方法。

4. 综合评价方法和模型构建

农业抗旱能力评价，不仅涉及自然环境，还涉及社会经济的很多方面，对其进行客观评价将面临很大的挑战。分析相关研究进展可知，尽管关于旱灾的研究较多，但是主要集中在围绕危险性和易损性两方面的研究，而农业抗旱能力是抵御旱灾的关键，通过分析评价农业抗旱能力，才能使各类资源在空间和时间上实现优化配置，提升抵御旱灾的可操作性；农业抗旱能力的区域表现与更大范围内的旱灾风险之间的跨层次联系和作用，以及积累效应和未来发展趋势研究则较少；社会经济系统对农业抗旱能力的影响早已被认识到，但是具体的评价研究还处于起步阶段；对农业抗旱能力有重大影响的农户、服务组织以及政府机构的应对，适应能力的评价也少有研究，需要进一步探讨分析。

农业抗旱能力模型构建和评价过程中，都希望能将定性和定量因素结合起来考虑，充分考虑其自然—社会双重属性、静态和动态两重性。农业抗旱能力综合评价的方法有很多，目前的研究基本只选用一种方法进行综合评价，由于各种方法在指标预处理、权重设置主客观性等方面不同，使得评价过程抓住的"信息源"和"信息量"不同，从而导致评价结果往往不全面，评价结论不一致和缺乏检验。本研究用组合优化方法对主观赋权的层次分析法和客观赋权的熵值法、主成分分析法三种单一方法的综合评价结果进行组合优化，以求减少随机误差和系统误差，尽量科学、客观地刻画不同区域的农业抗旱能力。而采用不同的方法对同一个区域进行农业抗旱能力综合评价必然存在一定的差异，但是应该具有一定的一致性，否则评价结果不合理应该重新评价。本研究选取 Spearman 等级相关系数检验单一评价方法的一致性和密切程度。原假设 H0ab：a，b 两种方法不相关；备择假设 H1ab：a，b 两种方法相关。Spearman 公式如下：

$$r = 1 - \frac{6\sum_{i=1}^{n} d_i^2}{n(n^2 - 1)} \tag{11-3}$$

式中，d_i为两种评价结果排序的等级差，n 为评价样本数。在给定的显著水平 α，可以查出 Spearman 秩相关系数临界值 $C\alpha$，当 $r>C\alpha$ 时，拒绝假设 H0ab，即两种方法相关，评价结果具有一致性。本研究选用平均值法、Board 法和 Copeland 法 3 种方法分别对单一评价结果进行组合评价，并对结果进行排序；如果两个地区的评价值相等，则标准差小的排序在前。对组合优化的结果再次进行 Spearman 检验，如果通过检验，则为最终结果；否则进行二次组合评价，循环组合优化直至评价结果收敛通过检验。综合评价模型如图 11-1 所示。

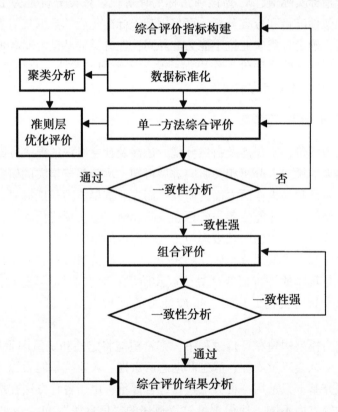

图 11-1 基于组合优化的农业抗旱能力综合评价模型

四、区域抗旱能力评价实例应用

在确定了农业抗旱能力评价指标体系、方法选取和评价模型构建以后，选取典型区域进行农业抗旱能力评价，并分析评价结果和提出政策建议。

1. 评价区域的选择

典型区域的选择要具有代表性，首先考虑的是我国农业主产区，且是农业旱灾多发的区域，结合我国旱灾的分布情况，选取山东作为研究区，进行农业抗旱能力的评价研究。山东省位于我国东部沿海，地处黄河下游，分属黄、淮、海三大流域，地形以平原和丘陵为主；属于北温带半湿润季风气候区，四季分明，雨热同期，适宜多种农作物生长发育。山东省是我国重要的粮食主产区和农业大省，在 2015 年以全国第 4 的耕地面积创造了全国第 1 的农业产值。然而，山东省所处的黄淮海地区受旱面积和成灾面积也都位居全国首位，统计资料显示，1949—2015 年，全省农田累计旱灾面积13 769.22 万 hm²，年均受灾面积 205.52 万 hm²；受灾呈增加态势，1998—2015 年年均受损面积 242.13 万 hm²，较 1949—1997 年系列增加 86.35 万 hm²，旱灾频发严重影响着山东省的农业生产。

2. 评价数据来源

以 2014 年为评价年，并以山东省 17 个地区作为基本评价单元。数据主要来源于《山东省统计年鉴》《山东省水资源公报》《山东省水利年鉴》和《山东省农村统计年鉴》，部分该年缺失数据以往年数据代替。具体数据包括评价年内各市的蓄水工程库容、年均地表径流量、耕地面积、有效灌溉面积、节水灌溉面积、灌溉用水量、机电井数量、粮食产量、农民人均纯收入和财政预算收入等。

3. 评价方法选择

我们将采用图 11-1 所示的评价方法来进行山东省农业抗旱能力的评价，根据所选择的评价指标体系，按照以地市为地域单元进行抗旱能力评价分析，计算并确定各市农业抗旱减灾能力。

五、评价结果分析

1. 农业抗旱能力聚类分析结果

对山东省 17 个地级市标准化后的数据在 R 软件中进行聚类分析，结果如图 11-2 所示。根据聚类图将山东省农业抗旱能力分为 4 类，其在空间分布上如图 11-3 所示。结果表明，山东省农业抗旱能力分布有一定的空间特征，与山东省综合农业区划（全国农业区划委员会，1991）有较强的一致性。Ⅰ类区都位于东部沿海，地形以平原和丘陵为主，区域内烟台、威海和青岛大部分地区地下水较为贫乏而地表水较丰富。Ⅱ类区是主要位于鲁中南，多山地和洪积、冲击平原，南部的泰安、济宁和枣庄为重要粮食产区。Ⅲ类区是东南部的日照和临沂以及中部的莱芜 3 个地区，多山地，小气候差异明显，地表水较为丰富。Ⅳ类区为西北部的东营、德州和滨州以及西南部的菏泽 4 个地区，以平原地貌为主，微地貌类型较多，盐碱地面积较大，地表径流少而地下水较丰富, 地上水主要依赖黄河和外调水。

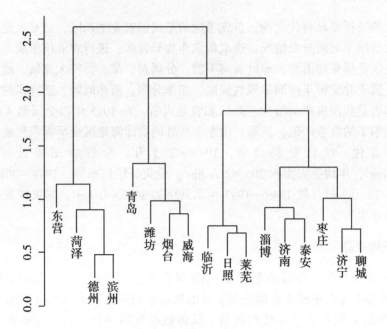

图 11-2 山东省农业抗旱能力聚类分析

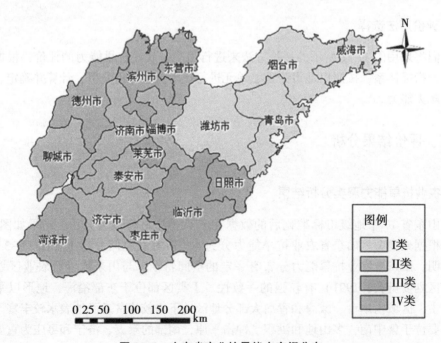

图 11-3 山东省农业抗旱能力空间分布

2. 基于单一评价方法综合评价结果

三种单一方法的评价值和排序如表11-2所示。各种评价方法的评价值和排序都有所差异，三种方法对同一地区的评价排序最大等级差为4。利用Spearman等级相关系数进行单一方法的两两相关分析，得到如下矩阵：

$$\rho = \begin{bmatrix} 1 & 0.948\ 5 & 0.948\ 5 \\ 0.948\ 5 & 1 & 0.936\ 3 \\ 0.948\ 5 & 0.936\ 3 & 1 \end{bmatrix} \tag{11-4}$$

给定显著性水平 $\alpha = 0.05$，查的临界值 $C\alpha = 0.414$，拒绝原假设 $H0$，即3种单一评价方法两两相关，且相关系数高，综合评价结果具有良好的一致性，符合组合评价的要求。

表 11-2 三种单一评价方法的综合评价值、排序和最大等级差

地 区	层次分析法		熵值法		主成分分析法		最大等级差
	评价值	排 序	评价值	排 序	评价值	排 序	
济南	0.507 4	6	0.517 7	5	0.361 0	6	1
青岛	0.623 6	2	0.643 3	1	1.251 4	2	1
淄博	0.50 94	5	0.482 8	7	0.467 7	5	2
枣庄	0.482 5	7	0.467 2	9	0.179 9	7	2
东营	0.413 0	13	0.302 4	14	-0.777 6	15	2
烟台	0.660 3	1	0.641 8	2	1.263 2	1	1
潍坊	0.604 1	3	0.555 9	3	0.731 3	4	1
济宁	0.440 3	11	0.415 4	11	-0.372 6	11	0
泰安	0.446 5	10	0.414 4	12	-0.018 5	9	3
威海	0.577 5	4	0.531 0	4	0.970 2	3	1
日照	0.464 7	9	0.499 5	6	0.152 8	8	3
莱芜	0.437 1	12	0.445 5	10	-0.145 1	10	2
临沂	0.322 5	16	0.358 6	13	-0.689 5	13	3
德州	0.298 7	17	0.242 7	17	-0.862 0	16	1
聊城	0.480 6	8	0.470 4	8	-0.428 5	12	4
滨州	0.362 5	14	0.279 7	16	-0.728 5	14	2
菏泽	0.330 4	15	0.296 4	15	-1.355 3	17	2

3. 抗旱能力组合评价结果

利用三种组合评价方法进行第一次组合评价，结果如表11-3所示。同样利用

Spearman 等级相关系数进行一致性检验，结果见矩阵 ρ_1。可见，三种方法的结果虽然还是有差异，但组合评价结果收敛性好、相关系数高，综合评价结果一致性增强。

$$\rho_1 = \begin{bmatrix} 1 & 0.995\,1 & 0.995\,1 \\ 0.995\,1 & 1 & 1 \\ 0.995\,1 & 1 & 1 \end{bmatrix} \tag{11-5}$$

表 11-3　山东省农业抗旱能力第一次组合评价结果

地　区	平均值法		Board 法		Copeland 法		标准差
	评价值	排　序	评价值	排　序	评价值	排　序	
济南	12.33	5	11	6	6	6	0.47
青岛	16.33	2	15	2	14	2	0
淄博	12.33	6	12	5	8	5	0.47
枣庄	10.33	7	10	7	4	7	0
东营	4.00	13	3	14	−10	14	0.47
烟台	16.67	1	16	1	16	1	0
潍坊	14.67	3	14	3	12	3	0
济宁	7.00	12	5	12	−6	12	0
泰安	7.67	10	7	10	−2	10	0
威海	14.33	4	13	4	10	4	0
日照	10.33	8	9	8	0	8	0
莱芜	7.33	11	6	11	−4	11	0
临沂	4.00	14	4	13	−8	13	0.47
德州	1.33	17	0	17	−16	17	0
聊城	8.67	9	8	9	0	9	0
滨州	3.33	15	2	15	−12	15	0
菏泽	2.33	16	1	16	−14	16	0

　　再次利用组合评价方法进行二次组合评价，组合排序结果如表 11-4 所示。经过二次组合评价，不同的方法排序标准差收敛于 0，综合评价排序结果完全一致。

　　从表 11-2 和表 11-4 来看，3 种单一评价方法由于思想、理论基础、赋权和评价过程等不同，对于山东省的农业抗旱能力的评价值和排序结果均有所不同。分析存在差异的主要原因，层次分析法基于评价者的经验与偏好，属于半定量的评价，熵值法是通过指标自身数据进行权重的判定，而主成分分析法则是利用少数彼此不相关指标尽可能多的保留原始信息来进行评价；在准则层因素赋权上，AHP 法水利工程设施所占权重最大，其次是社会经济支撑，而熵值法则正好相反。对比 3 种单一评价方法，排序靠前和靠后的地区农业抗旱能力评价结果一致性高，而对排序处于中间的地区，各方法排序等级差相对较大。组合评价的结果是几种单一方法评价结果的"优势互补"，评价信息全面，排序结果更为合理，可信度高。

4. 影响山东省农业抗旱能力的主要因素

为了分析各地农业抗旱能力的主要影响因素，从而对各地增强农业抗旱能力提出针对性措施，利用组合优化的方法再对农业抗旱能力4个准则层因素分别进行排序，并综合二次组合评价排序和聚类分析结果，将山东省农业抗旱能力分为4类，分类结果和排序如表11-4所示。

表 11-4　山东省农业抗旱能力二次组合评价结果与分类

地　区	分　类	组合排序	单一方法排序			准则层组合评价排序			
			AHP	EM	PCA	水利工程设施	农业生产水平	社会经济支撑	应急抗旱能力
烟台	Ⅰ类	1	1	2	1	9	1	5	5
青岛		2	2	1	2	13	4	1	15
潍坊		3	3	3	4	1	2	6	12
威海		4	4	4	3	8	6	3	13
淄博	Ⅱ类	5	5	7	5	7	12	4	9
济南		6	6	5	6	12	10	2	11
枣庄		7	7	9	7	5	3	11	7
聊城		9	8	8	12	3	9	16	3
泰安		10	10	12	9	10	7	10	10
济宁		12	11	11	11	4	15	8	6
日照	Ⅲ类	8	9	6	8	16	5	13	1
莱芜		11	12	10	10	14	11	9	4
临沂		13	16	13	13	17	8	15	2
东营	Ⅳ类	14	13	14	15	2	17	7	17
滨州		15	14	16	14	11	13	12	16
菏泽		16	15	15	17	6	14	17	8
德州		17	17	17	16	15	16	14	14

由表11-4可以看到，山东省农业抗旱能力较强的Ⅰ类区域，该区综合排序位居最前，在农业生产用水水平和社会经济支撑两个方面都有很好的表现，综合排序不受其他排序靠后的指标影响。其中，烟台和青岛水利工程设施排序较为靠后，今后可以通过加强水利建设提升农业抗旱能力。

Ⅱ类区的综合排序居于所有地区的中段，每个地区在准则层 4 个因素中基本有 2 个因素表现良好，但是都各有 1~2 个因素，对农业抗旱能力有较大影响，是影响农业抗旱能力的主要因素。例如，济南和泰安需要加强水利工程建设，济宁和淄博农业生产用水水平偏低应采取改善农业种植结构、发展节水灌溉等措施，而聊城和枣庄则社会经济支撑作用有待提升。

Ⅲ类区综合排序在中后位置，在应急抗旱能力上面排序位居最前，其中临沂和日照在农业生产用水上也有较高水平，但是该类区在水利工程设施上位居全省最末，长期抗旱措施紧缺。今后应该着力加强水利工程建设，弥补农业抗旱短板。

Ⅳ类区的农业抗旱能力综合排序处于全省最后，虽然东营和菏泽的水利设施位居全省前列，但是该类区的农业生产用水为全省最低水平，急需采取提高节水灌溉率和调整农业种植结构等措施以提升农业生产用水水平。此外，该类区应急抗旱能力较弱，社会经济支撑力度不足，也很大程度上影响了农业抗旱能力的发挥。

5. 结论与讨论

通过构建农业抗旱能力综合评价指标体系，利用组合优化评价方法对山东省 17 个地区的农业抗旱能力进行了评价。相比于单一评价方法，增强了结论的准确性和可信度。对山东省 17 个地区的农业抗旱能力由强到弱进行了排序，得出了烟台、青岛、潍坊和威海农业抗旱能力较强，而东营、德州、滨州和菏泽农业抗旱能力较弱的结论。

分析对比这 3 种单一评价方法，处于排序前段和末端的地区农业抗旱能力评价结果与组合评价结果一致性高，而对排序处于中间的地区，各方法排序等级差相对较大。综合各地区聚类分析结果和组合评价结果，把山东省农业抗旱能力分为 4 类。并对各类区的农业抗旱能力的主要影响因素和空间分布差异进行了分析，并针对性的给出参考建议与改善措施。本研究以地级市为评价单元，更小的评价单元、更细的分类评价分析，需要进一步研究分析。

由于部分数据难以获取和量化，一些诸如用水协会的作用发挥、农业抗旱管理和旱灾调适等农业抗旱能力的影响因素难以表征和选取全面。此外，综合评价都涉及到权重值、评价值和评价序的探讨，本研究只重点分析了评价序，对于权重值和评价值还需要进一步探讨。

第十二章　作物旱情遥感监测系统集成

作物旱情遥感监测评价，需要根据多景遥感数据和相关数据进行复杂的运算操作，工作量非常大，尤其是针对较大区域如省区或全国性监测。采用传统的遥感图像处理软件来进行作物旱情监测，将是极为困难的。因此，研发作物旱情遥感监测系统，把所有的图像处理过程和复杂计算，都集成到一个系统里，按照一定的准则输入需要处理的数据，让系统按照设计的过程进行处理计算，直接输出监测结果，才能满足快速准确的作物旱情监测评价需要。本章将讨论如何把上述的作物旱情遥感监测方法集成到一个系统里，以实现作物旱情遥感监测的自动化运行。

一、作物旱情遥感监测系统构成

作物旱情遥感监测系统虽然比较复杂，但其结构基本上如图 12-1 所示。作物旱情遥感监测系统的核心是监测模型，本研究将采用作物供水指数作为干旱指数，监测系统需要数据输入和结果输出，输入的数据主要包括监测期的遥感数据和气象数据，同时系统也需要基础数据库的支持，包括监测区域内的耕地分布、历史降水分布、行政区划界线等。

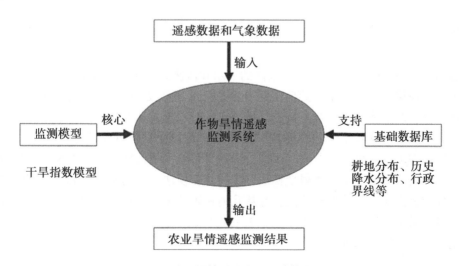

图 12-1　作物旱情遥感监测系统基本构成

本研究基于 MODIS 卫星遥感数据、气象数据以及基础地理信息系统数据，建立了一个适合于评价大区域作物旱情监测模型。该旱情监测模型对传统的作物供水指数模型进行了改进，首先根据 NDVI 的变换范围，对作物覆盖状况进行了分级，然后计算出每一级所对应的在作物的生长温度区间之内的最高和最低作物供水指数，随后根据这两个临界值对计算出来的作物供水指数进行归一化，最后叠加上反映 9 旬降水情况的综合降水距平指数，来综合评价全国范围内的旱情分布。

由于模型的计算步骤多，每一步的计算过程比较复杂，要通过配合使用多款遥感、GIS 软件才能实现每一步计算过程，生产出一旬的全国旱情分布图。特别是 MODIS 数据几何校正这一遥感数据预处理环节，要对数十景影像分别进行处理，费时费力，不仅增加了科研人员的工作负担，还降低了旱情监测的时效性。

为了快速实现作物旱情监测模型的业务化运行和适合于海量 MODIS 数据的预处理方法，本研究对作物旱情监测模型的软件实现进行了系统研发，主要包括数据处理算法和软件模块设计实现两方面内容。核心算法主要包括：MODIS 1B 数据几何校正算法、MODIS 影像合成算法和降水数据空间插值算法。

◎ 几何校正算法消除了 MODIS 1B 数据在获取过程中产生的几何畸变，使其生成了一景符合 Albers 等面积投影的数字影像。

◎ MODIS 影像合成算法对使用不同 MODIS 接收站的数据计算出来的遥感指数进行均值或者最大值合成，以生成一景覆盖全国范围的连续的遥感指数影像。

◎ 降水数据空间插值算法对全国 700 多个气象站点监测记录的降水数据进行反距离加权平均空间插值，生成一景同样符合 Albers 等面积投影的全国降水分布图像，为后续计算综合降水距平指数打下基础。

本研究根据作物旱情监测模型的计算步骤顺序和不同处理过程之间的联系，将"作物旱情遥感监测评价系统"划分为三个功能模块，依次为：旱情指数模块、实用工具模块和结果显示模块。

◎ 旱情指数模块实现了从源数据到最后的旱情指数的完整计算过程；

◎ 实用工具模块提供了一些对中间计算结果进行合成的功能，和另外一种计算 SDI（标准化作物供水指数）的方法；

◎ 结果显示模块主要用于各种指数的展示和监测结果快速出图。

本研究使用"作物旱情遥感监测评价系统"处理了 2006 年 7 月的 MODIS 1B 数据和降水数据，对中间结果以及最后的旱情分布进行了分析和专题出图。结果表明，本课题组研究开发的"作物旱情遥感监测评价系统"可以满足快速实现全国作物旱情监测评价的应用需求，缩短旱情监测的周期，提高旱情监测的效率。在研发旱情指数模块的过程中，本研究实现了基于仿射变换法、多项式变换法、三角网算法和三角网改进算法四种坐标变换方法的几何校正算法，并从几何校正精度、处理时间和内存开销等方面对这四种算法做了详细比较，分析了它们各自的优缺点，为 MODIS 数据的基础处理方法和理论奠定了一定的基础。

二、作物旱情遥感监测系统设计

遥感获取资料具有速度快、周期短、覆盖面积大等特点，可以很好地满足旱情监测的要求。本系统是在遥感技术的支持下获取最新的 MODIS 影像，在降水统计数据、GIS 数据的基础上，运用先进的旱情监测模型，建立起来的一套功能齐全的、界面友好的、易操作的、实用的遥感旱情监测评价系统。

软件系统设计实现的第一步是系统设计，系统设计的好坏直接关系到系统实现的难易程度，应用的方便性以及将来系统的可扩展性。系统设计应本着以下主要原则：

（1）实用性　紧密结合实际工作，有针对性地进行系统功能开发。

（2）可靠性　体现在数据可靠性和系统可靠性两个方面。遥感数据的处理应确保处理结果的地理位置精度的可靠性；系统应有很强的容错能力和处理突发事件的能力，不致因某个动作或某个突发事件而导致数据丢失和系统瘫痪。

（3）科学性和规范性　系统建设依据软件工程的思想和方法，保证系统结构的科学性和合理性。

（4）可操作性　系统应有良好的操作界面，用户易学易懂，操作简便、灵活。

（5）可扩展性和开放性　系统应具有良好的接口，并能通过二次开发进行功能的扩充，不断满足变化的应用需要，使系统不断完善。

数据流图是描述系统逻辑模型的图形工具，是描述系统功能的模型，它表示数据在系统内的处理及变化流向情况，即数据在用户进行事务处理过程中从输入到输出的一个加工过程。在"作物旱情遥感监测评价系统"中，数据的流转过程如图 12-2 所示：

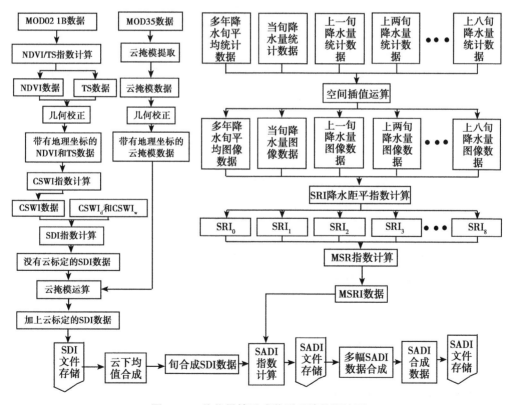

图 12-2　作物旱情遥感监测系统数据流图

本系统根据模型计算步骤的特点和其内在联系的紧密性，划分为三个功能模块：

干旱指数模块：本系统所采用的旱情监测模型，运算量大，初步计算要生成 7 类指数，输入数据多。所以本模块为了减少出错几率，将模型的整个计算过程分为四部分，分别为：每日 SDI 指数计算、SDI 文件旬合成、MSRI 指数计算、旱情指数计算。

实用工具模块：考虑到实际应用的需要，该模块提供了五种常用的合成计算功能。它们分别是：①LST 有效数据均值合成；②两景 SDI 影像均值合成；③两景 LST 影像均值合成；④遥感指数最大值合成；⑤旬 SDI 计算。

结果显示模块：该模块的主要设计目标是对前两个模块计算、合成的旱情指数进行分级即密度分割操作，进而生成符合标准的旱情评价专题图。同时提供缩放、平移、矢量叠加和图像剪裁功能。

系统的功能模块结构如图 12-3 所示：

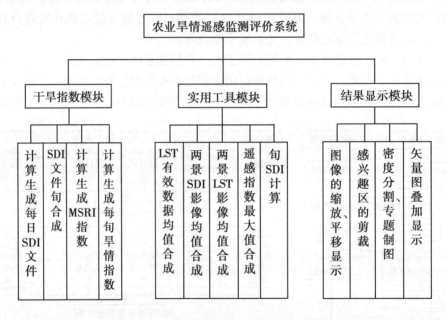

图 12-3　作物旱情遥感监测系统功能模块

以上各功能模块相互关联、相互支持，构成一个有机整体，大大缩短了旱情监测评价工作的时间，节省了人力，有助于旱情监测评价结果的及时发布，为政府部门做出正确的抗旱决策部署提供了一种有效的技术手段。各模块的理论基础与具体设计实现将在下面的章节进行详细介绍。

三、监测系统的图像几何校正

1. 图像几何校正的 IDL 实现

MODIS 1B 数据是作物旱情监测模型的数据源。由于 MODIS 探测器对地球观测的视野几何特性、地球表面的曲率、地形起伏和 MODIS 探测器运动中的抖动等因素的共同影响，MODIS 1B 数据存在几何畸变。目前，国内的 MODIS 接收站只能提供 MOD02 L1B 数据，该数据未经过几何校正。因此在使用前，一般先利用遥感软件 ENVI、ERDAS IMAGINE 等对 MODIS 影像进行几何校正。但这种处理过程往往需要实时的人机交互，既费时又费力，不适于大数据量的遥感应用。所以，有必要开发实现 MODIS 几何校正程序，对数据进行批处理，提高遥感图像预处理的工作效率。

遥感图像几何校正算法有两个基本环节：一是像元坐标变换；二是像元亮度的图像重采样。其中，像元坐标变换方法的选取尤为重要，对几何校正的精度和效果起着决定性的作用。根据所采用的数学模型不同，相应的坐标变换方法也不同，例如仿射变换法、多项式变换法，三角网算法和三角网改进算法。当前，介绍基于这些坐标变换方法的几何校正原理的文章都有出现。周海芳等（2006）首先研究了基于多项式变换的几何校正算法，然后提出了新的并行几何校正算法。李柳霞（2004）探讨了对 MODIS 数据进行多项式纠正的方法，付必涛等（2007）基于三角网算法用 IDL 编写了 MODIS 数据的几何校正程序，郭广猛（2004）在介绍 ENVI 的 Export GCP 功能时对三角网改进坐标算法进行了简单介绍。目前，对以上方法在校正精度和算法效率方面进行客观比较的文章尚无出现。本研究主要利用 IDL（Interactive Data Language）语言，针对 MODIS 数据实现了基于仿射变换法、多项式变换法、三角网算法和三角网改进算法四种坐标变换方法的几何校正算法，并对不同算法的效率和校正效果进行了分析。

IDL 交互式数据语言是进行二维及多维数据处理分析及应用开发的理想软件工具。作为面向矩阵、语法简单的第四代可视化语言，IDL 致力于科学数据的可视化、分析和处理，拥有十分丰富的库函数，在遥感图像处理方面得到了非常广泛的应用。本研究采用 IDL 进行几何校正算法实现，可以大大提高效率。

2. MODIS 1B 影像几何校正方法及其 IDL 实现

几何校正的处理流程一般包括四个步骤：①控制点的选取和投影变换及输出范围的确定；②求输出图像空间到输入图像空间的逆变换函数；③逐个像元进行几何位置变换；④像元灰度值内插计算。其中，最后一步称为重采样。MODIS 影像的几何校正处理流程如图 12-4 所示。

控制点的选取和投影变换及输出范围的确定是遥感图像几何校正的重要环节。遥感图像几何校正一般先要选取一定数量的控制点，建立输出图像到输入图像的坐标变换关系，进而在此基础上进行重采样完成校正过程。控制点应均匀分布在输入图像中且尽量覆盖整个图像范围，这样才能保证输出图像精度的一致性和输入、输出图幅范围的一致性。

MOD02 1B 产品的存储格式为 HDF，包含 250m、500m、1 000m 三种分辨率的数据文件，每种数据文件都包含和图像信息相对应的经纬度数据。其中，MOD02QKM 和 MOD02HKM 文件存储的是与分辨率为 1KM 的数据等大小的经纬度数据集，MOD021KM 存储的则是相应分辨率下图像数据 1/5 大小的经纬度数据。

我们可以每隔一定的行列数选取控制点，并读取其大地坐标，然后按照一定的投影

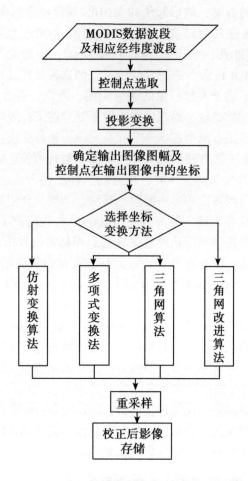

图 12-4 作物旱情监测系统的几何校正流程

方式算出对应的地理坐标，按照控制点矩阵的地理坐标的最大、最小值计算出输出图像的图幅范围以及控制点在输出图像中的行列值。在 IDL 中有投影转换的函数，利用这些库函数来简化计算过程（本研究以下使用的库函数均来源于 IDL，不再特别注明）。其中，MAP_ PROJ_ INIT 函数用来设置我们需要的投影方式，例如：

sMap＝MAP_ PROJ_ INIT（'Albers Equal Area'，datum＝8，$/

GCTP，limit＝limit，center_ latitude＝0，center_ longitude＝105，$

standard_ par1＝25，standard_ par2＝47，false_ easting＝0，false_ northing＝0）

这一 IDL 语句表示使用的是 Albers 等面积圆锥投影，基准面为 WGS-84（MODIS 探测器空间定位采用的是 WGS-84 经纬度坐标系统），中央纬线为 0°，中央经线为 105°E，两个标准纬线分别为 25°N 和 47°N，X、Y 的偏移量为 0。

MAP_ PROJ_ FORWARD 函数可以完成从大地坐标到地理坐标的转换。

Point＝MAP_ PROJ_ FORWARD（image_ lon，image_ lat，MAP_ STRUC TURE＝sMap）

在这一 IDL 语句里，image_ lon 和 image_ lat 分别为控制点的大地坐标，point 存储按照 sMap 投影方式转换后的地理坐标。

3. 遥感图像几何校正中的坐标变换

坐标变换是几何校正过程中最为关键的一步，旨在建立校正后图像的行列值到原始图像行列值的后向映射关系。仿射变换和多项式变换是常用的传统坐标变换方法，两者原理大致相同，只不过前者是线性变换后者是非线性变换。三角网算法及其改进算法是比较新的坐标转换方法。

仿射变换是把校正空间的图像到原始空间图像的坐标变换关系看作是线性的，即校正空间的点经过旋转（Rotating）、缩放（Scaling）、平移（Translating）三种变形后到达校正空间相应的点，仿射变换公式为：

$$\begin{cases} X_i = a_0 + a_1 X_0 + a_2 Y_0 \\ Y_i = b_0 + b_1 X_0 + b_2 Y_0 \end{cases} \tag{12-1}$$

式中，X_i 和 Y_i 为原始输入图像中的坐标；X_0 和 Y_0 为校正输出图像中的坐标；a_0、a_1、a_2、b_0、b_1 和 b_2 为待定系数。因此，要实现仿射变换，至少需要 3 个不在同一直线上的控制点。这些待定系数是根据最小二乘法原理，通过建立误差方程来进行求解。

多项式变换算法的原理是假定原始图像和校正图像的坐标变换关系可以用二元多项式来描述，其数学模型如下：

$$\begin{cases} X_i = \sum_{i=0}^{N} \sum_{j=0}^{N} a_{i,j} X_0^j Y_0^j \\ Y_i = \sum_{i=0}^{N} \sum_{j=0}^{N} b_{i,j} X_0^j Y_0^j \end{cases} \tag{12-2}$$

式中，X_i 和 Y_i 为原始输入图像中的坐标；X_0 和 Y_0 为校正输出图像中的坐标；N 为多项式最高次数的算术平方根；$a_{i,j}$ 和 $b_{i,j}$ 为多项式的待定系数。可以利用一定数量的控制点数据运用最小二乘法进行曲面拟合求出待定系数，从而建立校正空间到原始空间的坐标转换关系。多项式的待定系数可以通过 IDL 的过程语句 POLYWARP 来确定。

三角网坐标变换算法的原理是将控制点划分成多个不重叠的三角形，把每个小三角形区域几何畸变看作是线性的，即利用三角形区域的三个地面控制点（三角形的顶点）根据仿射变换原理求出校正空间到原始空间的后向映射关系，从而完成坐标转换。算法的难点是如何有效划分三角网和如何判断校正后的图像像元属于哪个三角形。本研究的做法是首先利用 Triangulate 过程根据 Delaunay 三角剖分准则将校正空间的控制点矩阵划分为三角网，然后利用 IDLanROI 类对每个三角形建立感兴趣区，使用 IDLanROI 类的 ComputeMask 方法将属于同一三角形区域的图像像元赋予同一个编号，并用一个和输出图像等大小的数组记录每个像元所属的三角形编号。

三角网改进算法的第一步与三角网算法完全相同，都是将不规则排列的控制点生成 Delaunay 三角网，然后将三角网插值成规则网格，将像元放在相应网格中实现几何校正。本研究的具体做法是：先用 Triangulate 函数将校正空间的控制点矩阵划分为三角网，然后分别以控制点在原始空间中对应的图像行列号为高程值将三角网格网化生成两个 DEM，这样就可以获得校正空间其余像元对应原始图像的行列值，从而避免了将输出图像像元逐个进行几何位置变换，节省了大量运算时间。在 IDL 中可以使用函数 Trigrid 对三角网进行格网化。有时，MODIS 数据自带的经纬度信息并非是完整的，由于接收问题，可能会出现某一行、多行或部分行信息缺失的问题，缺失像元的值为 - 999，如果碰巧选取这些坏点作为控制点，将会影响校正的准确性。针对这一问题，可以用 Where 函数挑选出包含有效经纬度信息的控制点进行三角网的生成和网格化计算。

4. 像元灰度值重采样

当用正确的算法得到几何校正后的图像上的像点和原始输入图像上的像点之间的变换公式后，就可以计算校正后影像上的每个像元在原始图像上的像点坐标（X_i，Y_i），由于 X_i 和 Y_i 可能不是整数，所以必须通过内插的方法求出原始图像上该位置的灰度值，即利用周围像点的灰度值并按一定的权函数来计算一个不在阵列位置上的新像元的灰度值，这个过程即称为重采样。

目前传统的重采样方法有最邻近像元法、双线性插值法和双三次卷积法。最邻近像元法算法简单，计算速度快且不破坏原始影像的灰度信息，缺点是几何精度差，最大可达正负 0.5 个像元，校正后图像灰度不连续，光滑的边界会出现锯齿状。双三次卷积法的几何位置精度和插值精度都比较高，遥感图像的灰度值连续，但计算量大，需要周围 16 个像点参与灰度计算，耗费机时。双线性插值法的计算量比双三次卷积法小的多，几何精度比较高，具有一定的灰度采样精度，可保证图像校正后的灰度连续性。综合考虑三种算法的优缺点，本研究采用双线性插值法作为本研究的重采样方法。

双线性插值法（图 12-5）是用一个三角形线性分段函数来描述周围像点对待插值点影响的大小，其函数表达式为：

$$w(t) = \begin{cases} 1 - |t| & 0 \leqslant |t| \leqslant 1 \\ 0 & |t| > 1 \end{cases} \tag{12-3}$$

该内插点 p 与周围 4 个近似像元点的关系如图 12-5 所示。像元之间的间隔为 1，且 p 点到像元点 11 间的距离在 X 和 Y 方向的投影分别为 Δx 和 Δy，则内差点 p 的灰度值 D_p 为：

$$D_p = \begin{bmatrix} w(\Delta x) & w(1 - \Delta x) \end{bmatrix} \begin{bmatrix} D_{11} & D_{12} \\ D_{21} & D_{22} \end{bmatrix} \begin{bmatrix} w(\Delta y) \\ w(1 - \Delta y) \end{bmatrix} \tag{12-4}$$

式中，D_{ij} 为像元点 ij 的灰度值。

四、几何校正方法的比较

1. 几何校正精度比较

我们用 IDL 语言开发了基于仿射变换、多项式变换、三角网算法、三角网改进算法等四种坐标变换方法的几何校正程序，并运行计算了一景大小为 1 354 列、5 190 行的 MOD021KM 的第二波段影像，其中控制点为 50×50 的矩阵，重采样采用双线性内插法，

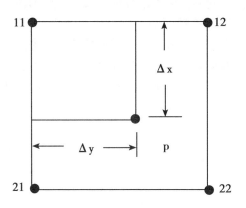

图 12-5　双线性内插法示意图

地图投影采用 Albers 等面积圆锥投影。图 12-6 为叠加边界矢量图的不同坐标变换方法校正后图像的局部对比图。

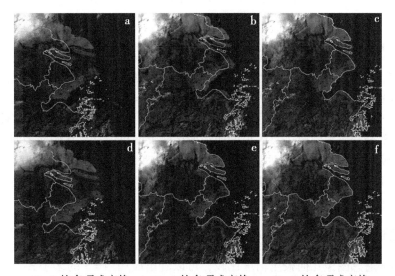

a. N＝2 的多项式变换；b. N＝4 的多项式变换；c. N＝5 的多项式变换；
d. 仿射变换；e. 三角网算法；f. 三角网改进算法

图 12-6　不同坐标变换方法校正后图像的局部对比

从图 12-6 可以看出，仿射变换的校正精度很低，边界与图像错位明显。这主要是由于 MODIS 影像的覆盖范围广，几何畸变是比较复杂的，很难用简单的线性关系来表达。N＝2 的多项式变换虽然是用四次多项式来拟合校正前后图像的坐标变换关系，但结果也不太理想，校正效果近于仿射变换。N＝4 的多项式变换校正精度有所提高，图像较矢量边界偏移较小。N＝5 的多项式变换的校正精度非常高，图像与矢量边界完全重合。

以上这些可以说明，随着多项式次数的增加，几何校正精度有所提高，但是当达到一定次数后，如果次数继续增加，则计算量增加很多而校正精度增加很少。三角网算法和三角网改进算法的校正效果很好，说明通过三角网来细化待校正的图像，然后在每个三角形的小范围内应用仿射变换，可以准确描述校正前后图像的坐标变换关系，待校正的图像覆盖范围越大，这种优势越明显。用三角网改进算法校正后的图像存在一个问题，就是在图像的左右边缘会出现有规律的横向拉伸的条带。这主要是由于处在三角网左右边缘的三角形区域格网化后，地理横坐标出现相同的最大或最小值，而只有地理纵坐标变化造成的，可以采取令图像边缘的点不产生三角形的方法，来避免这种变形现象的出现。

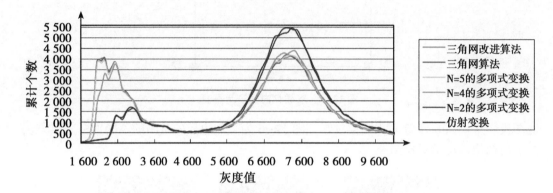

图 12-7　不同坐标变换方法校正后图像的局部对比图的像元灰度值分布直方图

图 12-7 是上述几种图像几何校正结果局部对比图的像元数值分布直方图。从图 12-7 中可以看出，三角网改进算法、三角网算法、N=5 的多项式变换法的曲线基本完全重合，校正结果基本一致；N=2 的多项式变换和仿射变换的直方图分布曲线形状相似，在双峰部分与三角网改进算法等的曲线发生较大偏离，这也从侧面表明图像将与矢量边界发生明显的错位；N=4 的多项式变换曲线在双峰部分介于三角网改进算法和仿射变换的曲线之间，曲线形状更接近三角网改进算法的曲线，这点也和其校正精度高于仿射变换低于三角网改进算法的事实相吻合。

2. 处理时间与内存开销比较

从上述的遥感图像几何校正精度比较，可以看出应用 N=5 的多项式算法、三角网算法和三角网改进算法等坐标变换算法校正后的图像精度可以达到遥感图像应用的要求。以下主要从图像处理时间和内存开销两方面对以上三种算法进行比较分析。利用计算机进行图像几何校正分析，并记录其处理时间和内存开销，得到如表 12-1 所示的结果。

表 12-1　运算时间及内存开销比较

坐标变换算法名称	处理时间	内存开销
N=5 的多项式算法	15.985 秒	28M
三角网算法	372.543 秒	143M
三角网改进算法	11.516 秒	28M

表12-1是在一台 Pentium4 2.93G CPU，512M 内存的 PC 机上处理一景1 354列×5 190行的 MOD021KM 的第二波段遥感影像得到的结果。从表12-1对比看出，三角网改进算法和 N=5 的多项式算法在数据处理时间方面和内存开销方面都比三角网算法优秀得多。前两种算法在时间上比三角网算法快了一个数量级，内存消耗只是后者的1/5。三角网算法运算效率低下主要是由于在算法过程中要判断输出图像的每个像元属于哪个三角形并且要存储相应三角形的编号，还要依次计算每个三角形的仿射变换参数，虽然最后采取了参数矩阵计算输出图像像元在输入图像中的位置节省了计算时间，但这也是以消耗大量内存空间为前提的。

三角网改进算法和 N=5 的多项式算法有一个共同的优点就是以各自算法思想为核心充分调用了 IDL 现有的库函数，利用 IDL 语言面向矩阵的特性提高了对大规模数据快速分析、处理的能力。处理一景单波段影像，三角网改进算法比 N=5 的多项式算法快了将近4.5s，如果只计算少量影像，这种优势并不明显。但我们开发程序的目的主要是为了能够进行数据的批处理，提高工作效率，从这一点看，这4.5s 的小优势也可以带来巨大的时间效益。采用三角网改进算法校正结果如图12-8所示。

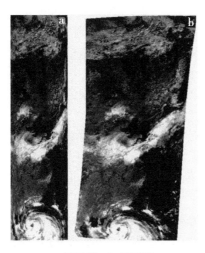

a 校正前；b 校正后

图12-8　三角网改进算法校正前后对比图

五、多景影像合成算法

为了获取在全国空间范围内连续的影像，需要对 MODIS 影像进行多景合成。遥感影像合成的目的主要是生成一幅在特定时间段内能够代表该区域某方面特征且在空间上连续和尽可能去除云影响的新影像。影像合成通常是针对一天内的多轨或者多天甚至一个月的经过几何校正的遥感影像进行的。

影像合成主要分为两方面内容：一方面是地理坐标网格的重新定位，另一方面是相同像元值的合成方式，常用的合成方式有最大值合成和均值合成。本研究所采用的合成方法实现步骤相对简单，且有很高的地理定位精度。下面分别以最大值和均值合成为例说明本研究所采用的合成方法的主要步骤。

1. 最大值合成算法主要步骤

（1）读取 N 景待合成的经过几何校正的且经过了云标定的遥感影像的地理坐标信息，确定合成后影像的大小及左上角点的地理坐标。

（2）按照合成影像的大小，生成一个结果模板，设其初值为背景值。这里云的标记值大于背景值，小于有效数据的值。有效数据为非云和非背景像元。

（3）生成一个和结果模板等大小的临时数据模板，设数组初值为背景值。读入一景待合成影像，根据读入影像的左上角点地理坐标和图像数组大小将其数组值赋予临时数据模板的相应位置。

（4）将临时数据模板和结果模板进行比较，取较大值作为结果模板的新值。

（5）重复步骤（3）和（4），直至读入最后一景待合成影像。

（6）结果模板即为最后的最大值合成影像。

2. 均值合成算法主要步骤

（1）读取 N 景待合成的经过几何校正的且经过了云标定的遥感影像的地理坐标信息，确定合成后影像的大小及左上角点的地理坐标。

（2）按照合成影像的大小，设置两个模板，一个为求和模板，用来累加计算同一像元的有效数据的和，另一个为计数模板，用来记录同一像元出现有效数据的次数。两个模板的初值为 0 数组。

（3）生成一个和求和模板等大小的临时数据模板，设数组初值为 0。读入一景待合成影像，将影像值为 0 的像元重新赋值为 -1 000，将云区、背景像元的值设为 0。根据读入影像的左上角点地理坐标和图像数组大小将其数组值赋予临时数据模板的相应位置。

（4）建立索引数组记录临时数据模板中值为 -1 000 的像元在数组中的索引，并将值为 -1 000 的像元的值重设为 0，求和模板与临时数据模板做加运算，生成新的求和模板。寻找临时数据模板不为 0 的像元，在计数模板的相应位置加 1。若索引数组不为空，按其索引值将计数模板的相应位置加 1。

（5）重复步骤（3）和（4），直至读入最后一景待合成影像。生成一个结果模板，初值为 0 数组，在计数模板不为 0 的对应位置存放求和模板与计数模板的商。

（6）把结果模板和计数模板 0 值的对应像元的值设为背景值。把各景待合成影像的云数据进行最大值合成，生成云掩模，叠加到结果模板上，将结果模板相应的云像元进行标定。

（7）结果模板即为最后的有效数据均值值合成影像。

图 12-9 分别为由 17 景 MODIS MOD02 1B 数据计算出的 NDVI 数据在 ERDAS I-MAGINE 软件下做最大值合成和用本研究算法做最大值合成的结果图像及其差值图像。

两幅结果图像的大小均为 6 570 列×5 149 行，左上角点的地理坐标均为（-2 373 476，6 795 106.1）。从图 c 的差值图像可以看出两幅结果图像完全一致，对应像元的差值为 0。

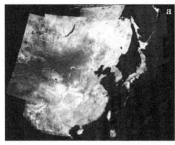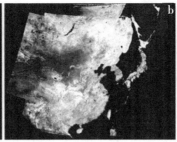

a. ERDAS IMAGINE 最大值合成；b. 本研究程序最大值合成；c. 差值图像

图 12-9　两种方法的最大值合成结果图及其差值图像

以上和商业专业遥感软件的处理结果对比充分说明了本研究合成算法的正确性。

六、降水数据空间插值算法

为了把降水数据计算的降水距平指数和 MODIS 数据计算的遥感指数相叠加，就必须对降水数据进行全国范围内的空间插值。反距离加权（Inverse Distance Weighted，IDW）插值法是降水数据空间插值最常用的方法之一。该方法主要是基于相近相似的原理：即两个物体离得近，它们的性质就越相似，反之，离得越远则相似性越小。它以插值点与样本点间的距离为权重进行加权平均，离插值点越近的样本点赋予的权重越大，反之，越小。反距离加权插值法的一般公式如下：

$$\hat{Z}(s_0) = \sum_{i=1}^{N} \lambda_i Z(s_i) \tag{12-5}$$

式中，$\hat{Z}(s_0)$ 为 s_0 处的预测值；N 为预测计算过程中要使用的预测点周围样点的数量；λ_i 为预测计算过程中使用的各样点的权重，该值随着样点与预测点之间距离的增加而减少；$Z(s_i)$ 是在 s_i 处获得的测量值。反距离空间插值法的权重确定公式如下：

$$\lambda_i = d_{i0}^{-p} / \sum_{i=1}^{N} d_{i0}^{-p}, \quad \sum_{i=1}^{N} \lambda_i = 1 \tag{12-6}$$

式中，P 为指数值；d_{i0} 是预测点 s_0 与各已知样点 s_i 之间的距离。对于一个较大的 P 值，较近的数据点被给定一个较高的权重份额，对于一个较小的 P 值，权重比较均匀地分配给各数据点。

利用该方法进行插值时，样点分布应尽可能均匀，且布满整个插值区域。对于不规则分布的样点，插值时利用的样点往往也不均匀的分布在周围的不同方向上，每个方向对插值结果的影响不同，插值结果的准确度也会随不均匀程度的增大而降低。本研究共使用全国 742 个气象站点的降水数据进行插值，其分布图如图 12-10 所示。

实现降水数据空间插值算法的步骤如下：

（1）读取整理好的，以 txt 格式存储的降水数据，txt 文件中降水数据的存储顺序如图 12-11 所示。

（2）设置投影方式，将各站点数据按照经纬度进行投影，计算各站点的地理坐标；

图 12-10　本研究使用的气象观测站点分布图

站点号	经度	纬度	一上	一中	一下	二上	二中	二下	三上
50136	122.37	53.47	2.09	1.75	1.25	0.99	1.59	1.14	1.33
50246	124.72	52.32	2.09	2.08	1.5	1	1.33	0.87	1.51
50349	124.33	51.7	1.54	1.58	1.31	0.67	1.23	0.84	1.61
50353	126.65	51.72	1.91	1.6	1.14	1.16	1.36	0.96	1.7
50425	120.18	50.25	1.64	1.1	0.89	1.1	1.38	0.95	1.35
50434	121.68	50.48	1.75	1.24	1.13	1.35	1.46	1.03	1.76
50442	124.12	50.4	1.43	1.04	1.12	1.19	1.27	0.47	1.5

图 12-11　降水数据的存储顺序

获取投影后坐标的左上角点，以 1 000m 为栅格大小对站点数据进行栅格化；根据站点的栅格化结果，确定输出图幅的范围。

（3）使用 IDL 的 GridData 函数对步骤 2 的结果进行反距离加权插值：

Im_ Out = GridData（k，l，Rainfall，Method = 'InverseDistance'，SEARCH_ EL-LIPSE = 500，$

Triangles = tri，/Grid，XOUT = Indgen（ImageCol），YOUT = Indgen（ImageRow），Missing = -10，Power = 2）

其中，k 和 l 分别为各站点的经纬度栅格化后的列号和行号；Rainfall 为各站点测量的旬降水量，以"mm"为单位；Method = 'InverseDistance' 是对插值方法进行选择，这里选择反距离加权插值法；SEARCH_ ELLIPSE 为搜索圆半径；Triangles 为各站点用经纬度投影栅格化后得到的结果生成的不规则三角网，tri 可以利用前面提到的 Triangulate 过程计算得到；XOUT 为输出数组的列数；YOUT 为输出数组的行数；Missing 为插值范围外的值；Power 即为公式中的 p 值，一般设其值为 2；Im_Out 为待输出的结果数组。

　　这里搜索圆范围的设置将会直接影响插值结果。为了使插值结果更加合理，使用不同的搜索半径进行插值，并将结果和 ArcGIS 的 IDW 插值结果进行比对，以便寻找最佳的搜索半径。

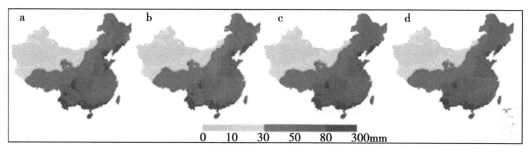

从左到右依次为：a. ArcGIS IDW 插值图；b. SEARCH_ ELLIPSE = 400 的 IDL IDW 插值图；
c. SEARCH_ ELLIPSE = 500 的 IDL IDW 插值图；d. SEARCH_ ELLIPSE = 600 的 IDL IDW 插值图

图 12-12　利用 ArcGIS 与 IDL 生成的全国降水 IDW 插值图

　　图 12-12 是利用全国 742 个气象站点的多年旬平均降水数据中的 7 月下旬数据生成的。从图 12-12 我们可以看出，这四个结果图的降水趋势是一致的，但是由于 SEARCH_ ELLIPSE = 400 的 IDL IDW 插值方法的搜索半径较小，在西藏自治区区域内出现了空白部分。

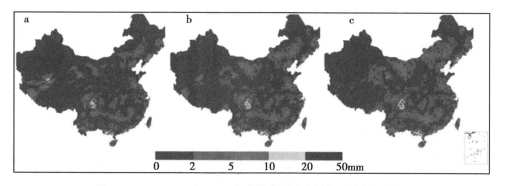

图 12-13　ArcGIS 与 IDL 生成的全国降水插值图的差值结果

a. ArcGIS IDW 插值图与 SEARCH_ ELLIPSE = 400 的 IDL IDW 插值图的差值结果；
b. ArcGIS IDW 插值图与 SEARCH_ ELLIPSE = 500 的 IDL IDW 插值图的差值结果；
c. ArcGIS IDW 插值图与 SEARCH_ ELLIPSE = 600 的 IDL IDW 插值图的差值结果

　　从图 12-13 可以看出，ArcGIS IDW 插值结果与 IDL IDW 插值结果还是很相近的，其中，中国西部大部分区域的降水差值保持在 2mm 以下，中国中、东部等雨量较充沛地区的降水差值也基本保持 0~5mm。由于 SEARCH_ ELLIPSE = 400 的 IDL IDW 插值图的搜索范围较小，且设置插值范围外的值为-10，西藏地区出现了 20mm 以上的降水差值。和 SEARCH_ ELLIPSE = 600 的 IDL IDW 插值图相比，SEARCH_ ELLIPSE = 500 的 IDL IDW 插值结果较好一些，20mm 以上的差值范围有所减小。因此，选取 SEARCH_ ELLIPSE = 500 作为全国降水插值的默认搜索半径。

第十三章　作物旱情遥感监测系统研发与应用

作物旱情遥感监测，需要经过多个步骤，处理大量遥感图像及相关数据，才能得到最终的作物旱情监测评价结果。研发作物旱情监测系统，实现自动化数据处理，才能满足实际应用需要。本章将根据本项目提出的作物旱情监测评价方法，阐述基于集成研发语言 IDL 的作物旱情监测系统研发过程，为作物旱情监测评价业务化运行提供基础平台。

一、系统模块设计与实现

在应用软件的设计开发过程中，遇到的一个首要问题就是开发模式的选择，到底是选择传统的面向过程的设计方法，还是面向对象的程序设计原则呢？IDL 传统模式优势在于对组件事件的操控非常简单，如果用类来操作组件，尤其是多组件相互调用时，容易导致嵌套过深，程序复杂，可读性不好。因此在基于组件的编程中，还是使用传统模式开发比较顺手。

在跟组件相关的程序开发过程中，面向过程方法可以采用控件 Widget 的 UValue 关键字方便地进行公共变量在不同函数或过程之间的传递。但是对于不涉及组件的开发，例如某种复杂计算，需要各个函数之间大量、频繁的信息交换，如果没有公有变量在各方法间传递信息，开发过程就会变得复杂、繁琐，且会降低算法效率。相比之下，面向对象中的类有自己的属性，可以在各方法之间方便地进行内部参数传递。此外，类还有继承性、封装性、多态性等特点，可以灵活地进行代码复用和功能扩充。

针对以上面向对象和面向过程的程序设计方法的优缺点，在研发作物旱情遥感监测系统软件中采用两者相结合的方法进行模块设计与开发实现，即：一个独立的功能或者一个独立的复杂计算过程，采用类的形式进行构造；与组件相关或组织多个类进行协同合作的程序采用面向过程方法。

1. 每日遥感旱情指数计算

本研究采用标准化后的作物供水指数（SDI）作为遥感旱情指数，用来表征通过遥感图像计算而得到的作物在监测期所受到的干旱缺水胁迫程度。遥感旱情指数 SDI 的取值范围为 0~100。其计算过程不仅需要遥感反演的 NDVI 和 LST，还需要云掩模数据，进行云识别，最后还要进行几何校正。由于 MODIS 数据的有效 DN 值范围为 0~327 67，其余值为标记数据，也就是所谓的无效数据，所以应编写相应的程序进行标记数据的识别。每日 SDI 指数计算功能模块中类的设计如图 13-1 所示。

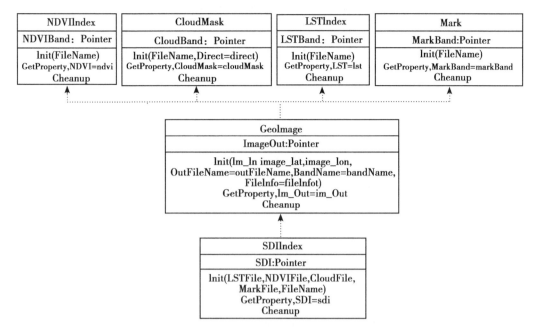

图 13-1　每日遥感旱情指数 SDI 计算功能模块中类的依赖关系图

图 13-1 是每日遥感旱情指数 SDI 计算功能模块中类的依赖关系图，这里所指的依赖关系是指两个相对独立的类，其中一个类通过传递方法参数来构造另一个类的实例。在图 13-1 中，箭头所指的类为参数提供方，箭头起始方为参数的接收方。每个类的表示分为三层，其中第一层为类名，第二层为类的属性名及其数据类型，第三层为类的方法名称及其参数、关键字。NDVIIndex、LSTIndex、Mark 类的功能分别为从 MODIS 原始数据中计算出 NDVI、温度和有效值标记数据。CloudMask 类的功能为从 MOD35 云数据中提取云掩模。GeoImage 类的主要作用是对前四个类的计算结果进行几何校正。SDIIndex 类主要是综合 NDVI、LST 进行 SDI 指数的计算，然后叠加云掩模、标记值数据进行特殊数据的标定，最后以 ENVI 标准格式输出每日 SDI 文件。每日 SDI 指数计算功能模块的软件界面如图 13-2 所示。

2. 每旬遥感旱情指数计算

每旬遥感旱情指数是通过每日的遥感旱情指数合并而成，也就是把每日的 SDI 文件进行旬合并得到旬的 SDI 文件。SDI 旬合成主要是为了和改进的降雨距平指数（MSRI）指数耦合，对一旬内的逐日 SDI 指数文件进行有效数据均值合成。这里的有效数据均值合成与一般软件的均值合成的主要区别在于：一般的均值合成是把同一像元的所有值求和再平均。同一像元不可能每景影像都被拍到或者都未被云覆盖，有效数据均值合成指排除云和背景像元，对未被云覆盖的像元的值求和再平均。本研究除考虑把云和背景像元作为无效数据处理外，还增加了把标记值、热异常值等作为无效数据的判断。SDI 旬合成功能模块的界面如图 13-3所示。为了方便用户使用，特提供了多景 SDI 文件选择

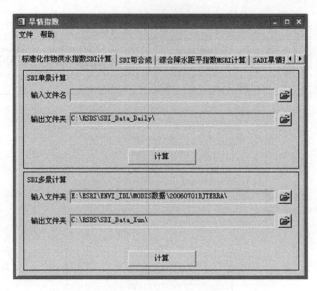

图 13-2　每日 SDI 指数计算功能模块界面

与文件夹选择合成两种功能，云数据的输入主要是为了进行最后的云标定。

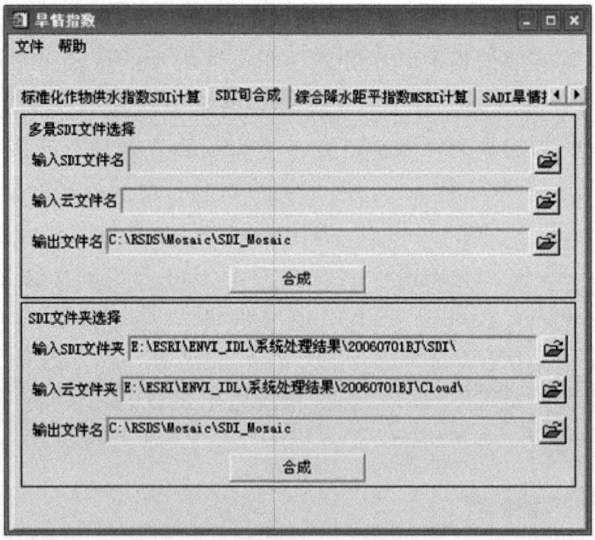

图 13-3　作物旱情指数模块 SDI 旬合成功能模块界面

3. 降水旱情指数计算

本研究采用改进的降水距平指数（MSRI）来表示作物在监测期内受到的干旱缺水胁迫程度。MSRI 考虑多旬降水对当前作物旱情的影响。MSRI 指数计算模块中各类的依赖关系如图 13-4 所示。

在图 13-4 中，IDW 类用于计算降水数据的空间插值结果；SRI 类用于计算降水距

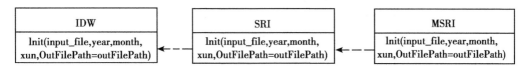

图 13-4　MSRI 指数计算功能模块中类的依赖关系图

平指数；MSRI 类赋予 9 旬降水距平指数不同的权重用于计算综合降水监测结果。MSRI 指数计算功能模块的软件界面如图 13-5 所示。

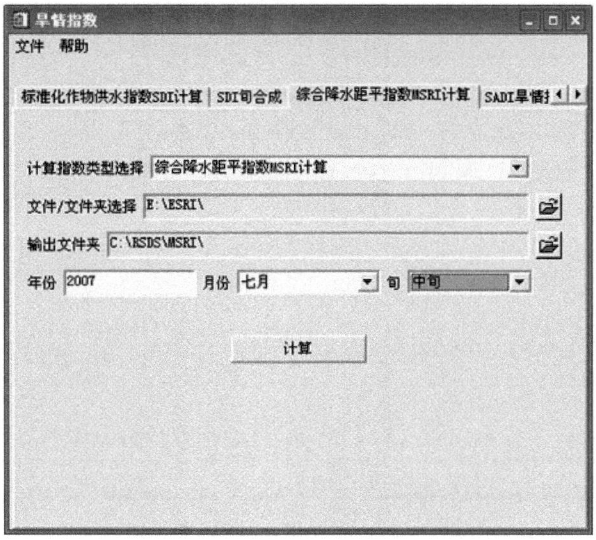

图 13-5　MSRI 指数计算功能模块界面

图 13-5 指出，降水旱情指数模块包括三种指数计算功能，分别为：降水数据 IDW 插值、降水距平指数 SRI 计算、综合降水距平指数 MSRI 计算。"文件/文件夹选择"项用来选择输入文件或输入文件所在的文件夹。针对以上三种计算功能选择项分别为：扩展名为 txt 的降水站点数据、扩展名为 hdr 的降水插值结果文件、9 旬 SRI 文件所在的文件夹。

"输出文件夹"项用来选择结果文件的输出文件夹路径，由于本系统对不同类型的结果文件有特定的文件名构成准则，所以不需要用户特别指定文件名。"年份""月份""旬"项用来指定模块计算的是什么时间段的指数。如计算的是 2006 年 5 月下旬的 MSRI 指数，则结果文件名称为：MSRI_ 2006_ 5_ 3_ 500. hdr 和 MSRI_ 2006_ 5_ 3_ 500。由于计算 SRI 指数时需要用全国多年旬平均降水数据插值结果作为分母，所以本系统计算了全国 12 个月共 36 旬的多年旬平均降水数据插值图，并将这些结果图存在 "D：\ \ 降水数据 \ \ 全国多年旬平均降水数据插值 \ \ "默认路径下以供调用。

4. 作物旱情综合指数计算

作物旱情综合指数 SADI 是旱情监测模型计算的最后一个指数，其综合了天上获取的遥感旱情指数 SDI 和通过地面降水数据计算得到的降水旱情指数 MSRI，从而使本研究的作物旱情监测评价能够综合考虑降水因素对作物旱情时空动态变化的影响，同时也能够有效地结合遥感技术的面状同步观测优势，使作物旱情遥感监测更能反映作物的实际旱情变化。SADI 计算程序的过程是：首先计算 SDI 文件和 MSRI 文件在中国区域内的坐标范围，然后把坐标范围内的象元放到两个模版上进行加权和运算，在运算过程中要注意对特殊值（比如：背景值、云标记）的处理。SADI 指数计算的功能界面如图 13-6所示。

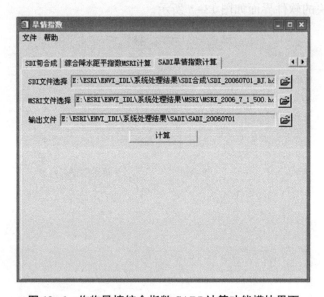

图 13-6　作物旱情综合指数 SADI 计算功能模块界面

二、实用工具模块的设计与实现

实用工具模块提供了一些对作物旱情遥感监测模型计算的中间结果进行合成的功能，其中的均值合成功能是利用遥感、GIS 软件无法实现的，但实用工具模块提供了另外一种计算 SDI（标准化作物供水指数）的方法。实用工具模块实现的子功能如下：

◎ LST 有效数据均值合成
◎ 两景 SDI 影像均值合成
◎ 两景 LST 影像均值合成
◎ 遥感指数最大值合成
◎ 旬 SDI 计算

LST 有效数据均值合成功能与 SDI 有效数据均值合成功能类似，只是数据换成了LST。这里的两景 SDI 影像（有效数据）均值合成功能与旱情指数模块的 SDI 旬合成功能的主要区别在于后者主要是为了计算旱情指数服务的，所以其合成的时间域限制在一旬，而前者则可以进行任意两个 SDI 文件的均值合成，编写这一功能的主要原因是由于旱情指数模块的 SDI 旬合成功能在输入数据量过大的情况下可能会导致内存无法分配即内存不足的问题，为了避免这一问题的发生，前者对数据合成算法进行了改进，例如根据中国区的范围对输入图像进行裁剪等，这样就可以对两景大图幅的 SDI 文件进行均值合成。例如，要对一旬的新疆站和北京站共 32 景 SDI 图像进行均值合成，由于合成范围覆盖广，旱情指数模块的 SDI 旬合成功能无法完成这一任务。就可以先使用旱情指数模块对新疆和北京的 SDI 数据分别进行旬合成，然后再用实用工具模块的合成功能对上一步输出的两个文件进行再合成，以获得全国的 SDI 合成影像。

　　两景 LST 影像均值合成功能与两景 SDI 影像均值合成功能类似，也是为合成不同站点的大范围图像服务的。遥感指数最大值合成的对象主要包括四类从遥感反演的指数，它们是 NDVI、LST、SDI 和云数据。旬 SDI 计算功能提供了另外一种计算旬 SDI 指数的方法，即用旬最大值合成的 NDVI 数据与旬均值合成的 LST 数据的商根据 NDVI 进行分级来计算旬 SDI。研究表明每日 SDI 均值合成与旬 SDI 计算两种方法的计算结果在陆地部分相差不大，而在海洋部分则区别明显。图 13-7 为 2006 年 7 月下旬用两种方法计算的 SDI 旬合成图像及其差值结果。

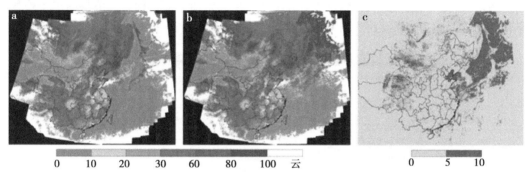

a. 每日 SDI 均值合成；b. 旬 SDI 计算；c. 差值图像

图 13-7　SDI 均值与旬 SDI 计算结果及其差值图像

　　从 SDI 分级图 13-7b 来看日本和俄罗斯库页岛地区海陆区分不明显，而图 13-7a 则区分明显。这一点也很好地表现在了差值图像（图 13-7c）上，图 13-7a 和图 13-7b 指出，每日 SDI 和旬 SDI 指数在陆地上的差值较小，一般不超过 5，而在海洋部分则差值较大，一般差值在 30 以上。

　　由于海水的 NDVI 值和温度变化较小，所以其 SDI 值也应保持在一定的范围，那是什么原因造成了旬 SDI 值（图 13-7b）在日本和俄罗斯库页岛地区海域的大幅度上升呢？初步分析这种差别是由于设定作物的生长温度区间为 20~45℃ 来计算 $CSWI_d$、$CSWI_w$ 和采用旬最大值合成 NDVI 来计算旬 SDI 引起的。由于日本海、鄂霍次克海纬度较高，即使在炎炎夏季，海面温度也较低，一般低于 20℃。而中国的黄海、东海则水温较高，一般维持在 20℃ 以上。旬 SDI 计算方法采用旬最大值合成的 NDVI 除以旬均值合成的 LST 的方法来计算 CSWI，海水的 NDVI 值一般都低于 0.05，显然 NDVI 的最大值合成将造成反演结果的总体偏高，即增加了计算 CSWI 的分子，而海面均温（分母）一般低于生长温度区间下限，以上两个因素相互作用引起了该方法计算出的 CSWI 相对

NDVI 小于 0.05 区间的 $CSWI_d$ 过高，进而造成 SDI 值出现异常。

为了解决这一问题，在系统中设置植被指数 NDVI 和地表温度的上下极限值。当 NDVI<0.1 时，可以认为是没有作物，是裸地或者水体。如果 NDVI>0.75，则认为是完全作物覆盖。因此，当 NDVI<0.1 时，取 NDVI=0.1；当 NDVI>0.75 时，取 NDVI=0.75。对于地表温度 LST，当 LST<20℃时，基本上是水体或者接近于水体，对于农田，表示作物没有受到干旱胁迫，即农田作物拥有相当足够的土壤供水。如果 LST>45℃，则表示作物受到了极其严重的干旱胁迫，作物旱情相当严重。因此，当 LST≤20℃，取 SDI=1，而当 LST≥45℃时，取 SDI=0。

实用工具模块的界面如图 13-8 所示。从图 13-8 中可以看到，本监测系统主要包括 5 个实用工具，分别对应于 5 个计算方法。一是 LST 有效数据均值合成，表示只考虑有效数据的 LST 合成，可以是多景（>2 景）LST 图像均值合成。如果存在云等无效数据，则不计算进均值合成结果里。在这里，LST 的有效数据，是指 LST 在−20~70℃，在这个范围之外，则不考虑进 LST 的均值合成里。当然，这种考虑主要是针对作物旱情监测来考虑，当发生火灾等情况下，LST 将产生异常值，而这种异常值将超出了作物旱情监测。因此，本系统将没有考虑进来。

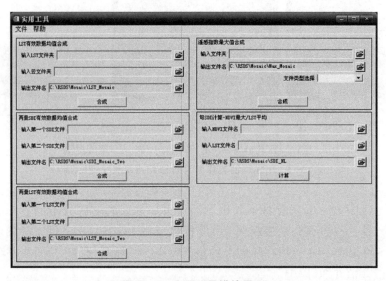

图 13-8　实用工具模块界面

二是两景 SDI 有效数据均值合成，表示对两景 SDI 图像按照均值方法进行合成。所谓有效数据，指 SDI 值在 0~100，超出这个范围，属于异常值，将不参与均值合成。三是两景 LST 有效数据均值合成，指对两景 LST 图像的有效数据进行均值合成。四是遥感旱情指数 SDI 的最大值合成。五是用 NDVI 最大值与 LST 平均值进行旬遥感旱情指数 SDI 计算。这些工具可为用户更加灵活地应用不同的数据处理方法来计算获得遥感旱情指数。虽然原理相同，但不同的处理方法对旱情指数值将有一些影响，有助于对最终的旱情进行正确的判定。

三、结果显示模块的设计与实现

结果显示模块主要用于作物旱情监测模型计算的各种指数的展示和监测结果出图。

1. 结果显示模块总体设计

IDL 为用户提供了两种独立的图形系统：直接图形系统和对象图形系统。直接图形系统是指直接利用用户设定的默认图形设备（如显示器和打印机等）来进行数据显示的图形系统。对象图形系统是指首先利用对象引导程序创建用于显示的图形窗口对象，然后在窗口对象中进行数据显示的图形系统。二者的区别主要表现在以下几方面：

（1）对图形设备依赖性　直接图形系统依赖于当前图形设备，可以在当前图形设备上直接创建数据显示。对象图形系统不依赖于当前的图形设备，相对独立于设备，任何数据显示均可以在创建目标对象的任何物理设备上显示。在使用对象图形系统时，没有当前图形设备的概念。

（2）可编辑性和可重复利用性　利用直接图形系统创建在默认图形设备上的数据显示，一旦创建之后，将不能再更改或再使用。即用户需要在不同的设备上再创建数据显示，用户必须重新给出相应的创建数据显示的命令。在对象图形系统中，图形对象可以创建，也可以重新利用，即用户可以创建一组图形对象，更改其属性，绘制到用户的计算机屏幕的窗口上，再次更改属性，然后再把它们绘制到打印机设备上，而不用再给出创建对象的所有 IDL 命令。

（3）运行速度的快慢　直接图形系统比对象图形系统运行稍快，原因是对象图形系统提供了许多在绘制直接图形对象时不需要的操作，包括线面标准矢量的计算、照明考虑和一般对象架空等，因此渲染的时间要长。

（4）可交互性　直接图形系统没有交互控制接口，不能进行交互控制。对象图形系统提供了交互控制接口，既适合于程序设计也适合于交互控制。

（5）内存管理灵活　直接图形系统使用默认的内存管理模式，对内存的占有较少，但管理不太灵活。对象图形系统需要用户自己管理内存的分配和释放，创建的对象将一直占有存储空间，所以程序员必须有效地管理内存。对比直接图形系统和对象图形系统在以上各方面的表现，本系统选用对象图形系统进行显示模块的实现。

IDL 对象图形系统由三十个类组成，分为五大类别：①容器-Container；②图元-Graphical atom；③目标输出-Destination；④属性/帮助-Attribute/Helper；⑤复合-Composite。Container 由 IDLgrModel、IDLgrView、IDLgrViewgroup、IDLgrScene、IDL_Container 五个类组成，容器用于对象组织，每一类容器对象可以装载特定的对象；Graphical atom 对象是对象图形系统中最基本的对象，可以表示许多典型的可视化类型，例如线划图、曲面图、等高线图等，由 IDLgrImage、IDLgrAxis、IDLgrPlot 等类组成；Destination 用于图形的显示，一个 Destination 对象即可以代表窗口、打印机等物理输出，也可以抽象成操作系统剪切板或内存缓冲区，由 IDLgrWindow 等对象组成；Attribute 对象不加载到对象图形等级中，仅作为属性被分配给 Graphical atom，最常用的 Attribute 对象是 IDLgrPalette，

Helper 对象主要用于实例操作；Composite 类由对象图形系统中的其他类组成，包括 IDL-grColorbar 和 IDLgrLegend。

可以把对象图形想象成一堆积木。为了在屏幕上显示图形，使用者需要选择合适的积木块并把其放在一起作为一组来提供显示功能。每一个由对象图形组成的可视化场景都包含在对象图形等级（Object Graphics Hierarchy）中。IDL 中一个简单的对象图形等级如图 13-9 所示。

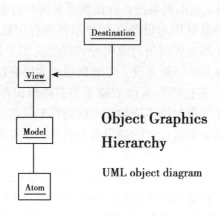

图 13-9　一个简单的对象图形等级图

在对象图形等级（图 13-9）中，有一些元素是必须的，其中一定要包含 IDLgrView 对象，IDLgrView 要添加 IDLgrModel 对象，在 IDLgrModel 中至少要加载一个 Graphical atom 对象。对象图形等级本身是不可视的，为了显示它们，需要在 Destination 对象上进行绘制。

结果显示模块主要用于实现四类功能：图像的缩放、平移显示功能实现，中国区的图像剪裁功能实现，矢量图叠加功能的实现，密度分割、专题制图功能的实现。其中，图像的缩放、平移显示功能主要是依赖对象图形等级中的各个对象提供的接口对其属性进行重新设置以达到预期的显示目的。中国区的图像剪裁主要是根据已存储的表示中国范围的模版对输入图像进行掩膜，以达到提取感兴趣区的目的。矢量图的叠加功能首先利用 IDLffShape 对象读取中国的行政区划矢量图，输出其边界点的经纬度坐标，然后把这些大地坐标点经过地图投影转换成图像坐标，存储到 IDLgrROI 对象中，再缩放到显示范围内。密度分割就是把图像的值划分成不同的范围，给每一个值域范围赋予特定的颜色，然后配上图例进行专题出图。

结果显示模块设计了两个对象图形等级，如图 13-10 所示。在图 13-10 中，mini-Window 用于图像的全图显示，thisWindow 用于图像的放大、缩小、平移、感兴趣区剪裁、密度分割、矢量叠加等各种功能显示。各函数间的通信主要是通过存储在顶级 Base 的 UValue 中的 info 结构体来实现的（图 13-11）。最后可以把各对象图形加载到 IDL_Container 对象中，统一进行对象删除以便释放内存空间。

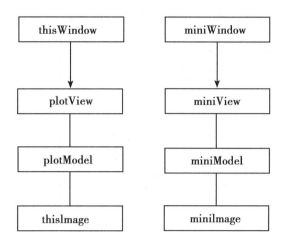

图 13-10　作物旱情监测结果显示模块中的对象图形等级图

```
info = { $
        thisContainer: thisContainer, $
        thisWindow:thisWindow, $
        MiniWindow:miniWindow, $
        thisPalette:thisPalette, $
        MiniPalette:MiniPalette, $
        plotView:plotView, $
        MiniView:MiniView, $
        thisImage:thisImage, $
        MiniImage:MiniImage, $
        imagePtr:Ptr_New(/Allocate_Heap), $
        xsize:0 , $
        ysize:0 , $
        viewRect:viewRect, $
        drawID:MyDraw, $
        MiniDrawID:Base7_Draw, $
        Pos:dblarr(4), $
        button_Sta:aa, $
        Cursor_Pos:Intarr(4)-1, $
        r:Bytarr(256), $
        g:Bytarr(256), $
        b:Bytarr(256), $
        xvalueID:xvalueID, $
        yvalueID:yvalueID, $
        valueID: valueID, $
        sizeID: sizeID, $
        Ori_Header: Ptr_New(/Allocate_Heap), $
        plotModel:plotModel $
        }
```

图 13-11　作物旱情监测系统结果显示模块中 info 结构体的组成

2. 监测结果图像的缩放、平移显示功能实现

监测结果图像的缩放、平移显示主要是通过 IDLgrView 和 IDLgrImage 对象的相互配合来实现的。IDLgrView 最重要的两方面属性是视口-Viewport 和视体-View Volume。Viewport 是一个位于 Destination 对象上的矩形区域用于图形显示。修改 IDLgrView 对象的 LOCATION 和 DIMENSIONS 属性，可以改变 Viewport 的位置和大小。LOCATION 设置

Viewport 在 Destination 对象上的左下点坐标，DIMENSIONS 用于设置 Viewport 的长和宽（默认单位为像元）。Viewport 在 Destination 对象上的位置和大小如图 13-12 所示。

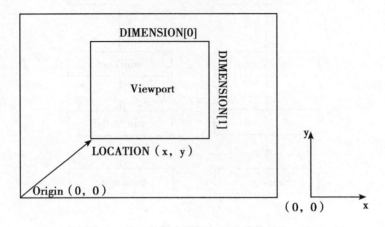

图 13-12　Destination 对象上的 Viewport 示意图

View Volume 确定了 IDLgrView 的三维空间视体，包括 Viewplane rectangle 和 near and far clipping planes 两方面属性，由于本系统主要处理的是二维图像数据，所以下面主要讨论 Viewplane rectangle 属性，near and far clipping planes 和三维显示相关。Viewplane rectangle 确定了将映射到 Viewport 上的 X、Y 方向上的范围，在这个范围外的对象将不予显示。Viewplane rectangle 通常位于 Z=0 的位置。例如设置 plotView 的 Viewplane rectangle 属性：

PlotView->SetProperty，VIEWPLANE_ RECT = [0.0, 0.0, 1.0, 1.0]

则位于 X、Y 方向上的 0~1 范围内的对象将被映射到 Viewport 上并被显示出来。

IDLgrImage 对象用于存储二维数组，即二维图像。通常 IDLgrImage 对象的 XCOORD_ CONV 和 YCOORD_ CONV 属性采用默认值 [0.0, 1.0]，这就使得 IDLgrImage 中的二维图像位于 [0, 0, Dim0-1, Dim1-1]，Z=0 的空间范围内（Dim0、Dim1 分别为二维图像的长和宽），也可以通过对这两个属性进行设置把二维图像规定在我们需要的范围内。

（1）本研究实现图像缩放显示的具体做法

①由 XImage_ Aspect 函数重新计算出二维图像在 Z=0 平面上的位置，用 Normalize 函数分别计算出在此位置上 X、Y 方向上的缩放因子（XImage_ Aspect 和 Normalize 函数为 David W. Fanning 发布的开源程序），最后用 IDLgrImage 对象的 XCOORD_ CONV 和 YCOORD_ CONV 属性根据这些缩放因子把二维图像设置在此范围内，这样做的好处是可以使得图像在屏幕上显示的长宽比与实际比例一致。并把 IDLgrView 对象的 VIEWPLANE_ RECT 属性的初值设为 [0., 0., 1., 1.]。

②记录鼠标在 Z=0 平面上单击的坐标，把 IDLgrView 对象的 Viewplane rectangle 属性的长和宽进行比例缩放，如果是放大乘以 0.8，如果是缩小乘以 1.25，然后以鼠标落下点的坐标为中心，以缩放后的长、宽的一半为距离计算 Viewplane rectangle 左下角点

的坐标，重新设置 IDLgrView 对象的 VIEWPLANE_ RECT 属性并在 IDLgrWindow 中进行重绘，这样就可以实现图像缩放的效果。

（2）本研究实现图像平移显示的具体做法

①同缩放显示做法的步骤（1）。

②记录鼠标在窗口中的放下和抬起的坐标，计算两次坐标差值并根据 IDLgrView 对象的 VIEWPLANE_ RECT 属性进行换算，然后把 VIEWPLANE_ RECT 属性的左下角点坐标向相反方向进行平移。

结果显示模块上的放大、缩小、平移工具栏如图 13-13 所示。

图 13-13　结果显示模块上的缩放、平移工具栏示意图

3. 监测区的图像剪裁功能实现

本研究主要研究全国作物旱情的遥感监测评价的业务化运行，所以把感兴趣区定为整个中国。当然，也可以针对不同的研究区定义感兴趣的区域。这样，就可以针对不同的研究区进行本系统的实际应用，开展作物旱情遥感监测评价。结果显示模块子功能的输入数据为旱情指数模块和实用工具模块处理合成的 NDVI、LST、降水距平指数和旱情指数数据。本功能项不仅要根据输入数据的地理坐标进行感兴趣区的裁剪和掩膜，还要把掩膜后的数据信息在 info 公共结构中进行更新，把对象图形等级中的对象属性进行重新设置。最后根据需要，还可以把裁剪后的数据存储为 ENVI 标准格式文件。中国区的图像剪裁功能实现的具体步骤为：

（1）在 ENVI 软件下用中国边界矢量文件生成掩膜文件，该掩膜文件也是用 ENVI 标准格式文件存储的。把掩膜文件存放在系统相应的文件目录下。

（2）建立和掩膜数据等大小的图像数组，数组的初始值为用对话框输入获取的背景值，计算输入数据在掩膜文件坐标范围内的左上角点和右下角点坐标，以及该左上角点在掩膜文件和原始文件上的位置，根据这些位置点把中国区范围内的原始数据赋值到新建数组的相应位置上，最后把新建数组和掩膜文件进行比较，把中国区范围外的象元设为背景值。

（3）更新 info 公共结构中的相关项，完成 thisImage、miniImage、plotView 等对象的数据、属性的相应设置，然后把 plotView 和 miniView 在 thisWindow 和 miniWindow 上进行重绘。

经过中国区剪裁的图像如图 13-14 所示。

4. 行政区矢量图叠加功能的实现

监测区通常是由若干个更低级的行政区或类型区组成。因此，在按照感兴趣区进行研究区范围腌膜后，需要把行政区或类型区界线叠加到监测结果里，以便显示不同地区

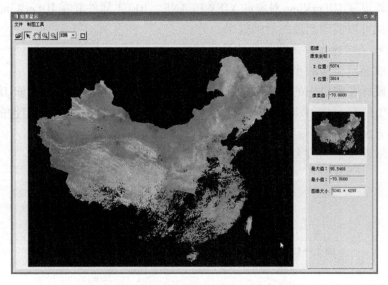

图 13-14   图像经中国区剪裁后的结果图

的作物旱情差异。行政区矢量图的叠加功能主要是利用 IDL 提供的 IDLffShape 和 IDLgrROI 类实现的。首先用全国行政区划 shp 文件初始化 IDLffShape 对象，然后用 IDLffShape 的 GetEntity 成员函数获取矢量边界的经纬度，进行 Albers 等面积投影，根据图像左上角点的地理坐标，计算边界点在被叠加图像上的行列值，用这些行列值坐标初始化 IDLgrROI 对象，用 IDLgrROI 对象的 XCoord_ Conv 和 YCoord_ Conv 属性将这些坐标点缩放到和 thisImage 对象相同的坐标范围内，最后把这些新生成的 IDLgrROI 对象加载到 plotModel 对象中并在 thisWindow 对象上进行重绘。矢量叠加后的效果如图 13-15 所示。

5. 监测结果图像的密度分割与专题制图

监测结果图像的像元值是一个连续变化值，需要根据不同的像元值（SDI 值）进行分级评价各像元的作物旱情级别。这就需要对各像元的数值进行密度分割，以便制成作物旱情监测结果的专题地图。图像密度分割功能实现的思路比较简单，首先使用对话框编辑图像值划分的区间及相应颜色表示，对话框如图 13-16 所示。然后再根据各个级别的划分值设置不同的着色，以形成不同旱情等级的干旱监测结果图。

本系统预先设置了不同的密度分割数值及对应的着色。因此，可以利用 thisPalette 对象从索引 0 开始装载需要的颜色，共装载了 7 种颜色，它们分别是：红、桔、黄、绿、深绿、黑、白。把 thisPalette 对象赋予 thisImage 的 Palette 属性。根据编辑框输入的值域区间把图像值重设为相应的颜色索引，然后把这个颜色索引数组赋予 thisImage 的 Data 属性，在 thisWindow 上进行重绘。进行密度分割后的图像如图 13-17 所示。当然也可以根据实际需要，重新进行不同级别的着色，以更加符合用户对不同级别的着色需求。

对图像进行完矢量叠加和密度分割后，还可进行专题制图输出，专题制图输出主要

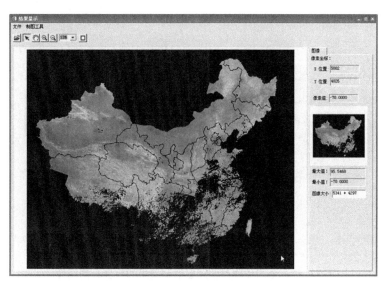

图 13-15　行政区界线矢量叠加效果图

图 13-16　密度分割对话框及其编辑框

是利用 IDLgrWindow 对象的 GetProperty 属性和 Write_ JPEG 函数实现的。图 13-18 是在上述密度分割着色的基础上进行的专题制图，把各级别的着色图像加上了，以说明图像中不同着色偏好。

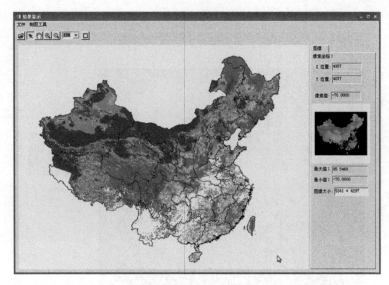

图 13-17　全国作物旱情遥感监测结果的密度分割图像

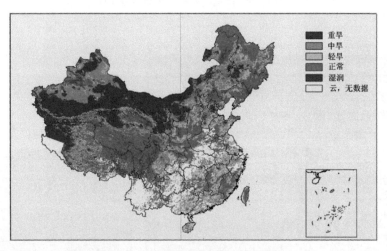

图 13-18　密度分割后输出的专题图

四、实例应用分析

2006 年我国旱情较常年偏重。全国耕地因旱受灾面积 3. 11 亿亩*，成灾 2. 01 亿亩，有 3 578 万人、2 936 万头牲畜因旱发生临时性饮水困难。汛期大江大河大部分来水偏少，水位偏低，长江还出现了历史同期最低水位。重庆和四川东部等地发生了百年不遇的特大干旱。本研究特选取 2006 年 7 月的 MODIS 数据和降水数据，利用"作物旱情

　＊　1 亩＝667 平方米

遥感监测评价系统"进行处理和专题出图，在此基础上对作物旱情进行分析评价。

图 13-19 和图 13-20 分别是 2006 年 7 月上旬、中旬和下旬全国 NDVI 最大值合成图和全国平均温度分布图。从图 13-20 可以看出最大值合成的 NDVI 并不能直接表现出全国作物旱情的发生、发展，其中发生特大干旱的重庆和四川东部并未表现异常，NDVI 指数随着中国的地形植被分布而呈现高低变化。图 13-20 表明，除了山区、高原以外，全国绝大多数地区处于 31℃ 以上的高温范围内，从这张图上依然看不出干旱发生的特点，只有把这两种指数结合起来计算出遥感旱情指数 SDI（图 13-21），才能初步看出作物旱情发生的情况。SDI 的计算原理很简单，即在相同植被覆盖下，温度越低，说明土壤的含水量越高。从图 13-20 的遥感旱情指数分布图中，可以明显看到，作为我国主要粮食产区的四川盆地（重庆和四川东部）的 SDI 指数相对较低，但是其他粮食主产区东北平原、华北平原、长江中下游平原也出现了 SDI 指数偏低的情况，与实际情况有较大差距。这说明单独使用遥感旱情指数 SDI 来监测评价作物旱情是不够的，必须结合降水数据才能更加准确地判断识别作物旱情的发生、发展变化情况。

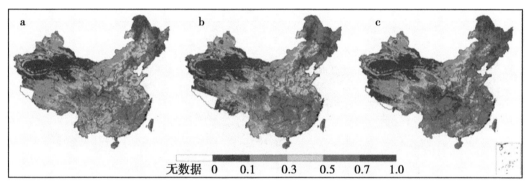

图 13-19　2006 年 7 月上旬（a）、中旬（b）和下旬（c）全国 NDVI 最大值合成图

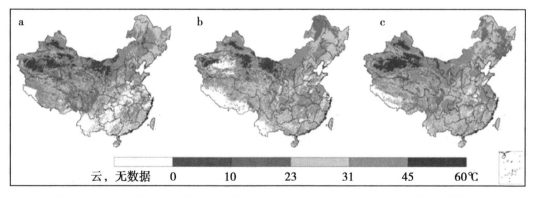

图 13-20　2006 年 7 月上旬（a）、中旬（b）和下旬（c）全国平均地表温度分布图

图 13-22 是 2006 年 7 月上旬、中旬和下旬全国降水旱情指数 MSRI 分布图。MSRI 指数综合了当旬和其前八旬的降水距平指数，准确地描述了和常年相比当旬的降水情况及有效时间段内降水情况对当旬的影响。从图 13-22 中可以看到，重庆和四川东部的

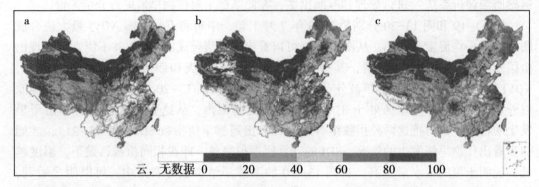

图 13-21　2006 年 7 月上旬（a）、中旬（b）和下旬（c）全国遥感旱情指数 SDI 合成图

MSRI 指数呈现低值态势，显示这一地区的作物旱情程度相对较严重，这也与持久干旱无雨的实际情况相符，中国东南沿海地区降水较充沛。总体来讲，东北平原、华北平原、长江中下游平原的降水情况要好于四川盆地，作物旱情相对较四川盆地为轻。

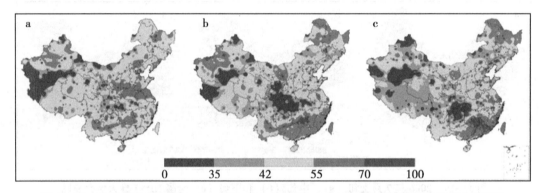

图 13-22　2006 年 7 月上旬（a）、中旬（b）和下旬（c）全国降水旱情指数 MSRI 分布图

　　作物旱情综合监测指数 SADI 是把遥感旱情指数 SDI 和降水旱情指数 MSRI 结合起来的综合旱情指数，使用 SADI 可以比较准确地看出全国作物旱情的发生、发展变化情况。图 13-23、图 13-24 和图 13-25 分别为 2006 年 7 月上旬、中旬和下旬的全国作物旱情分布图。从这些图中可以看出，随着无降水日的增加，重庆和四川东部的作物干旱胁迫日益严重；东北平原虽然在 7 月上旬和中旬出现旱情，但到下旬已基本缓解；华北平原持续出现作物旱情，但旱情不是很严重，且随着时间推移不断缓解；长江中下游平原 7 月上旬部分地区出现轻度作物旱情（图 13-23），中旬旱情的范围有所扩展，受旱程度也从轻旱发展为中旱（图 13-24），下旬旱情缓解，基本从中旱转为轻旱（图 13-25）。

五、作物旱情监测结果呈报

　　作物旱情的发生与发展不仅关系着我国农业主管部门的决策，而且关系着全国各地区农技相关部门，以及广大的劳动人民。定期为农业主管部门提供我国各地区作物旱情和灾情监测评价结果，为广大农民提供免费的作物旱情监测评估结果，有利于各级农业

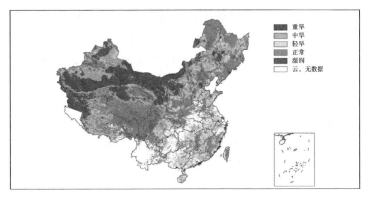

图 13-23　2006 年 7 月上旬全国作物旱情分布

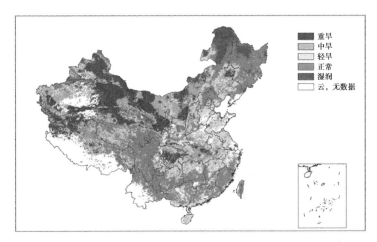

图 13-24　2006 年 7 月中旬全国作物旱情分布

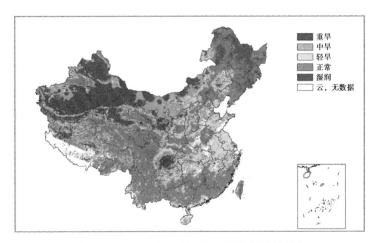

图 13-25　2006 年 7 月下旬全国作物旱情分布

主管部门制定相应的抗旱减灾政策和行动，也能够为广大农民采取相应的抗旱减灾措施。

作物旱情遥感监测，不仅需要把监测区域范围内的作物旱情指数计算出来和对旱情指数值进行密度分割，确定不同等级的作物旱情分布情况，同时还需要根据行政区域界线进行旱情等级统计，确定不同的区域旱情及占比情况，编写作物旱情监测结果报告。下面我们以 2009 年春季我们开展的作物旱情监测为例，分享我们在这次全国农业旱情监测的结果呈报。

  2009 年，我国大部分地区发生了比较严重的干旱，本项目组积极投入到作物旱情的监测中，为农业部提供 3d、一周、一旬等不同周期的作物旱情快速监测评价结果，为农业部及时了解旱情发展信息，组织抗旱力量，评估损失等发挥了重要的作用。以下就是 2009 年春季全国作物旱情监测报告。

专题报告　华南旱情缓解，云南南部旱情严重
——2009 年 3 月上旬全国耕地旱情遥感监测报告

　　运用 MODIS 遥感数据和降水气象数据进行全国耕地旱情监测，结果表明，我国大部分地区耕地旱情不严重；华南地区因 3 月 5—7 日降水较多而呈湿润，缓解了 2 月下旬的严重旱情，有利于春耕生产；长江流域仍因降水较多而湿润；华北小麦主产区因降水少，呈现轻旱现象，其中山东半岛旱情较严重；云南大部分地区尤其是南部旱情严重，中部镇沅和墨江县因有较多降水（>30mm）而呈现局部湿润现象；四川盆地和重庆略显旱情；西北地区因降水较少仍然比较干旱。就全国而言，平均旱情指数值为 46，属于正常等级（附表 1）。详见附表和附图。

　　附件：1. 2009 年 3 月上旬全国作物旱情遥感监测结果（附表 1 和附表 2）
　　　　　2. 2009 年 3 月上旬全国作物旱情空间分布图（附图 1、附图 2 和附图 3）
　　　　　3. 最近 2 旬全国降水量分布（附图 4 和附图 5）

附表 1　2009 年 3 月上旬全国作物旱情情监测结果：旱情分级占比（%）

地区	省区	旱情分级占耕地面积比重（%）							监测比例（%）	平均旱情指数	综合评价
		极旱	重旱	中旱	轻旱	正常	湿润	过湿			
东北地区	辽宁	0	0	2	14	65	19	0	100	51	正常
	吉林	0	0	5	30	59	5	0	100	44	正常
	黑龙江	0	2	11	19	31	7	2	73	44	正常
华北地区	北京	0	0	24	71	5	0	0	100	33	轻旱
	天津	0	1	10	77	12	0	0	100	35	轻旱
	河北	0	4	24	56	16	0	0	100	33	轻旱
	山西	0	9	38	34	20	0	0	100	32	轻旱
	河南	0	0	3	13	67	17	0	100	50	正常
	山东	0	7	25	42	25	0	0	100	34	轻旱
华东地区	上海	0	0	0	1	75	24	0	100	56	正常
	江苏	0	1	18	23	43	16	0	100	45	正常
	浙江	0	0	0	0	20	77	3	100	68	湿润
	安徽	0	0	2	14	60	25	0	100	52	正常

（续表）

地区	省区	旱情分级占耕地面积比重（%）							监测比例（%）	平均旱情指数	综合评价
		极旱	重旱	中旱	轻旱	正常	湿润	过湿			
华中地区	湖北	0	0	2	6	47	46	0	100	58	正常
	湖南	0	0	0	0	1	82	17	100	79	湿润
	江西	0	0	0	0	2	86	12	100	77	湿润
西北地区	内蒙古	0	2	44	44	6	0	2	98	31	轻旱
	陕西	0	3	18	31	38	10	0	100	40	正常
	甘肃	2	23	23	28	22	3	0	100	31	轻旱
	宁夏	2	23	41	19	10	5	0	100	29	中旱
	青海	1	27	47	21	3	0	0	100	25	中旱
	新疆	8	19	18	14	16	12	2	90	34	轻旱
西南地区	四川	0	5	15	28	46	3	2	99	40	正常
	重庆	0	1	24	49	23	3	0	100	36	轻旱
	贵州	0	0	3	7	15	33	41	100	73	湿润
	云南	20	31	19	14	9	8	0	100	25	中旱
	西藏	19	22	11	11	16	18	2	100	34	轻旱
华南地区	广东	0	0	1	7	6	46	28	88	75	湿润
	广西	0	5	11	24	21	24	15	100	54	正常
	福建	0	0	1	4	7	52	35	99	78	湿润
	海南	0	0	0	3	7	88	2	100	71	湿润
全国平均		1	4	15	23	31	18	4	97	46	正常

注：①旱情等级是根据旱情指数值来划分。旱情指数取值 0~100，其中 0 表示最旱，100 表示最湿。旱情等级划分如下：0~10 为极旱，10~20 为重旱，20~30 为中旱，30~40 为轻旱，40~60 为正常，60~85 为湿润，85~100 为过湿；②平均旱情指数是全省的平均旱情指数值；③综合评价是根据全省平均旱情指数值划分旱情等级；④旱情分级所占比重是指相应旱情等级的面积占耕地总面积的%；⑤监测比例（%）指遥感可监测到的无云耕地面积所占比例。有云覆盖时，监测比例小于100。云覆盖率 = 100 - 监测比例

附表 2　2009 年 3 月上旬全国作物旱情监测结果　　　　　（单位：k/hm²）

地区	省区	耕地统计面积	旱情分级面积							云
			极旱	重旱	中旱	轻旱	正常	湿润	过湿	
东北地区	辽宁	4 175	0	1	101	570	2 705	798	0	0
	吉林	5 578	1	21	293	1 676	3 267	299	21	0

（续表）

地区	省区	耕地统计面积	旱情分级面积							云
			极旱	重旱	中旱	轻旱	正常	湿润	过湿	
	黑龙江	11 773	3	260	1 321	2 217	3 613	878	275	3 207
华北地区	北京	344	0	0	84	243	17	0	0	0
	天津	486	0	4	50	373	59	0	0	0
	河北	6 883	3	243	1 677	3 867	1 093	0	0	0
	山西	4 589	1	400	1 733	1 552	902	1	0	0
	河南	8 110	0	11	241	1 015	5 451	1 393	0	0
	山东	7 689	14	537	1 945	3 245	1 948	1	0	0
华东地区	上海	315	0	0	0	2	237	76	0	0
	江苏	5 062	7	35	889	1 151	2 155	823	0	0
	浙江	2 125	0	0	0	1	425	1 643	56	0
	安徽	5 972	0	4	103	834	3 554	1 477	0	0
华中地区	湖北	4 950	0	1	86	273	2 307	2 283	0	0
	湖南	3 953	0	0	0	0	24	3 255	674	0
	江西	2 993	0	0	0	0	47	2 581	358	7
西北地区	内蒙古	8 201	13	191	3 570	3 605	481	40	127	174
	陕西	5 141	2	165	947	1 577	1 955	492	0	2
	甘肃	5 025	93	1 139	1 166	1 396	1 097	135	0	1
	宁夏	1 269	29	290	516	238	131	65	0	0
	青海	688	9	188	322	146	23	0	0	1
	新疆	3 986	338	755	731	563	640	476	90	391
西南地区	四川	9 169	43	492	1 391	2 531	4 260	229	145	77
	重庆	2 106	0	20	509	1 024	477	70	6	0
	贵州	4 904	0	21	167	332	741	1 624	2 018	0
	云南	6 422	1 313	1 991	1 201	874	562	487	5	0
	西藏	363	68	79	42	41	57	67	9	0
华南地区	广东	3 272	0	4	33	234	185	1 502	924	390
	广西	4 408	6	212	488	1 046	929	1 060	667	0
	福建	1 435	0	0	10	64	107	740	503	10
	海南	762	0	0	1	25	50	668	18	0

（续表）

地区	省区	耕地统计面积	旱情分级面积							云
			极旱	重旱	中旱	轻旱	正常	湿润	过湿	
全国合计		130 039	1 104	5 711	18 919	30 494	40 556	23 655	5 769	3 832

注：①旱情等级是根据旱情指数值来划分。旱情指数取值0~100，其中0表示最旱，100表示最湿。旱情等级划分如下：0~10为极旱，10~20为重旱，20~30为中旱，30~40为轻旱，40~60为正常，60~85为湿润，85~100为过湿；②遥感监测旱情分级面积是根据全国耕地分布图进行统计。由于全国耕地分布图中的耕地面积比统计局发布的耕地统计面积大很多，表中的旱情分级面积已经按照各省的耕地统计面积进行了折算

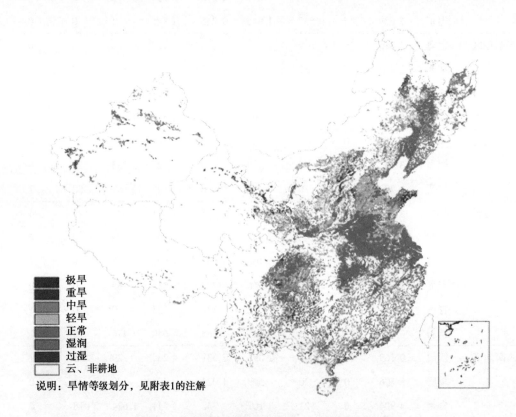

说明：旱情等级划分，见附表1的注解

附图1 全国作物旱情遥感监测（2009年3月上旬）

MODIS+降水 监测结果

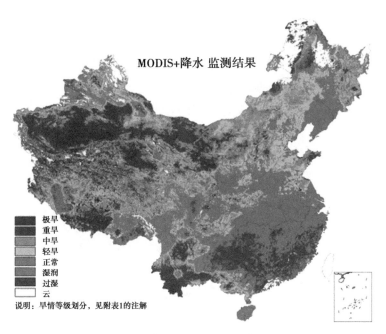

极旱
重旱
中旱
轻旱
正常
湿润
过湿
云

说明：旱情等级划分，见附表1的注解

附图 2　全国旱情遥感监测（2009 年 3 月上旬）

MODIS监测结果

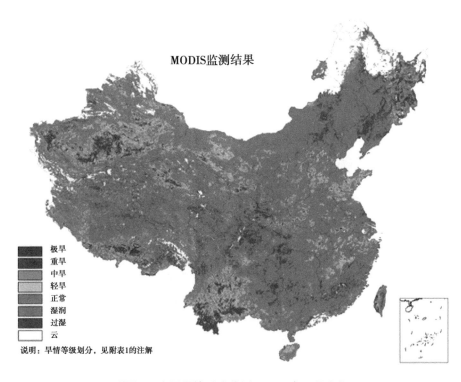

极旱
重旱
中旱
轻旱
正常
湿润
过湿
云

说明：旱情等级划分，见附表1的注解

附图 3　全国旱情遥感监测（2009 年 3 月上旬）

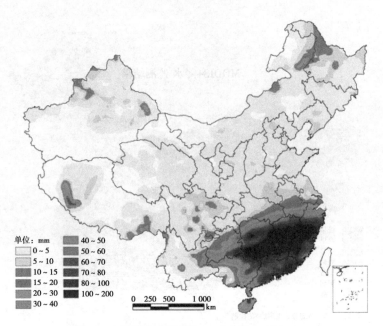

附图 4　全国旬降水量分布（2009 年 3 月上旬）

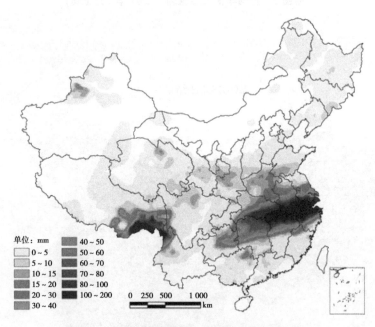

附图 5　全国旬降水量分布（2009 年 2 月下旬）

参考文献

阿布都瓦斯提·吾拉木，李召良，秦其明，等 . 2007. 全覆盖植被冠层水分遥感监测的一种方法，短波红外垂直失水指数 [J]. 中国科学 D 辑 . 地球科学，37 (7)：957-965.

安雪丽，武建军，周洪奎，等 . 2017. 土壤相对湿度在东北地区农业干旱监测中的适用性分析 [J]. 地理研究 (5)：837-849.

白开旭，刘朝顺，施润和，等 . 2012. 2010 年中国西南旱情的时空特征分析——基于 MODIS 数据归一化干旱指数 [J]. 地球信息科学学报 (1)：32-40，48.

白莉萍，林而达，饶敏杰 . 2005. 不同试点灌溉方式对冬小麦产量和品质性状的影响 [J]. 生态学报，25 (4)：917-922.

鲍艳松，刘良云，王纪华，等 . 2006. 利用 ASAR 图像监测土壤含水量和小麦覆盖度 [J]. 遥感学报，10：263-271.

鲍艳松，严婧，闵锦忠，等 . 2014. 基于温度植被干旱指数的江苏淮北地区农业旱情监测 [J]. 农业工程学报 (7)：163-172，294.

陈怀亮，冯定原，邹春辉 . 2000. 单时相极轨气象卫星资料遥感监测干旱研究 [J]. 气象与环境科学 (3)：25-27.

陈晋，陈云浩，何春阳，等 . 2001. 基于土地覆盖分类的植被覆盖率估算亚像元模型与应用 [J]. 遥感学报，5 (6)：416-422.

陈镜明 . 1988. 现用遥感蒸散模式中的一个重要缺点及改进 [J]. 科学通报 (6)：56-59.

陈少丹，张利平，汤柔馨，等 . 2017. 基于 SPEI 和 TVDI 的河南省干旱时空变化分析 [J]. 农业工程学报 (24)：126-132.

陈晓艺，马晓群，孙秀邦 . 2008. 安徽省冬小麦发育期农业干旱发生风险分析 [J]. 中国农业气象，29 (4)，472-476.

陈阳，范建容，郭芬芬，等 . 2011. 条件植被温度指数在云南干旱监测中的应用 [J]. 农业工程学报 (5)：231-236，395.

陈峪 . 2002. 2001 年我国主要气象灾害综述 [J]. 灾害学，17 (3)：65-70.

陈云浩，杜培军，李晓兵，等 . 2005. 基于卫星遥感数据的地表信息特征—NDVI-Ts 空间描述 [J]. 武汉大学学报 (信息科学版) (1)：11-14，18.

陈云浩，李晓兵，史培军，等 . 2001. 北京海淀区植被覆盖的遥感动态研究 [J]. 植物生态学报，25 (5)：588-593.

程红芳，章文波，陈锋 . 2008. 植被覆盖度遥感反演方法研究进展 [J]. 国土资源遥感，75（1）：13-18.

程涛，孙文超，徐宗学，等．2017. 基于 MODIS 遥感反演冠层温度在东北地区的应用 [J]. 中国农村水利水电（8）：9-13，18.

程宪国，汪德水，姚晓晔，等．1994. 半湿润易旱区不同水分条件下冬小麦耗水特征分析 [J]. 土壤肥料（4）：6-9.

崔要奎，赵开广，范闻捷，等．2011. 机载 Lidar 数据的农作物覆盖度及 LAI 反演 [J]. 遥感学报，15：1 276-1 288.

戴声佩，张勃，王海军．2010. 中国西北地区植被 NDVI 的时空变化及其影响因子分析 [J]. 地球信息科学学报（3）：315-321.

戴佞佞，丁贤荣，王文种．2009. 基于 MODIS 影像的植被覆盖度提取研究 [J]. 遥感应用，2：67-70.

丁艳梅，张继贤，王坚，等．2006. 基于 TM 数据的植被覆盖度反演 [J]. 测绘科学，31（1）：43-45.

独文惠，覃志豪，黎业．2018. 热红外遥感及其在农业旱情监测中的应用研究进展 [J]. 中国农业信息，30（2）：25-41.

杜栋，庞庆华，吴炎，等．2008. 现代综合评价方法与案例精选 [M]. 2 版．北京：清华大学出版社．

杜灵通，候静，胡悦，等．2015. 基于遥感温度植被干旱指数的宁夏 2000—2010 年旱情变化特征 [J]. 农业工程学报（14）：209-216.

冯蜀青，殷青军，肖建设，等．2006. 基于温度植被旱情指数的青海高寒区干旱遥感动态监测研究 [J]. 干旱地区农业研究（5）：141-145.

符淙斌，腾星林．1988. ENSO 与中国夏季气候的关系 [J]. 大气科学，特刊：133-141.

付必涛，王乘，曾致远．2007. MODIS 数据几何校正算法设计及其 IDL 实现 [J]. 遥感信息（2）：20-23.

高磊，覃志豪，卢丽萍．2007. 基于植被指数和地表温度特征空间的农业干旱监测模型研究综述 [J]. 国土资源遥感（3）：1-7.

高懋芳，邱建军，任天志，等．2010. 全国农业生态指数遥感监测评价方法研究 [J]. 中国农业资源与区划，31（1）：60-67.

高懋芳，覃志豪，高明文，等．2007. MODIS 数据反演地表温度的传感器视角校正研究 [J]. 遥感技术与应用，22（3）：431-437.

高庆华．2006. 中国区域减灾基础能力初步研究 [M]. 北京：气象出版社．

顾颖，倪深海，王会容．2005. 中国农业抗旱能力综合评价 [J]. 水科学进展，16（5）：700-704.

顾祝军，曾志远，史学正，等．2008. 基于遥感图像不同辐射校正水平的植被覆盖度估算模型 [J]. 应用生态学报（6）：963-968.

郭广猛．2002. 关于 MODIS 卫星数据的几何校正方法 [J]. 遥感信息（3）：26-28.

郭建侠，戴永久，雷蕾，等．2007. MODIS 卫星反演地表覆盖对陕北地区降水过程

模拟的影响 [J]. 北京师范大学学报 (自然科学版), 43 (3): 279-283.

郭铌, 管晓丹. 2007. 植被状况指数的改进及在西北干旱监测中的应用 [J]. 地球科学进展 (11): 1 160-1 168.

郭铌, 王小平. 2015. 遥感干旱应用技术进展及面临的技术问题与发展机遇 [J]. 干旱气象 (1): 1-18.

郭显光. 1995. 一种新的综合评价方法——组合评价法 [J]. 统计研究 (5): 56-59.

何斌, 王全九, 吴迪, 等. 2017. 基于主成分分析和层次分析法相结合的陕西省农业干旱风险评估 [J]. 干旱地区农业研究, 35 (1): 219-227.

胡俊锋, 杨佩国, 张宝军, 等. 2014. 区域综合减灾能力评价理论与实践 [M]. 北京: 科学出版社.

黄德林, 覃志豪, 罗其友. 2014. 中国粮食生产适应气候变化政策研究 [M]. 北京: 中国农业科技出版社.

黄健熙, 张洁, 刘峻明, 等. 2015. 基于遥感 DSI 指数的干旱与冬小麦产量相关性分析 [J]. 农业机械学报 (3): 166-173.

黄荣辉, 陈际龙, 周连童, 等. 2003. 关于中国重大气候灾害与东亚气候系统之间关系的研究 [J]. 大气科学, 27 (4): 770-787.

黄荣辉, 李崇银, 王绍武, 等. 2003. 我国旱涝重大气候灾害及其形成机理研究 [M]. 北京: 气象出版社.

黄荣辉, 周连童. 2002. 我国重大气候灾害特征、形成机理和预测研究 [J]. 自然灾害学报, 11 (1): 1-9.

霍治国, 白月明, 温民, 等. 2001. 水分胁迫效应对冬小麦生长发育影响的试验研究 [J]. 生态学报, 21 (9): 1 527-1 525.

吉书琴, 张玉书, 关德新, 等. 1998. 辽宁地区作物低温冷害的遥感监测和气象预报 [J]. 沈阳农业大学学报, 29 (1): 16-20.

贾德伟, 周磊, 黄灿辉, 等. 2016. 农业干旱遥感监测方法及其应用的研究进展 [J]. 安徽农业科学 (36): 233-235.

贾坤, 姚云军, 魏香琴, 等. 2013. 植被覆盖度遥感反演研究进展 [J]. 地球科学进展, 28 (7): 774-782.

江东, 付晶莹, 庄大方, 等. 2012. 2008—2009 年中国北方干旱遥感动态监测 [J]. 自然灾害学报 (3): 92-101.

江东, 王乃斌, 杨小唤, 等. 2001. 植被指数——地面温度特征空间及其应用 [J]. 第十三届全国遥感技术学术交流会.

江和文, 张录军, 曹士民, 等. 2011. 辽宁省主要粮食作物产量灾损风险评估 [J]. 干旱地区农业研究, 29 (4): 238-244.

江洪, 王钦敏, 汪小钦. 2006. 福建省长汀县植被覆盖度遥感动态监测研究 [J]. 自然资源学报, 21 (1): 126-132.

金菊良, 费振宇, 郦建强, 等. 2013. 基于不同来水频率水量供需平衡分析的区域

抗旱能力评价方法 [J]. 水利学报 (6)：687-693.

竞霞，刘良云，张超. 2005. 利用多时相 NDVI 监测京郊冬小麦种植信息 [J]. 遥感技术与应用，20 (2)：238-242.

康蕾，张红旗. 2014. 中国五大粮食主产区农业抗旱能力综合评价 [J]. 资源科学 (3)：481-489.

李春强，李红军. 2008. TVDI 在冬小麦春季干旱监测中的应用 [J]. 遥感技术与应用 (2)：161-165，109.

李浩鑫，邵东国，何思聪，等. 2014. 基于循环修正的灌溉用水效率综合评价方法 [J]. 农业工程学报 (5)：65-72.

李晶晶，覃志豪，唐巍. 2009. 农业旱灾遥感监测系统中的 MODIS 1B 影像几何校正方法及其比较研究 [J]. 遥感信息 (2)：17-22.

李俊，梁爽，刘广辉，等. 2014. 基于 Worldview II 影像的某区域植被覆盖度估算 [J]. 测绘标准化，30 (3)：29-30.

李俊祥，达良俊，王玉洁，等. 2005. 基于 NOAA_ AVHRR 数据的中国东部地区植被遥感分类研究 [J]. 植物生态学报，29 (3) 436-443.

李凯，孙悦迪，江宝骅，等. 2014. 基于像元二分法的白龙江流域植被覆盖度与滑坡时空格局分析 [J]. 兰州大学学报（自然科学版）(3)：376-382.

李克让，郭其蕴，张家城. 1997. 中国干旱灾害研究及减灾对策 [M]. 郑州：河南科学技术出版社.

李莉，顾行发，余涛，等. 2009. 沙尘气溶胶对热红外分裂窗通道亮温和地表反演温度的影响研究 [J]. 红外与毫米波学报 (2)：102-106.

李柳霞. 2004. MODIS 影像数据预处理技术研究 [D]. 北京：中国农业大学.

李漫，胡文英. 2016. 基于植被供水指数法的上蔡县农业春旱遥感监测 [J]. 云南地理环境研究 (4)：15-21.

李茂松，李森，李育慧. 2003. 中国近 50 年旱灾灾情分析 [J]. 中国农业气象 (1)：8-11.

李琪，孙晓宇，王连喜，等. 2016. 基于不同植被指数的 VSWI 在河南省春季干旱监测中的应用分析 [J]. 作物杂志 (1)：40-49.

李树岩，刘荣花，成林，等. 2009. 河南省农业综合抗旱能力分析与区划 [J]. 生态学杂志，28 (8)：1 555-1 560.

李天宏，莫献坤，韩鹏. 2008. 基于组合不同裂窗算法反演黄河流域地表温度研究 [J]. 测试技术学报 (4)：338-345.

李小文，汪骏发，王锦地. 2001. 多角度与热红外对地遥感 [M]. 北京：科学出版社.

李晓兵，史培军. 1999. 基于 NOAA/AVHRR 数据的中国主要植被类型 NDVI 变化规律研究 [J]. 植物学报，41 (3)：314-324.

李星敏，郑有飞，刘安麟. 2003. 我国利用 NOAA-AVHRR 资料进行干旱遥感监测的方法综述 [J]. 中国农业气象，24 (3)：38-41.

李学梅，任志远 . 2014. 近十年重庆市 NDVI 变化及对气温降水的旬响应特征分析 [J]. 长江流域资源与环境（1）：101-108.

李艳双，曾珍香，张闽，等 . 1999. 主成分分析法在多指标综合评价方法中的应用 [J]. 河北工业大学学报（1）：96-99.

李钰溦，贾坤，魏香琴，等 . 2015. 中国北方地区植被覆盖度遥感估算及其变化分析 [J]. 国土资源遥感（2）：112-117.

廖清飞，张鑫，马全，等 . 2014. 青海省东部农业区植被覆盖时空演变遥感监测与分析 [J]. 生态学报，34（20）：5 936-5 943.

林琪，石岩，位东斌 . 1998. 土壤水与冬小麦产量形成的关系及节水灌溉方案 [J]. 华北农学报，13（3）：1-4.

林中立，徐涵秋 . 2017. 基于 DTR 的城市热岛强度指数构建与应用——以福州市为例 [J]. 应用基础与工程科学学报（2）：266-275.

刘公英，申海凤，胡佳，等 . 2015. 基于 TVDI 指数的冬小麦旱情动态研究——以河北省邢台市为例 [J]. 干旱地区农业研究（4）：227-232.

刘立文，张吴平，段永红，等 . 2014. TVDI 模型的农业旱情时空变化遥感应用 [J]. 生态学报（13）：3 704-3 711.

刘良云，张兵，郑兰芬，等 . 2002. 利用温度和植被指数进行地物分类和土壤水分反演 [J]. 红外与毫米波学报，21（4）：269-273.

刘玲，沙奕卓，白月明 . 2003. 中国主要农业气象灾害区域分布与减灾对策 [J]. 自然灾害学报，12（2）：92-97.

刘少华，严登华，李传哲，等 . 2015. 条件植被指数在海河流域干旱评价中的应用 [J]. 水电能源科学（11）：1 799-1 807.

刘亚岚，任玉环，陈涛，等 . 2007. 基于"北京一号"小卫星数据的密云水库流域植被覆盖度估算方法比较 [J]. 遥感技术与应用，22（5）：581-586.

刘义花，李林，颜亮东，等 . 2013. 基于灾损评估的青海省牧草干旱风险区划研究 [J]. 冰川冻土，35（3）：681-686.

刘勇，岳文泽 . 2010. 基于图像融合与混合像元分解的城市植被盖度提取 [J]. 生态学报，30（1）：3-99.

刘子丹，黄洁 . 2007. 作物栽培学总论 [M]. 北京：中国农业科技出版社 .

柳钦火，辛景峰，辛晓洲，等 . 2007. 基于地表温度和植被指数的农业干旱遥感监测方法 [J]. 科技导报（6）：12-18.

卢良恕，蒋建玉 . 1996. 中国农业现代化建设理论道路与模式 [M]. 济南：山东科技技术出版社 .

罗小锋 . 2015. 西南民族地区农户调适行为与农业抗旱能力提升研究 [M]. 北京：科学出版社 .

罗亚，徐建华，岳文泽 . 2005. 基于遥感影像的植被指数研究方法述评 [J]. 生态科学（1）：75-79.

马超飞，马建文，布和敖斯尔 . 2001. USLE 模型中植被覆盖因子的遥感数据定量估

算 [J]. 水土保持通报, 21 (4): 6-9.

莫兴国, 刘苏峡, 林忠辉, 等. 2011. 华北平原蒸散和 GPP 格局及其对气候波动的响应 [J]. 地理学报 (5): 589-598.

牟伶俐, 吴炳方, 闫娜娜, 等. 2007. 农业旱情遥感指数验证与不确定性分析 [J]. 水土保持通报 (2): 119-122.

牛宝茹, 刘俊蓉, 王政伟. 2005. 干旱区植被覆盖度提取模型的建立 [J]. 地球信息科学, 7 (1): 84-97.

潘蕾, 范文义, 于海群, 等. 2012. 北京市植被指数变化与影响因素分析 [J]. 北京林业大学学报 (2): 26-33.

潘瑞炽. 2001. 植物生理学 [M]. 北京: 高等教育出版社.

庞吉林, 张克斌, 乔娜, 等. 2012. 基于 RS 的盐池县近 10 年植被覆盖度动态变化研究 [J]. 水土保持研究 (4): 112-115, 121.

秦伟, 朱清科, 张学霞, 等. 2006. 植被覆盖度及其测算方法研究进展 [J]. 西北农林科技大学学报 (自然科学版), 34 (9): 163-170.

秦越, 徐翔宇, 许凯, 等. 2013. 农业干旱灾害风险模糊评价体系及其应用 [J]. 农业工程学报, 212 (10): 91-99.

屈艳萍, 高辉, 吕娟, 等. 2015. 基于区域灾害系统论的中国农业旱灾风险评估 [J]. 水利学报, 46 (8): 908-917.

全国农业区划委员会. 1991. 中国农业自然资源和农业区划 [M]. 北京: 农业出版社.

阮均石. 2000. 气象灾害十讲 [M]. 北京: 气象出版社.

申广荣, 田国良. 1998. 作物缺水指数监测旱情方法研究 [J]. 干旱地区农业研究, 16 (1): 123-128.

盛绍学, 马晓群, 荀尚培, 等. 2003. 基于 GIS 的安徽省干旱遥感监测与评估研究 [J]. 自然灾害学报, 12 (1): 151-157.

石岩, 林琪, 位东斌, 等. 1997. 土壤水分胁迫对冬小麦耗水规律及产量的影响 [J]. 华北农学报, 12 (2): 76-81.

史培军. 1996. 再论灾害研究的理论与实践 [J]. 自然灾害学报, 5 (4): 6-17.

史培军. 2002. 三论灾害研究的理论与实践 [J]. 自然灾害学报, 11 (3): 1-9.

史培军. 2005. 四论灾害系统研究的理论与实践 [J]. 自然灾害学报, 14 (6): 1-7.

水利部水利水电规划设计总院. 2008. 中国抗旱战略研究 [M]. 北京: 中国水利水电出版社.

宋扬, 房世波, 梁瀚月, 等. 2017. 基于 MODIS 数据的农业干旱遥感指数对比和应用 [J]. 国土资源遥感 (2): 215-220.

苏宇鹏, 黄义忠. 2017. 基于主成分分析的云南省植被覆盖异常区域提取 [J]. 浙江农业科学 (11): 1 965-1 967, 1 973.

隋洪智, 田国良, 李建军. 1990. 热惯量方法监测土壤水分 [M]. 北京: 科学出版社.

孙灏.农业旱情遥感监测综合指标——理论分析及应用［D］.徐州：中国矿业大学，2011.

孙雷刚，郑振华.2014.基于 RS 的近 30 年滹沱河流域植被覆盖度动态变化研究［J］.地理与地理信息科学，30（6）：36-40.

孙志伟，唐伯惠，吴骅，等.2013.通用劈窗算法的 NOAA-18（N）AVHRR/3 数据地表温度遥感反演与验证［J］.地球信息科学学报（3）：431-439.

覃志豪，Li W，Zhang M，等.2003.用 Landsat TM6 数据反演地表温度的单窗算法所需基本大气参数的估计［J］.国土资源遥感，56（2）：37-43.

覃志豪，Zhang M，Karnieli A，等.2001.用陆地卫星 TM6 数据演算地表温度的单窗算法［J］.地理学报，56（4）：456-466.

覃志豪，Zhang M，Karnieli A.2001.从 NOAA-AVHRR 热频道数据中演算地表温度的劈窗算法［J］.国土资源遥感，48（2）：33-42.

覃志豪，徐斌，李茂松，等.2005a.我国主要农业气象灾害机理与监测研究进展［J］.自然灾害学报，14（2）：61-69.

覃志豪，高懋芳，秦晓敏，等.2005b.农业旱灾监测中的地表温度遥感反演方法——以 MODIS 数据为例［J］.自然灾害学报（4）：64-71.

覃志豪，李文娟，徐斌，等.2004.Landsat TM6 波段范围内地表比辐射率的估计［J］.国土资源遥感，61（3）：28-33.

覃志豪，唐华俊，李文娟，等.2013.气候变化对农业和粮食生产影响的研究进展与发展方向［J］.农业资源与农业区划，34（5）：1-7.

谭德宝，刘良明，鄢俊洁，等.2004.MODIS 数据的干旱监测模型研究［J］.长江科学院院报，21（3）：11-15.

谭徐明.2003.近 500 年来我国特大旱灾的研究［J］.防灾减灾工程学报，23（2）：77-83.

唐华俊，钱小平，刘志仁，等.2003.食物供求、农业结构调整与可持续发展［M］.北京：气象出版社.

唐华俊，周清波.2009.资源遥感与数字农业——3S 技术与农业应用［M］.北京：中国农业科学技术出版社.

田国珍，武永利，梁亚春，等.2016.基于蒸散发的干旱监测及时效性分析［J］.干旱区地理，39（4）：721-729.

王春乙，张玉静，张继权.2016.华北地区冬小麦主要气象灾害风险评价［J］.农业工程学报，32（S1），203-213.

王理萍，王树仿，王新华，等.2017.基于 AHP 和 GIS 的云南省干旱灾害风险区划研究［J］.节水灌溉（10）：100-103.

王鹏新，龚健雅，李小文.2001.条件植被温度指数及其在干旱监测中的应用［J］.武汉大学学报（信息科学版），26（5）：412-418.

王石立.2003.近年来我国农业气象灾害预报方法研究概述［J］.应用气象学报，

14 (5)：576-581.

王素艳，霍治国，李世奎，等.2003. 干旱对北方冬小麦产量影响的风险评估 [J].
自然灾害学报，12 (3)：118-125.

王晓江，胡尔查，李爱平，等.2014. 基于 MODIS NDVI 的内蒙古大青山自然保护
区植被覆盖度的动态变化特征 [J]. 干旱区资源与环境，28 (8)：61-65.

王行汉，刘超群，丛沛桐，等.2018. 基于增强温度植被指数的农业旱情遥感监测
[J]. 干旱区资源与环境 (5)：165-170.

卫捷，马柱国.2003. Palmer 干旱指数、地表湿润指数与降水距平的比较 [J]. 地
理学报，58 (1)：117-124.

吴斌，冯仲科，韦雪花，等.2011. 永定河流域土地利用景观格局变化研究 [J].
林业调查规划，36 (4)：30-34.

吴国雄，丑纪范，刘屹岷，等.2003. 副热带高压研究进展及展望 [J]. 大气科学，
27 (4)：503-517.

吴云，曾源，吴炳方，等.2009. 基于 MODIS 数据的三北防护林工程区植被覆盖度
提取与分析 [J]. 生态学杂志，28 (9)：1 712-1 718.

吴云，曾源，赵炎，吴炳方，等.2010. 基于 MODIS 数据的海河流域植被覆盖度估
算及动态变化分析 [J]. 资源科学 (7)：1 417-1 424.

肖乾广，陈维英，盛永伟，等.1994. 用气象卫星监测土壤水分的试验研究 [J].
应用气象学报 (5)：312-318.

谢江霞，张丽华.2008. 基于遥感的农业干旱监测模型研究 [J]. 安徽农业科学，
36 (8)：3 460-3 462.

辛景峰，宇振荣，Driessen P M. 2001. 利用 NOAA NDVI 数据集监测冬小麦生育期
的研究 [J]. 遥感学报，5 (6)：442-447.

邢文渊，肖继东，姚艳丽，等.2007. 新疆地区土壤湿度遥感监测初探 [J]. 沙漠
与绿洲气象 (1)：42-44.

邢著荣，冯幼贵，杨贵军，等.2009. 基于遥感的植被覆盖度估算方法述评 [J].
遥感技术与应用，24 (6)：849-854.

徐详德，王馥棠，萧永生，等.2002. 农业气象灾害防灾调控工程和技术系统
[M]. 北京：气象出版社.

徐永明，覃志豪，陈爱军.2010. 基于查找表的 MODIS 逐像元大气校正方法研究
[J]. 武汉大学学报 (信息科学版)，35 (8)：959-962.

徐永明，覃志豪，沈艳.2011. 基于 MODIS 数据的长江三角洲地区近地表气温遥感
反演 [J]. 农业工程学报 (9)：63-68.

徐永明，覃志豪，万洪秀.2011. 热红外遥感反演近地表气温的研究进展 [J]. 国
土资源遥感 (1)：9-14.

许凯，徐翔宇，李爱花，等.2013. 基于概率统计方法的承德市农业旱灾风险评估
[J]. 农业工程学报，29 (14)：139-146.

许小华，张秀平，雷声.2010. 基于 MODIS 数据的江西省农业旱情遥感监测方法研

究〔J〕. 江西水利科技（3）：176-180.

闫峰，李茂松，王艳姣，等．2006. 遥感技术在农业灾害监测中的应用〔J〕，自然灾害学报，15（6）：131-136.

闫峰，覃志豪，李茂松，等．2006. 农业旱灾监测中土壤水分遥感反演进展〔J〕. 自然灾害学报，15（6）：114-121.

闫峰，王艳姣，吴波．2014. 多时间尺度温度—植被指数特征空间旱情监测的差异性〔J〕. 地理科学（8）：987-993.

杨宏兵，董霁红，陈建清，等．2012. 植被覆盖度模型研究进展〔J〕. 安徽农业科学（12）：83-89.

杨奇勇，冯发林，巢礼义．2007. 多目标决策的农业抗旱能力综合评价〔J〕. 灾害学（2）：5-8.

杨胜天，刘昌明，王鹏新．2003. 黄河流域土壤水分遥感估算〔J〕. 地理科学进展（5）：454-462.

杨秀春，徐斌，朱晓华，等．2007. 北方农牧交错带草原产草量遥感监测模型〔J〕. 地理研究（2）：213-221，425.

叶笃正，黄荣辉，等．1996. 长江黄河流域旱涝规律和成因研究〔M〕. 济南：山东科技出版社．

叶智威，覃志豪，宫辉力．2009. 洪泽湖区的 Landsat TM6 地表温度遥感反演和空间差异分析〔J〕. 首都师范大学学报（自然科学版），（1）：88-95.

殷飞，金世佳．2015. 遥感在农业旱情监测中的应用现状与展望〔J〕. 干旱环境监测（2）：87-92.

于泉洲，梁春玲，刘煜杰，等．2015. 基于 MODIS 的山东省植被覆盖时空变化及其原因分析〔J〕. 生态环境学报（11）：1 799-1 807.

喻锋，李晓兵，王宏，等．2005. 基于 NDVI_Ts 特征空间的中国土地覆盖分类研究〔J〕. 植物生态学报，29（6）934-944.

喻素芳，范文义，秦武明，等．2007. 地表温度估测土壤含水量〔J〕. 广西大学学报（自然科学版），（S1），110-112.

扎西央宗，杨秀海，边巴次仁，等．2010. 基于 TVDI 的西藏地区旱情遥感监测〔J〕. 气象科技（4）：495-499.

张超美．2000. 江西省伏秋期干旱的客观表征及其预测探讨〔J〕. 江西气象科技，23（3）：23-26.

张丽文，黄敬峰，王秀珍．2014. 气温遥感估算方法研究综述〔J〕. 自然资源学报，（3）：540-552.

张峭，王克．2007. 农作物生产风险分析的方法和模型〔J〕. 农业展望，8：7-10.

张树誉，杜继稳，景毅刚．2006，基于 MODIS 资料的遥感干旱监测业务化方法研究〔J〕. 干旱地区农业研究（3）：1-6.

张树誉，赵杰明．1998. NOAA/AVHRR 资料在陕西省干旱动态监测中的应用〔J〕. 中国农业气象，19（5）：26-28.

张喜英，由懋正，王新元．1999．不同时期水分调亏及不同调亏程度对冬小麦产量的影响 [J]．华北农学报，14（2）：1-5．

张翔．2017．面向干旱监测应用的星地多传感器协同方法研究 [D]．武汉：武汉大学．

张瑶瑶，崔霞，宋清洁，等．2017．基于不同下垫面的农业干旱遥感监测方法与发展前景 [J]．草业科学（12）：2 416-2 427．

张喆，丁建丽，李鑫，等．2015．TVDI 用于干旱区农业旱情监测的适宜性 [J]．中国沙漠（1）：220-227．

张志新，邓孺孺，李灏，等．2011．基于混合像元分解的南方地区植被覆盖度遥感监测——以广州市为例 [J]．国土资源遥感，90（3）：88-94．

赵广敏，李晓燕，李宝毅．2010．基于地表温度和植被指数特征空间的农业干旱遥感监测方法研究综述 [J]．水土保持研究（5）：245-250．

赵玉金，赵红，刘文，等．2004．2002 年秋季山东省干旱遥感监测分析 [J]．国土资源遥感，16（1）：65-67．

郑景云，黄金火．1998．我国近 40 年的粮食灾损评估 [J]．地理学报，53（6）：501-510．

郑盛华，覃志豪，张文博．2015．松嫩平原干旱变化特征及其对气候变化的响应 [J]．中国农业气象，36（5）：640-649．

郑维龙，刘珺．2018．基于 NDVI 的黄淮海平原 2001—2010 年植被覆盖变化分析 [J]．太原理工大学学报（3）：433-439．

郑有飞，程晋昕，吴荣军，等．2013．农业旱情遥感监测的一种改进方法及其应用 [J]．应用生态学报（9）：2 608-2 618．

钟赛香，胡鹏，薛熙明，等．2015．基于合理权重赋值方法选择的多因素综合评价模型——以 Jcr 中 70 种人文地理期刊为例 [J]．地理学报（12）：2 011-2 031．

周海芳，易会战，杨学军．2006．基于多项式变换的遥感图像几何校正并行算法的研究与实现 [J]．计算机工程与科学，28（3）：58-60．

周纪，李京，张立新．2009．针对 MODIS 数据的地表温度反演算法检验——以黑河流域上游为例 [J]．冰川冻土（2）：102-106．

周利敏．2012．从自然脆弱性到社会脆弱性，灾害研究的范式转型 [J]．思想战线（2）：11-15．

周嵘，税朋勃，李云开．2013．北京市抗旱服务技术手册 [M]．北京：中国水利水电出版社．

周义，覃志豪，包刚．2013．热红外遥感图像中云覆盖像元地表温度估算研究进展 [J]．光谱学与光谱分析，34（2）：364-369．

周寅康．1995．自然灾害风险评价初步研究 [J]．自然灾害学报，4（1）：6-11．

朱成立，邵孝侯，彭世彰，等．2003．冬小麦水分胁迫效应及节水高效灌溉指标体系 [J]．中国农村水利水电，（11）：22-25．

朱小强，塔西甫拉提·特依拜，丁建丽，等．2018．基于 MODIS 与 Landsat 8 的艾比湖湿地旱情时空变化及其影响因素分析 ［J］. 生态学报 （8）：2 984-2 994.

Adger W N. 2006. Vulnerability ［J］, Global Environment Change, 16 （3）：268-281.

Anderson W B, Zaitchik B F, HaIn C R, et al. 2012. Towards an integrated soil moisture drought monitor for East Africa. Hydrology and Earth System Sciences, 16 （8）：2 893-2 913.

Atzberger C, Rembold F. 2013. Mapping the spatial distribution of winter crops at sub-pixel level using AVHRR NDVI time series and neural nets ［J］. Remote Sensing, 5：1 335-1 354.

Badhwar G. D. 1980. Crop emergence date determination from spectral data ［J］. Photogrammetric Engineering and Remote Sensing, 46 （3）：369-377.

Bai J J, Yuan Y, Di L P. 2017. Comparison between TVDI and CWSI for drought monitoring in Guanzhong Plain：China ［J］. Journal of Integrative Agriculture （2）：389-397.

Baret F, Hagolle O, Geiger B, et al. 2009. LAI, fAPAR and fCover CYCLOPES global products derived from VEGETATION, Part 1：Principle of the algorithm ［J］. Remote Sensing of Environment, 110 （3）：275-286.

Baret F, Weiss M, Lacaze R, et al. 2013. GEOV1, LAI and FAPAR essential climate variables and FCOVER global time series capitalizing over existing products. Part1, Principles of development and production ［J］. Remote Sensing of Environment, 137：299-309.

Bastiaanssen W G M . 2000. SEBAL-based sensible and latent heat fluxes in the irrigated Gediz Basin, Turkey ［J］. Journal of Hydrology, 229 （1-2）：87-100.

Bastiaanssen W G M, Ali S . 2003. A new crop yield forecasting model based on satellite measurements applied across the Indus Basin, Pakistan ［J］. Agriculture Ecosystems & Environment, 94 （3）：321-340.

Bastiaanssen W G M, Menenti M, Feddes R A, et al. 1998. A remote sensing Surface Energy Balance Algorithm for Land （SEBAL） 1. Formulation ［J］. Journal of Hydrology, （212/213）：198-212.

Bastiaanssen W G M, Pelgrum H, Wang J, et al. 1998. A remote sensing surface energy balance algorithm for land （SEBAL） .：Part 2：Validation ［J］. Journal of Hydrology, 212 （1-4）：213-229.

Beck H E, Mcvicar T R, Dijk A I J M V, et al. 2011. Global evaluation of four AVHRR-NDVI data sets：Intercomparison and assessment against Landsat imagery ［J］. Remote Sensing of Environment, 115 （10）：2 547-2 563.

Becker F, Li Z L. 1995. Surface temperature and emissivity at various scales：Definition, measurement and related problems ［J］. Remote Sensing Reviews, 12 （12）：225-253.

Becker, F, Li Z L. 1990. Towards a local split window method over land surface ［J］.

International Journal of Remote Sensing, 3：369-393.

Bhalme H N, Mooley D A. 1980. Large-Scale Droughts/Floods and Monsoon Circulation [J]. Monthly Weather Review, 108（108）：1 197-1 211.

Blaikei P, Cannon T, Davis I, et al. 1994. At risk, natural hazards, people's vulnerability and disasters [M]. London：Routledge.

Boyd, D S, Foody G M, Ripple W J. 2002. Evaluation of approaches for forest cover estimation in the Pacific Northwest, USA, using remote sensing [J]. Applied Geography, 22（4）：375-392.

Brown J, Wardlow B, TsegayeTadesse, et al. 2008. The Vegetation Drought Response Index（VegDRI）：A New Integrated Approach for Monitoring Drought Stress in Vegetation [J]. Mapping Sciences and Remote Sensing, 45（1）：31.

Campbell J B, Wynne R H. 2011. Introduction to Remote Sensing [M]. 5th ed. New York：Guilford Press.

Cardona O D, Hurtado J E, Chardon A C, et al. 2005. Indicators of disaster risk and risk management Main technical report [R]. Program for Latin America and the Caribbean IADB-UNC/IDEA, World Bank, 1-216.

Cardona O D, Hurtado J E, Chardon A C, et al. 2005. Indicators of disaster risk and risk management Main technical report [R]. Program for Latin America and the Caribbean IADB-UNC/IDEA, World Bank, 1-216.

Carlson T N, Gillies R R, Perry E M. 1994. A method to make use of thermal infrared temperature and NDVI measurements to infer surface soil water content and fractional vegetation cover [J]. Remote Sensing Reviews, 9（1）：161-173.

Carlson T N, Perry E M, Schmugge T J. 1990. Remote estimation of soil moisture availability and fractional vegetation cover for agricultural fields. Agricultural & Forest Meteorology, 52（1）：45-69.

Charney J G, Stone P H, Quirk W J. 1975. Drought in the Sahara, a biogeophysical-feedback mechanism [J]. Science, 187：434-435.

Charney, J G. 1975. Dynamics of deserts and drought in the Sahel [J]. Quarterly Journal of the Royal Meteorological Society, 101：193-202.

Coates A, Dennison P, Roberts D, et al. 2015. Monitoring the impacts of severe drought on southern California chaparral species using hyperspectral and thermal infrared imagery [J]. Remote Sensing, 7（11）：14 276-14 291.

Coll C, Caselles V, Sobrino JA, et al. 1994. On the atmospheric dependence of the split-window equation for land surface temperature [J]. International Journal of Remote Sensing, 15：105-122.

Dalezios N R, Papazafiriou Z G, Papamichail D M. 1991. Drought assessment for the potential of precipitation enhancement in northern Greece [J]. Theoretical and Applied Climatology, 44（2）：75-88.

Eastman J R. 1993. Idrisi Version 4. 1. Worcester (USA), Clark University.

Fellnerfeldegg H. 2002. Measurement of dielectrics in the time domain [J]. Journal of Physical Chemistry, 73 (3): 616-623.

Foerster S, Wilczok C, Brosinsky A, et al. 2014. Assessment of sediment connectivity from vegetation cover and topography using remotely sensed data in a dryland catchment in the Spanish Pyrenees [J]. Journal of Soils Sediments, 14: 1 982-2 000.

Franchito S H, Rao V B. 1992. Climate change due to land surface alterations [J]. Climatic Change, 22: 1-34.

Francois C, Ottlé C. 1996. Atmospheric corrections in the thermal infrared, Global and water vapor dependent split window algorithms-applications to ATSR and AVHRR data [J]. IEEE Transaction on Geoscience and Remote Sensing, 34 (2): 457-470.

França G B, Cracknell A P. 1994. Retrieval of land and sea surface temperature using NOAA-11 AVHRR data in northeastern Brazi [J] l. International Journal of Remote Sensing, 15: 1 695-1 712.

Gallo K P, Flesch T K. 1989. Large-area crop monitoring with NOAA AVHRR: estimating the skilling stage of corn development [J]. Remote sensing of Environment, 27: 73-80.

Gao B C, 1990. Goetz, Column atmospheric water vapor and vegetation liquid water retrievals from airborne imaging spectrometer data [J]. Journal of Geophysical Researdr Atluosple, 95 (D4): 3 549-3 564.

Ghulam A, Qin Q M, Zhan Z M. 2007. Designing of the perpendicular drought index [J]. Environmental Geology, 52 (6): 1 045-1 052.

Gibbs W J, Maher J V. 1967. Rainfall declines as drought indicators [J]. Australian Bureau of Meteorology Bulletin, 48: 37.

Hao L, Zhang X, Liu S. 2012. Risk assessment to China's agricultural drought disaster in county unit [J]. Natural Hazards, 61 (2): 785-801.

Hao Z, Kouchak A A. 2013. Multivariate standardized drought index [J]. Advances in Water Resources, 57: 12-18.

Hazaymeh K, Hassan Q K. 2017. A remote sensing-based agricultural drought indicator and its implementation over a semi-arid region [J]. Jordan Journal of Arid Land (3): 319-330.

Hong S Y, Kalnay E. 2002. The 1998 Oklahoma-Texas drought, Mechanistic experiments with NCEP global and regional models [J]. Journal of Climate, 15: 945-963.

Hong Wu, Wilhite D A. 2004. An operational agricultural drought risk assessment model for Nebraska [J]. Natural Hazards, 33 (1): 1-21.

Hu Q, Feng S. 2001. A southward migration of centennial scale variation of drought/flood in eastern China and the western United States [J]. Journal of Climate, 14: 1 323-1 327.

Huang R H, Wu Y F. 1989. The influence of ENSO on the summer climate change in

China and its mechanisms [J]. Advance in Atmospheric Science, 6: 21-32.

Huete A R. 1988, A soil-adjusted vegetation index (SAVI) [J]. Remote Sensing of Environment, 25 (3): 295-309.

Huete A, Didan K, Miura T, et al. 2002. Overview of the radiometric and biophysical performance of the MODIS vegetation indices [J]. Remote Sensing of Environment, 83 (1): 195-213.

Jackson R D. 1982. Canopy Temperature and Crop Water Stress [J]. Advances in Irrigation, 1: 43-85.

Jiang G M, Li Z L, Nerry F. 2006. Land surface emissivity retrieval from combined mid-infrared and thermal infrared data of MSG-SEVIRI [J]. Remote Sensing of Environment, 105: 326-340.

Jiang L, Islam S. 2001. Estimation of surface evaporation map over southern Great Plains using remote sensing data [J]. Water Resources Research, 37 (2): 329340.

Jiang L, Islam S. 1999. A methodology for estimation of surface evapo-transpiration over large areas using remote sensing observations [J]. Geophysical Research Letters, 26 (17): 27 732 776.

Jiapaer G, Chen X, Bao A. 2011. A comparison of methods for estimating fractional vegetation cover in arid regions [J]. Agricultural and Forest Meteorology, 151: 1 698-1 710.

Jiménez-Muñoz J C, Sobrino J A. 2003. A generalized single-channel method for retrieving land surface temperaturefrom remote sensing data [J]. Journal of Geophysics Research, 108 (doi, 10. 1029/2003JD003480).

Kaufman Y J, Tanré D. 1992. Atmospherically resistant vegetation index (ARVI) for EOS-MODIS [J]. IEEE Transactions on Geoscience and Remote Sensing, 30 (2): 261-270.

Kerr Y H, Lagouarde J P, Imbernon J. 1992. Accurate land surface temperature retrieval from AVHRR data with use of an improved split window algorithm [J]. Remote Sensing of Environment, 41: 197-209.

Keyantash J, Dracup J A. 2002. The quantifyication of drought, an evaluation of drought indices [J]. Bulletin of American Meteorological Society, 83: 1 167-1 180.

Kogan F N. 1990. Remote sensing of weather impacts on vegetation in non-homogeneous areas [J]. International Journal of Remote Sensing, 11 (8): 1 405-1 419.

Kogan F N. 1995. Application of vegetation index and brightness temperature for drought detection [J]. Advances in Space Research, 15 (11): 91-100.

Kogan F N. 1998. Global drought and flood-watch from NOAA polar-orbiting satellites [J]. Advances in Space Research, 21 (3): 477-480.

Kumar S V, Peters-Lidard C D, Mocko D, et al. 2014. Assimilation of remotely sensed soil moisture and snow depth retrievals for drought estimation [J]. Journal of Hydrometeorology, 15 (6): 2 446-2 469.

L Huang, P Yang, S Ren. 2013. The Vulnerability Assessment Method for Beijing Agricultural Drought [M]. Springer Berlin Heidelberg, 419: 269-280.

Lambin E F, Ehrlich D. 1995. Combining vegetation indices and surface temperature for land-cover mapping at broad spatial scales [J]. International Journal of Remote Sensing, 16: 573-579.

Lanicci J M, Carlson T N, Warner T T. 1987. Sensitivity of the Great Plains severe-stormenvironment to soil moisture distribution [J]. Monthly Weather Review, 115: 2 660-2 673.

Lawrimore J, Heim J R, Svoboda M, et al. 2002. Beginning a new era of drought monitoring across North AmericA Bulletin of American [J]. Meteorology Society, 83: 1 191-1 192.

Li F, Chen W, Zeng Y, et al. 2014. Improving estimates of grassland fractional vegetation cover based on a pixel dichotomy model, a case study in Inner Mongolia [J]. China Remote Sensing, 6: 4 705-4 722.

Liang S, Member S. 2003. A direct algorithm for estimating land surface broadband albedos from MODIS imagery [J]. Geoscience & Remote Sensing IEEE Transactions on, 41 (1): 136-145.

Lillesand T, Kiefer R W, Chipman J. 2015. Remote Sensing and Image Interpretation, [M] 7t. John, Wiley & Sohs.

Liu H Q, Huete A. 1994. A systems based modification of the NDVI to minimize soil and atmospheric noise [J]. IEEE Transactions on Geoscience & Remote Sensing, 1: 128-130.

Liu J L, Stewart R E, Szeto K K. 2004. Moisture transport and other hydrometeorological features associated with the severe 2000/01 drought over the western central Canadian Prairies [J]. Journal of Climate, 17: 305-319.

Liu Y, Wang S, Wang J, et al. 2018. Risk Assessment of Drought Disaster in Southwest China under the Background of Climate Warming [J]. Journal of Natural Resources, 33 (2): 325-336.

McKee T B, Doesken N J, Kleist J. 1993. The relationship of drought frequency and duration to time scales, in: Proceeding of the 8th conference of applied climatology [M]. American Meteorological Society: Anaheim California.

McMillin, L M, 1975. Estimation of sea surface temperatures from two infrared window measurements with different absorption [J]. Jourhal of Gophysical Researdn, 80 (36): 5 113-5 117.

Moran M S, Clarke T R, Inoue Y, et al. 1994. Estimating crop water deficit using the relation between surface-air temperature and spectral vegetation index [J]. Remote Sensing of Environment, 49 (3): 246-263.

Morse A, Tasumi M, Allen RG, Kramber WJ. 2000. Application of the SEBAL methodology for estimating consumptive use of Water and streamflow depletion in the Bear river basin of Idaho through Remote Sensing. Final report submitted to the Raytheon Systems Company, Earth Observation System Data and Information system Project, by Idaho Department of Water Resources and University of Idaho.

Méndez A. 2004. Estimate ambient air temperature at regional level using remote sensing techniques [D]. 86p MSc. thesis. International Institue for Geo-Information Science and Earth Oberservation (ITC), Enschede, The Netherland.

North P R J. 2002. Estimation of f APAR, LAI, and vegetation fractional cover from AT-SR-2 imagery [J]. Remote Sensing of Environment, 80 (1): 114-121.

OttléC, Vidal-Madjar D. 1992. Estimation of land surface temperature with NOAA-9 data [J]. Remote Sensing of Environment, 40: 27-41.

Owe M, De Jeu R, Walker J. 2001. A methodology for surface soil moisture and vegetation optical depth retrieval using the microwave polarization difference index [J]. IEEE Transactions on Geoscience & Remote Sensing, 39 (8): 1 643-1 654.

Palmer W C. 1965. Meteorological Drought [R]. Washington D C: US Department of Commerce Weather Bureau.

Pinty B, Verstraete M M. 1992. GEMI, a non-linear index to monitor global vegetation from satellites [J]. Vegetation, 101 (1): 15-20.

Prata A J, Platt M. 1991. Land surface temperature measurements from the AVHRR [J]. Tromso (NORWAY): Proceedings of the 5th AVHRR data Users' Meeting.

Prata A J. 1993. Land surface temperature derived from the Advanced Very High Resolution Radiometer and the Along-Track Scanning Radiometer 1. Theory [J]. Journal of Geophysical Research, 98: 16 689-16 702.

Prata A J. 1994. Land surface temperature determination from satellites [J]. Advances in Space Research, 14 (3): 15-26.

Pratt D A. 1980. A calibration procedure for Fourier series thermal inertia models. Photogram metric Engineering and Remote Sensing, 46 (4): 529-538.

Price J C. 1980. The potential of remote sensed thermal infrared data to infer surface soil moisture and evaporation [J]. Water Resources Research, 16 (4): 787-795.

Price J C. 1984. Land surface temperature measurements from the split window channels of the NOAA 7 Advanced Very High Resolution Radiometer [J]. Journal of Geophysical Research, 89: 7 231-7 237.

Price J C. 1985. On the analysis of thermal infrared imagery [J]. The limited utility of apparent thermal inertia. Remote Sensing of Environment, 18: 59-73.

Qi J, Chehbouni A, Huete A R, et al. 1994. A modified soil adjusted vegetation index [J]. Remote sensing of environment, 48 (2): 119-126.

Qin Z, Karnieli A, Berliner P. 2001. A mono-window algorithm for retrieving land surface temperature from Landsat TM data and its application to the Israel-Egypt border region [J]. International Journal of Remote Sensing, 22 (18): 3 719-3 746.

Qin Z, Karnieli A. 1999. Progress in the remote sensing of land surface temperature and ground emissivity using NOAA-AVHRR data [J]. International Journal of Remote Sensing, 20: 2 367-2 393.

Qin Z, Li W, Burgheimer J, et al. 2006. Quantitative estimation of land cover structure in an arid environment across Israel-Egypt border using remote sensing data [J]. Journal of Arid Environment, 66 (2): 336-352.

Qin Z, Olmo G Dall', Karnieli A, et al. 2001. Derivation of split window algorithm and its sensitivity analysis for retrieving land surface temperature from NOAA-AVHRR data [J]. Journal of Geophysical Research, 106 (D19): 22 655-22 670.

Qin Z, Xu B, Zhang W, et al. 2004. Comparison of split window algorithms for land surface temperature retrieval from NOAA-AVHRR data [A]. Anchorage: IEEE 2004 International Geosciences and Remote Sensing Symposium.

Redmond K T. 2002. The depiction of droughtBulletin of American [J]. Meteorological Society, 83: 1 143-1 147.

Rhee J, Im J, Carbone G J. 2010. Monitoring agricultural drought for arid and humid regions using multi-sensor remote sensing data [J]. Remote Sensing of Environment, 114 (12): 2 875-2 887.

Rosema A, Bijleveld J H. 1977. TELL-US test of an algorithm for the determination of soil moisture and evaporation from remotely sensed surface temperature [M]. Kanaalweg: Delft.

Roujean J L. 2002. RLacaze Global mapping of vegetation parameters from POLDER multiangular measurements for studies of surface - atmosphere interactions, A pragmatic method and its validation [J]. Journal of Geophysical Research, Atmospheres (1984-2012), 107 (12): 6-14.

Rouse, JW, Haas, RH, Schell, JA, Deering, DW & Harlan, JC 1974, Monitoring the vernal advancement of retrogradation of natural vegetation, NASA/GSFC, Type I II, Final Report, Greenbelt, MD, 371.

Rozenstein O, Qin Z, Derimian Y, et al. 2014. Derivation of Land Surface Temperature for Landsat - 8 TIRS Using a Split Window Algorithm [J]. Sensors, 14 (4): 5 768-5 780.

Sandholt I, Rasmussen K, Andersen J. 2002. A simple interpretation of the surface temperature/vegetation index space for assessment of surface moisture status [J]. Remote Sensing of Environment, 79 (2): 213-224.

Seemann S W, Li J, Gumley L E, et al. 2003. Operational retrieval of atmospheric temperature, moisture, and ozone from MODIS infrared radiances [C] // Applications with Weather Satellites. International Society for Optics and Photonics.

Setiawana Y, Yoshinob K, Prasetyoca L B. 2014. Characterizing the dynamics change of vegetation cover on tropical forestlands using 250 m multi-temporal MODIS EVI [J]. International Journal of Applied Earth Observation and Geoinformation, 26 (1): 132-144.

Shafer B A, Desman L E. 1982. Development of surface water supply index (SWSI) to assess the severity of drought conditions in snowpack runoff areas [R]. Reno: Proc. 50th Western Snow Conference.

Shaomin L, Lu L, Mao D, et al. 2007. Evaluating parameterizations of aerodynamic resistance to heat transfer using field measurements [J]. Hydrology and Earth System Sciences, 11 (2): 769-783.

Shen X, Liu B, Zhou D. 2016. Using GIMMS NDVI time series to estimate the impacts of grassland vegetation cover on surface air temperatures in the temperate grassland region of China [J]. Remote Sensing Letters, 7 (3), 229-238.

Smit B, Wandel J. 2006. Adaptation, adaptive capacity and vulnerability [J]. Global Environment Change: Human Policy Dimension, 16 (3): 282-292.

Sobrino J A, Coll C, Caselles V. 1991. Atmospheric correction for land surface temperature using NOAA-11 AVHRR channels 4 and 5 [J]. Remote Sensing of Environment, 38: 19-34.

Sobrino J A, Coll C, Caselles V. 1991. Atmospheric correction for land surface temperature using NOAA-11 AVHRR channels 4 and 5 [J]. Remote Sensing of Environment, 38: 19-34.

Sobrino J A, Li Z L, Stoll M P, et al. 1994. Improvements in the split-window technique for land surface temperature determination [J]. IEEE Transaction on Geosciences and Remote Sensing, 32 (2), 243-253.

Sobrino J A, Raissouni N. 2000. Toward remote sensing methods for land cover dynamic monitoring, application to Morocco [J]. International Journal of Remote Sensing, 21 (2): 353-366.

Sobrino J A, Jimnez-Muoz J C, Paolini L. 2004. Land surface temperature retrieval from LANDSAT TM 5 [J]. Remote Sensing of Environment, 90 (4): 434-440.

Song W, Mu X, Yan G, et al. 2015. Extracting the green fractional vegetation cover from digital images using a shadow-resistant algorithm (SHAR-LABFVC) [J]. Remote Sensing, 7 (8): 10 425-10 443.

Sonmez F K, Komuscu A U, Erkan A, et al. 2005. An Analysis of Spatial and Temporal Dimension of Drought Vulnerability in Turkey Using the Standardized Precipitation Index [J]. Natural Hazards, 35 (2): 243-264.

Su. Jacobs. ENVISAT: actual evaporation. BCRS Report 2001 USP-2Report 2001 01-02. Delft, Beleidscommissie Remote Sensing (BCRS): 57.

Su Z. 2002. The surface energy balance system (SEBI) for estimation of turbulent heat fluxes [J]. Hydrology and Earth System Sciences, 6: 85-99.

Svoboda M, LeComte D, Hayes M, et al. 2002. The drought monitor [J]. Bulletin of American Meteorological Society, 83: 1 181-2 366.

Tang H J, Li Z L. 2013. Quantitative Remote Sensing in Thermal Infrared, Theory and Application [J]. Springer: 281.

Timmermans W J, Kwast J V D. 2004. Intercomparison of energy flux models using ASTER imagery at the SPARC 2004 site (Barrax, Spain) [J].

Van D G A A, Owe M. 1993. On the relationship between thermal emissivity and the normalized difference vegetation index for natural surfaces [J]. International Journal of Remote Sensing, 14 (6): 1119-1131.

Van Rooy M P. 1965. A rainfall anomaly index independent of time and space [J], Notos, 14: 43-48.

Vidal A. 1991. Atmospheric and emissivity correction of land surface temperature measured from satellite using ground measurements or satellite data [J]. International Journal of Remote Sensing, 12: 2 449-2 460.

Wan Z, Dozier J, 1996. A generalized split-windows algorithm for retrieving land surface temperature from space [J]. IEEE Trans. Geosci. Remote Sens. , 34: 892-905.

Wardlow B D, Anderson M C, Verdin J P. 2012. Remote Sensing of Drought, Innovative Monitoring Approaches [J]. Taylor & Francis Group: CRC Press.

Watson K, John H A. 1974. Thermal inertia mapping from satellites discrimination of geologic units in Oman [J]. Journal of Research of U. S. Geological Survey, 2 (2): 147-158.

Watson K, Pohn H A, Offield T W. 1972. Thermal inertia mapping from Nimbus satellite data [J]. Proceedings of the International Symposium on Remote Sensing of Environment, 14 (3): 321.

Wen J, Su Z B, Ma Y M. 2003. Determination of land surface temperature and soil moisture from tropical rainfall measuring [J]. Journal of Geophysical Research, 108 (D2): 4 038.

Wilhite D A, M D Svoboda, Hayes M J. 2007. Understanding the complex impacts of drought: A key to enhancing drought mitigation and preparedness [J]. Water Resources Management, 21: 763-774.

Wu J, Zhou L, Liu M, et al. 2013. Establishing and assessing the integrated surface drought index (ISDI) for agricultural drought monitoring in mid-eastern China [J]. International Journal of Applied Earth Observation and Geoinformation, 23: 397-410.

Van D G A A, Owe M. 1993. On the relationship between thermal emissivity and the normalized difference vegetation index for natural surfaces [J]. International Journal of Remote Sensing, 14 (6): 1119-1131.

Yamoaha C F, Walters D T, Shapiro C A, et al. 2000. Standardized precipitation index and nitrogen rate effects on crop yields and risk distribution in maize [J]. Agriculture

Ecosystems & Environment, 80 (1-2): 113-120.

Yang Q, Qin Z, Li W, et al. 2012. Temporal and spatial variation of vegetation cover in Hulun Buir grassland of Inner Mongolia, China [J]. Arid Land Research and Management, 26 (4): 328-343.

Zhang D, Wang G, Zhou H. 2011. Assessment on agricultural drought risk based on variable fuzzy sets model. Chinese Geographical [J]. Science, 21 (2): 167-175.

Zhang F, Zhou G. 2015. Estimation of canopy water content by means of hyperspectral indices based on drought stress gradient experiments of maize in the North China Plain [J]. Remote Sensing, 7 (11): 15 203-15 223.

Zhou G, Liu S. 2015. Estimating ground fractional vegetation cover using the double-exposure method [J]. International Journal of Remote Sensing, 36 (24): 6 085-6 100.